LIN
GUA
GEM
a história da
maior
invenção da
humanidade

CB002536

CÓPIA NÃO AUTORIZADA É CRIME
ABDR
RESPEITE O DIREITO AUTORAL

Daniel L. Everett

Tradução
Maurício Resende

Supervisão de tradução
Gabriel de Ávila Othero

Direitos para publicação no Brasil adquiridos
pela Editora Contexto (Editora Pinsky Ltda.)

Capa
Alba Mancini

Ilustração de capa
Detalhe editado de Depositphotos – agsandrew

Diagramação
Gustavo S. Vilas Boas

Preparação de textos
Daniela Marini Iwamoto

Revisão
Lilian Aquino

Dados Internacionais de Catalogação na Publicação (CIP)

Everett, Daniel L.
Linguagem : a história da maior invenção da humanidade /
Daniel L. Everett ; tradução de Maurício Resende. –
São Paulo : Contexto, 2019.
400 p. : il.

Bibliografia
ISBN: 978-85-520-0160-7
Título original: How Language Began:
The Story of Humanity's Greatest Invention

1. Linguagem e línguas – Origem 2. Comunicação
3. Semiótica 4. Psicolinguística I. Título II. Resende, Maurício

19-1486 CDD 401

Angélica Ilacqua CRB-8/7057

Índices para catálogo sistemático:
1. Linguagem e línguas – História

2019

EDITORA CONTEXTO
Diretor editorial: *Jaime Pinsky*

Rua Dr. José Elias, 520 – Alto da Lapa
05083-030 – São Paulo – SP
PABX: (11) 3832 5838
contato@editoracontexto.com.br
www.editoracontexto.com.br

A linguagem não é um instinto, baseado no conhecimento transmitido geneticamente codificado em um "órgão da linguagem" discreto e cortical. Em vez disso, é uma habilidade aprendida... que está distribuída entre muitas partes do cérebro humano.

Philip Liberman

Para John Davey,
mentor e amigo

Sumário

Prefácio

Por volta de 1920, uma cascavel matou meu bisavô nos arredores de Lubbock, Texas. Voltando da igreja para casa com sua família, por entre uma plantação de algodão, meu bisavô Dungan estava dizendo para seus filhos tomarem cuidado com as cobras na plantação quando ele, de repente, foi picado na coxa. Sua filha, Clara Belle, minha avó, me contou que ele sofreu por três dias, paralisado pela dor e pelos gritos, até que finalmente deu o último suspiro em seu quarto, nos fundos da casa.

Não foi preciso estar na cena do incidente para saber que, em se tratando de uma cascavel, ela deve ter "avisado" meu bisavô antes do ataque. Mas, considerando o resultado, deve ter havido uma falha na comunicação entre meu bisavô Dungan e a cobra. Minha avó viu a cobra morder seu pai e falou sobre o ocorrido muitas vezes durante minha infância. Ela seguidamente se lembrava daqueles momentos em que a cobra estava "avisando-o", como se o bicho fosse usar palavras de verdade se conseguisse. Contudo, as pessoas que sabem que as cascavéis se comunicam muitas vezes confundem a agitação de sua cauda com linguagem, antropomorfizando as cobras e usando termos humanos para falar delas, como "elas dizem para você se afastar", quando, na verdade, estão balançando as partes ocas – interconectadas e formadas de queratina – da sua cauda para produzir um chocalho ruidoso. Embora essa ação não seja tecnicamente linguagem, o chocalho da cobra carrega informações importantes. Meu bisavô pagou um preço muito alto por não conseguir ouvir essa mensagem.

Claro, as cascavéis não são os únicos animais que se comunicam. Na verdade, todos os animais se comunicam, recebendo informações de outros animais e também lhes transmitindo, quer de sua espécie quer de espécies diferentes. Como eu vou explicar mais adiante, nós não devemos cair na tentação de chamar o chocalho da cobra de linguagem. O repertório de uma cascavel é magnificamente efetivo, mas para propósitos rigorosamente limitados. Nenhuma cobra pode lhe dizer o que quer fazer amanhã ou como se sente em relação ao clima. Mensagens como essas requerem linguagem, a mais avançada forma de comunicação que o planeta já produziu.

A história de como os humanos vieram a adquirir a linguagem é a menos contada, repleta de invenções e descobertas, e as conclusões a que eu chego, por meio dessa história, têm uma longa genealogia nas ciências relacionadas à evolução da linguagem – Antropologia, Linguística, Ciências Cognitivas, Paleoneurologia, Arqueologia, Biologia, Neurociência e Primatologia. No entanto, como qualquer cientista, minhas interpretações estão fundamentadas no meu conhecimento prévio, que, nesse caso, é de quarenta anos de pesquisa de campo sobre línguas e culturas da América Central, do Sul e do Norte, especialmente de caçadores-coletores da Amazônia brasileira. Como no meu último estudo sobre a intersecção entre psicologia e cultura, *Dark Matter of the Mind: The Culturally Articulated Unconscious*, eu nego neste livro que a linguagem seja um instinto de qualquer tipo, assim como nego que ela seja inata ou congênita.

Desde o trabalho do psicólogo Kurt Goldstein no começo do século XX, os pesquisadores têm negado que haja distúrbios cognitivos exclusivos da linguagem. A ausência de tais distúrbios parece sugerir que a linguagem surge de um indivíduo, e não simplesmente de regiões do cérebro específicas para a linguagem. Por sua vez, isso dá suporte à afirmação de que ela não é um desenvolvimento relativamente recente, de digamos 50-100 mil anos de idade, que exclusivamente os *Homo sapiens* possuem. Minha pesquisa sugere que a linguagem começou com os *Homo erectus*, mais de um milhão de anos atrás, e tem existido por 60 mil gerações.

Sendo assim, os heróis dessa história são os *Homo erectus*, homens com postura ereta, as criaturas mais inteligentes que haviam existido até aquele momento. Os *erectus* foram os pioneiros da linguagem, da cultura, da migração humana e da aventura. Por volta de 750 mil anos antes de os *Homo erectus* se metamorfosearem em *Homo sapiens*, suas comunidades navegaram 320 quilômetros pelo oceano aberto e andaram quase o mundo inteiro.

As comunidades de *erectus* inventaram símbolos e linguagem, do tipo que não pareceriam inadequados hoje em dia. Embora suas línguas diferissem das línguas modernas no que diz respeito à quantidade de ferramentas gramaticais, elas eram línguas humanas. Sem sombra de dúvida, com o passar das gerações, foi natural que os *Homo sapiens* aprimorassem o que os *erectus* tinham feito, e ainda há línguas faladas hoje em dia que são remanências da primeira língua já falada, sem que isso signifique que sejam inferiores às outras línguas modernas.

A palavra latina "*Homo*" significa "homem". Logo, qualquer criatura do gênero *Homo* é um ser humano. Na nomenclatura biológica latina de duas palavras, "gênero" é uma classificação mais ampla, da qual as "espécies" são variedades. Assim, "*Homo erectus*" descreve uma espécie – "*erectus*", 'que está em pé' –, que é um membro do gênero *Homo*. Portanto, *Homo erectus* significa "homem que está em pé". É a primeira espécie de humanos. *Homo neanderthalensis* significa "homem do Vale de Neander", com base no fato de que seus fósseis foram descobertos, pela primeira vez, no Vale de Neander, na Alemanha. *Homo sapiens* significa "homem sábio" e sugere, de forma incorreta, como veremos, que todos os humanos modernos (somos todos *Homo sapiens*) são os únicos humanos sábios ou inteligentes. Nós somos, muito provavelmente, os mais inteligentes. Mas não somos os únicos humanos inteligentes que já viveram.

Os *erectus* também inventaram o outro pilar da cognição humana: a cultura. Aquilo que somos hoje foi parcialmente constituído pela inteligência, pelas viagens, pelos experimentos e pela força dos *Homo erectus*. Isso é digno de nota, porque muitos *sapiens* não dão o devido valor à importância que os primeiros humanos tiveram para que nós tenhamos nos tornado o que somos hoje.

Meu interesse na linguagem e na sua evolução é pessoal. Toda a minha vida, desde os primeiros anos da minha criação na fronteira entre o México e a Califórnia, as línguas e as culturas me fascinaram. E como não poderiam? Incrivelmente, todas as línguas compartilham pelo menos algumas características gramaticais, seja da relação entre palavras e coisas, entre palavras e acontecimentos ou entre convenções e ordenamento e estruturação de som e palavras, ou entre organização de parágrafos, histórias e conversas. Mas as línguas talvez sejam mais diferentes do que semelhantes umas em relação às outras. Independentemente de quão fácil ou difícil pode ser descobrir essas diferenças, elas sempre estiveram lá. Hoje em dia não há nenhuma língua humana universal, se é que houve em algum passado remoto. E não há nenhum molde mental inato para gramática. As similaridades entre as línguas não estão enraizadas em alguma genética especializada para a linguagem. Elas se seguem de uma cultura e de soluções de processamento de informações comuns e têm suas próprias histórias evolutivas individuais.

Mas toda língua satisfaz a necessidade humana de se comunicar. Embora muitas pessoas do mundo de hoje sejam tentadas a gastar mais tempo em mídias sociais do que talvez deveriam, é o impulso das trocas linguísticas que as está levando a essa situação. Não importa o quão ocupadas algumas pessoas estejam, é difícil não participarem de alguma conversa na tela à sua frente, para opinar sobre assuntos sobre os quais elas sabem pouco e se importam menos ainda. Seja por meio de conversas informais, da absorção de informações vindas da televisão, da discussão de jogos ou da leitura/escrita de romances, falar e escrever conecta os humanos, de modo ainda mais íntimo, em uma comunidade.

Como resultado, a linguagem – não a comunicação – é a linha que separa os homens dos outros animais. Ainda assim, é impossível compreender a linguagem sem compreender alguma coisa sobre sua origem e sua evolução. Há séculos, as pessoas formulam hipóteses sobre onde e quando a linguagem se originou. Elas se perguntam qual das muitas espécies do gênero *Homo* foi a primeira a ter linguagem; questionam como teria sido a primeira língua na aurora da história da humanidade. A resposta é simples: a linguagem surgiu gradualmente de uma cultura, formada por pessoas que se comunicavam umas com as outras, através dos cérebros humanos. *A linguagem está a serviço da cultura.*

Linguagem: a história da maior invenção da humanidade oferece uma história ampla e única da evolução da linguagem como uma invenção humana – da emergência da nossa espécie até as mais de sete mil línguas faladas hoje em dia. Sua complexidade e extensão foram inventadas pela nossa espécie, posteriormente se desenvolvendo em variedades locais; cada comunidade linguística foi modificando a linguagem para acomodar sua própria cultura. As primeiras línguas também foram restringidas pela neuropsicologia e pelo trato vocal humanos. Todas as línguas surgiram gradualmente. A linguagem não começou com gestos, nem com cantoria, nem com imitação dos sons animais. A linguagem surgiu através de símbolos inventados culturalmente. Os humanos ordenaram esses símbolos iniciais e formaram símbolos superiores a partir deles. Ao mesmo tempo, os símbolos foram acompanhados por gestos e pela modulação da altura da voz: a entonação. Os gestos e a entonação funcionam conjunta e individualmente para chamar a atenção, para tornar perceptivamente mais salientes alguns dos símbolos usados em um enunciado – os mais relevantes para o ouvinte. Esse sistema de símbolos, ordenamento, gestos e entonação surgiu cooperativamente; cada componente adicionando alguma coisa que levou a algo mais intrincado, mais eficaz. Nenhum desses componentes era parte da linguagem até que todos eles fossem – há quase dois milhões de anos. A linguagem foi culturalmente inventada e modelada e tornou-se possível por causa dos cérebros maiores e mais densos.[1] Essa combinação de cérebro e cultura explica por que somente os humanos têm sido capazes de falar até agora.

Outros autores têm rotulado a linguagem como "invenção" somente para qualificar essa avaliação como razoável, acrescentando "mas não é *realmente* uma invenção. Trata-se de uma metáfora". Mas o uso da palavra "invenção" nesse caso não é uma metáfora. Ele quer dizer o que quer dizer: que as comunidades humanas *criaram* símbolos, gramática e linguagem onde antes não havia nada.

Mas o que é uma invenção? É uma *criação de cultura*. Thomas Edison sozinho não inventou a lâmpada, ele precisou do trabalho de Franklin sobre eletricidade, quase duzentos anos antes dele. Ninguém inventa nada. Tudo é parte de uma cultura e parte da criatividade de cada um, de ideias, de tentativas prévias e do conhecimento geral sobre o mundo em que vivemos. Cada invenção é construída ao longo do tempo, pedaço por pedaço. A linguagem não é exceção.

NOTA

1 A densidade particular do cérebro humano é explicada claramente por Suzana Herculano-Houzel, no seu *The Human Advantage: A New Understanding of How Our Brain Became Remarkable*, Cambridge, MIT Press, 2016.

Introdução

No princípio era o verbo.

João 1:1

Não, não era.

Daniel Everett

Era uma manhã abafada de 1991, ao longo do rio Kitiá na floresta tropical amazônica, no Brasil, em um avião monomotor, a cerca de 320 quilômetros da cidade mais próxima. Eu me encontrava ajustando os microfones nos dois homens magros e enrijecidos pelo clima, Sabatão e Bidu. Àquela hora do dia, eles normalmente estariam na selva, armados com zarabatanas de 2,4 metros e aljavas de dardos envenenados, caçando porcos selvagens, veados, macacos ou outros animais nativos do seu Éden. Mas naquela manhã eles estavam conversando entre eles enquanto eu os atrapalhava com os comandos do gravador e com o volume do som.

Antes de começarmos, eu lhes expliquei novamente, em uma mistura de português com a língua deles, banawá, o que queria: "conversem entre vocês. Sobre qualquer coisa. Contem histórias um para o outro. Falem sobre os americanos e os brasileiros que visitam a aldeia. Qualquer coisa que vocês queiram". Eu tinha lhes convencido e lhes pagado para estarem ali, porque estava atrás do Santo Graal de um pesquisador de campo em Linguística – a conversação natural (comunicação interativa espontânea envolvendo mais de uma pessoa). Eu sabia, pelos meus fracassos do passado, que era quase impossível gravar conversas naturais. Isso porque a presença do pesquisador de campo com equipamento de gravação afeta a percepção da tarefa e contamina tão significativamente o resultado que em geral só são obtidas trocas não naturais e não dinâmicas que nenhum falante nativo aceitaria como uma conversa real (imagine se alguém colocasse você sentado com um amigo, ajustasse um microfone em vocês e ordenasse: "conversem!").

Mas ali, depois de ter testado a qualidade do som da gravação que eu estava fazendo, eu mal podia conter minha empolgação. Eles começaram assim:

Sabatão: Bidu, Bidu. Vamos conversar hoje!

Bidu: Hummmm.

Sabatão: Vamos conversar na nossa língua.

Bidu: Hummmm.

Sabatão: O Daniel gosta muito da nossa língua.

Bidu: Sim, eu sei.

Sabatão: Eu vou falar. Então, você pode contar a história da onça pintada.

Bidu: Sim.

Sabatão: Vamos relembrar como as coisas eram muito tempo atrás.

Bidu: Sim, eu lembro.

Sabatão: Muito tempo atrás, os homens brancos chegaram. Muito tempo atrás os homens brancos chegaram à nossa aldeia.

Bidu: Eles, eu conheço.

Sabatão: Eles nos encontraram. Nós vamos nos encontrar com eles.

Bidu: Sim, eles eu conheço.

A conversa deles mudou de um assunto para o outro, de forma natural, por mais de uma hora.

Embora eu estivesse há milhares de quilômetros de casa, suando muito, espantando vespas e moscas sanguessugas, eu quase chorei depois que Sabatão e Bidu terminaram, 45 minutos depois. Eu lhes agradeci entusiasticamente pelo tesouro verbal que eles tinham me fornecido. Eles sorriram e saíram para caçar com suas zarabatanas e dardos envenenados. Eu continuei sozinho, transcrevendo (anotando cada nuance fonológica), traduzindo e analisando a gravação. Depois de alguns dias de trabalho duro para deixar os dados "apresentáveis", entreguei as gravações, as minhas anotações e a maior parte do trabalho remanescente de análise para um estudante (já graduado) da Universidade de Manchester na Inglaterra, que tinha me acompanhado até a Amazônia.

No fim do dia, nossa equipe de pesquisa – eu e três estudantes – desfrutou de um jantar composto por feijão, arroz e carne de porco selvagem – que eu tinha comprado dos banawás. Depois da refeição, passamos algum tempo ociosos, conversando sobre o calor da selva e sobre os insetos, sobre os gostos de cada um, que nunca tínhamos notado antes, mas especialmente falamos sobre a conversa gravada entre Bidu e Sabatão e sobre quão gratos nós estávamos a eles. Conversas dentro de conversas. Conversas sobre conversas.

Logo após o rápido pôr do sol amazônico, os banawás vieram nos fazer uma visita, como era de costume. Nós quatro preparamos suco (em pó) e café e abrimos um pacote de biscoitos para eles. Primeiramente cumprimentamos as mulheres banawás. As estudantes foram as responsáveis pela maioria da interação com as mulheres (cumprimentar e servir), como é culturalmente apropriado entre os banawás, que praticam uma segregação rigorosa dos sexos. Logo depois, os homens tiveram permissão para sentar e nós servimos mais café, suco e biscoitos. Na medida em que comíamos e bebíamos, conversávamos com os homens, principalmente respondendo suas questões a respeito de nossas famílias e nossos lares. Assim como fazem as pessoas corriqueiramente em qualquer lugar, nós e os banawás estávamos construindo relações e amizades por meio das conversas.

Conversas naturais desse tipo são importantes para linguistas, psicólogos, sociólogos, antropólogos e filósofos, porque elas corporificam o todo da linguagem, complexo e integrado, de uma maneira que nenhuma outra manifestação de linguagem faz. As conversas são o ápice dos estudos linguísticos e particularmente as fontes de descobertas, porque elas são potencialmente ilimitadas em forma e significado. Elas também são cruciais para a compreensão da natureza da linguagem por causa de sua subdeterminação – dizendo menos do que se pretende comunicar e deixando implícitos os pressupostos para serem inferidos pelo ouvinte, de alguma forma. A subdeterminação sempre fez parte da linguagem.

Para dar um exemplo de subdeterminação, olhe para a segunda linha da conversa entre Bidu e Sabatão. Sabatão diz para Bidu: "vamos conversar *na nossa língua*". Essa fala é estranha se for considerada literalmente, pois *eles já estão falando na língua deles*. Na verdade, esses dois homens teriam dificuldades para continuar uma conversa natural em português, porque o conhecimento deles de português era rudimentar e limitado principalmente a negociações. As palavras de Sabatão supõem algo que não foi dito. Sabatão está usando essas palavras indiretamente para *me* avisar que eles não vão usar português para conversar, *porque eles sabem que eu estou tentando entender como eles conversam na língua deles* e *porque eles querem me ajudar*. Nada disso é falado. Embora subdeterminado pelas palavras, está implícito no contexto.

Da mesma forma, na fala "vamos lembrar como as coisas eram muito tempo atrás", há um conhecimento compartilhado sobre a gama de coisas que eles estavam tentando lembrar. O que está em jogo nesse caso? Rituais? Caça? Relacionamentos com outras pessoas? Há quanto tempo? Antes de os americanos chegarem? Antes de os brasileiros chegarem? Há uma centena de gerações? Tanto Bidu quanto Sabatão (ou, de fato, qualquer banawá) sabem sobre o que está sendo falado. Mas isso não está claro inicialmente para alguém de outra cultura.

Sabatão e Bidu são dois dos oitenta e poucos falantes de banawá, uma língua que já ajudou a comunidade científica a aprender muito sobre linguagem humana, cognição, Amazônia e cultura. Mais especificamente, eles nos ensinaram sobre estruturas de som incomuns e sobre gramática, sobre os ingredientes e sobre o processo para fabricar veneno para dardos e flechas, sobre sua classificação para a flora e a fauna amazônicas e suas conexões linguísticas com outros amazonenses. Essas lições se seguiram naturalmente do trabalho com as estruturas de conhecimento, valores, organização linguística e social dos diferentes grupos que, como os banawás, há milênios dominam a vida em um nicho particular.

Qualquer comunidade – sejam os banawás, os franceses, os chineses, os botswanas – usa a língua para construir laços sociais entre os membros de sua comunidade e os outros. Na verdade, nossas espécies têm conversado por muito tempo. Todas as línguas do planeta apontam para as expressões de pensamento – subdeterminadas, restritas pela gramática, motivadas pelo significado ou ligadas socialmente – dos primeiros *Hominini*, dos *Homo erectus* e talvez ainda antes. Com base nas evidências da cultura dos *Homo erectus* – tais como ferramentas, casas, organização espacial das aldeais e viagens oceânicas para terras imaginadas além do horizonte –, o gênero *Homo* tem falado por 60 mil gerações, muito possivelmente há mais de um milhão e meio de anos. Já era de se esperar que nossa espécie, depois de milhares de milhares de anos de prática, fosse muito boa com a linguagem. E nós também esperaríamos que as línguas que desenvolvemos ao longo do tempo se acomodassem melhor às nossas limitações cognitivas e perceptuais, ao nosso campo auditivo, ao nosso trato vocal e às nossas estruturas cerebrais. Subdeterminação significa que cada enunciado de cada conversa, cada linha de cada romance e cada sentença de qualquer língua contêm "espaços em branco" – conhecimento, valores, papéis e emoções assumidos e implícitos –, um conteúdo subdeterminado que eu chamo de "matéria escura". A linguagem nunca pode ser inteiramente compreendida sem um conjunto, compartilhado e internalizado, de valores, estruturas sociais e relações de conhecimento. Nesses componentes culturais e psicológicos compartilhados, a linguagem filtra aquilo que é comunicado, guiando as interpretações do ouvinte sobre aquilo que o outro disse. As pessoas usam o contexto e as culturas das línguas que elas ouvem para interpretá-las. Elas também usam gestos e entonação a fim de interpretar o significado pleno do que está sendo comunicado.

Assim como todos os humanos, as primeiras espécies *Homo* – a iniciarem o longo e árduo processo de construir uma língua do zero – quase certamente nunca disseram de maneira completa tudo aquilo que estava em suas mentes. Isso violaria características básicas da linguagem. Ao mesmo tempo, esses *Hominini* originários não teriam feito simplesmente sons ou gestos aleatórios. Em vez disso, teriam usado meios para comunicarem formas que acreditavam que outros entenderiam. E eles também pensaram que seus ouvintes poderiam "preencher as lacunas" e conectar o conhecimento de sua cultura e do mundo para interpretar o que foi proferido.

Essas são algumas das razões pelas quais as origens da linguagem humana não podem ser discutidas de maneira eficiente sem que a conversação seja colocada no topo da lista das coisas para serem entendidas. Cada aspecto da linguagem humana evoluiu, da mesma maneira que os componentes do corpo e do cérebro humanos, para envolver-se na conversação e na vida social. A linguagem não começou integralmente quando o primeiro hominídeo proferiu a primeira palavra ou sentença. Ela só começou de verdade com a primeira conversa, que é tanto a fonte quanto a meta da linguagem. Na verdade, a linguagem muda as vidas. Ela cria a sociedade, expressa nossas maiores aspirações, nossos pensamentos mais básicos, emoções ou filosofias de vida. Mas toda linguagem está, em última análise, a serviço da interação humana. Outros componentes da linguagem – coisas como a gramática e as histórias – são secundários em relação à conversação.

Esse ponto levanta uma questão interessante sobre a evolução da linguagem, a saber: quem falou primeiro? Nos dois últimos séculos, foi proposta uma infinidade de ancestrais para os humanos, da África do Sul, Java e Beijing ao Vale de Neander e à Garganta de Olduvai.

Ao mesmo tempo, os pesquisadores propuseram muitas novas espécies de *Hominini*, levando a um mosaico evolutivo confuso. Para evitar ficar preso em uma mistura de propostas incertas, somente três espécies detentoras de linguagem precisam ser discutidas: *Homo erectus*, *Homo neanderthalensis* e *Homo sapiens*.

Poucos linguistas afirmam que os *Homo erectus* tinham linguagem. Muitos, na verdade, negam essa ideia. Atualmente não há consenso a respeito de quando os primeiros humanos falaram. Mas parece haver algum consenso moderno sobre a evolução humana, os métodos usados e um panorama da evolução das capacidades físicas e cognitivas da nossa espécie. Em *The Descent of Man* (*A descendência do homem*), Charles Darwin sugeriu que a África pode ter sido o berço dos humanos, porque também é a localização da maioria dos grandes primatas. Ele postulou (corretamente) que os humanos e os grandes primatas provavelmente estariam intimamente relacionados, compartilhando um ancestral comum. Darwin redigiu esses comentários visionários antes das grandes descobertas dos primeiros *Hominini* ("*Hominini*" refere-se ao gênero *Homo* e aos seus ancestrais de postura ereta, tais como os *Australopithecines afarensis*). Outro grupo aparentado, os hominídeos, são os grandes símios. Esse grupo abrange humanos, orangotangos, chimpanzés, bonobos e seus ancestrais comuns. O elenco da história da evolução humana inclui os ramos dos *Homo erectus* até os homens modernos. Para entender as relações entre algumas dessas diferentes espécies e se elas falavam ou não, deve-se conhecer o que se sabe sobre elas.

Parte da controvérsia sobre as origens humanas está no número de espécies *Homo* que existiu, mas ainda é necessário compreender as capacidades cognitivas potenciais de todos os *Hominini* (com base no tamanho do cérebro, nos kits de ferramenta e nas viagens) antes de prosseguir para a relevância da migração dos *Hominini* para a evolução da linguagem humana. Pode-se focar na psicologia, na cultura ou em ambas; ainda assim, algumas das evidências mais interessantes vêm da cultura.

Os símbolos (a associação de formas largamente arbitrárias com significados específicos, tais como o uso dos sons na palavra "cão" para significar "canino") foram a invenção que colocou os humanos na rota da linguagem. Por essa razão, nós devemos compreender não somente como eles vieram à tona, mas também como eles foram adaptados por comunidades inteiras e como foram organizados. Uma proposta que eu descarto é seguramente a explicação mais influente sobre a origem da linguagem humana de todos os tempos. É a ideia de que a linguagem resultou de uma única mutação genética, cerca de 50-100 mil anos atrás. Essa mutação supostamente permitiu aos *Homo sapiens* construírem sentenças complexas. Esse conjunto de ideias é conhecido como "*gramática universal*". Mas uma hipótese muito diferente surge do exame cuidadoso das evidências para a evolução biológica e cultural da nossa espécie, qual seja, a teoria da *progressão do signo* para a origem da linguagem. Isso significa simplesmente que a linguagem surge de forma gradual a partir dos índices (itens que representam coisas às quais eles estão fisicamente conectados, tais como a pegada de um animal), passando pelos ícones (coisas que se assemelham fisicamente às coisas que representam, tais como o retrato de uma pessoa real) e finalmente chegando à criação de símbolos (maneiras convencionais de representar significados que são amplamente arbitrários).

No fim, esses símbolos são combinados com outros para produzir uma gramática, construindo símbolos complexos a partir de símbolos simples. Essa progressão de sinais finalmente atinge um ponto na evolução da linguagem em que os gestos e a entonação são integrados com a gramática e com o significado para formar uma língua humana completa. Essa integração transmite e destaca a informação que o falante está comunicando ao ouvinte. Ela representa um passo fundamental, embora frequentemente ignorado, para a origem da linguagem.

Uma vez que a evolução da linguagem é uma questão de difícil solução, os primeiros esforços começaram previsivelmente de uma maneira bastante equivocada. Em vez de se basear em dados e em conhecimento, as primeiras abordagens valiam-se de especulação. Uma hipótese popular foi a de que todas as línguas começaram com o hebraico, uma vez que se acreditava que era a língua de Deus. Assim como essa primeira conjectura sobre o hebraico, muitas outras foram abandonadas, mesmo algumas que continham embriões de boas teorias. Ainda que indiretamente, elas levaram ao entendimento atual das origens da linguagem.

Mas uma deficiência séria projetou-se por todos esses primeiros esforços, e a falta de evidências, somada à especulação em abundância, irritou muitos cientistas. Então, em 1866, a Sociedade Linguística de Paris declarou que não aceitaria mais artigos sobre a origem da linguagem.

A boa notícia é que o banimento já foi suspenso. Os trabalhos contemporâneos são, em alguma medida, menos especulativos e, de vez em quando, mais consistentemente fundamentados em evidências sólidas do que os trabalhos dos séculos XIX e XX. No século XXI, apesar das dificuldades, os cientistas finalmente conseguiram juntar as peças extremamente pequenas do quebra-cabeça da evolução da linguagem para dar uma ideia razoável de como as línguas humanas surgiram.

Ainda assim, um dos maiores mistérios não resolvidos com relação à origem da linguagem, como muitos observaram, é a "lacuna linguística". Há um imenso e profundo abismo linguístico entre os humanos e todas as outras espécies. Os sistemas de comunicação do reino animal são diferentes da linguagem humana. Somente as línguas humanas têm símbolos e somente elas são significativamente composicionais, subdividindo enunciados em partes significativas menores, como as histórias em parágrafos, os parágrafos em sentenças, as sentenças em sintagmas, os sintagmas em palavras. Cada pequena unidade contribui para o significado de uma unidade maior da qual ela faz parte. Para alguns, essa lacuna linguística existe simplesmente porque os humanos são criaturas especiais, diferentes das demais. Outros afirmam que o caráter distintivo da linguagem humana foi projetado por Deus.

Mais possivelmente, a lacuna se formou a passos pequenos, através de mudanças homeopáticas impulsionadas pela cultura. Sim, as línguas humanas são radicalmente diferentes dos sistemas de comunicação dos outros animais, mas os passos cognitivos e culturais para ir além dos "limites da linguagem" são menores do que muitos parecem pensar. As evidências mostram que não houve nenhuma "lacuna repentina" para aspectos da linguagem unicamente humanos, mas que as espécies que nos precederam no gênero *Homo* e mesmo antes, talvez os australopitecíneos, ainda que de forma lenta, seguramente progrediram até que os humanos adquirissem linguagem. Esse caminho lento, que os primeiros *Hominini* tomaram, resultou, por fim, no enorme abismo evolutivo entre a linguagem humana e a comunicação animal. Finalmente, as espécies *Homo* desenvolveram complexidade social, cultura e vantagens psicológicas e neurológicas em relação a todas as outras criaturas.

Assim, a linguagem humana começa de forma modesta, com um sistema de comunicação entre os primeiros hominídeos não muito diferente dos sistemas de comunicação de muitos outros animais, mas mais eficiente do que o de uma cascavel.

E se todos os 80 falantes remanescentes de banawá morressem de repente, e seus ossos fossem descobertos somente daqui a 100 mil anos? Deixando de lado, por enquanto, o fato de que os linguistas publicaram gramáticas, dicionários e outros estudos sobre a língua banawá, sua cultura material deixaria alguma evidência de que eles eram capazes de raciocinar por meio de linguagem e de símbolos? Seguramente, deixaria ainda menos evidências da linguagem do que as que foram encontradas para os *erectus* ou os *neanderthalensis*. A arte banawá (tais como os colares, os modelos de cesta e as esculturas) e suas ferramentas (que incluem arcos, flechas, zarabatanas, dardos, cestas e veneno) são biodegradáveis. Então, sua cultura material desaparecia sem deixar vestígio em muito menos tempo do que os 800 mil a 1,5 milhão de anos que se passaram desde o surgimento das primeiras culturas. Claro, pode-se determinar pelo uso do solo que eles tinham aldeias de um determinado tamanho, cabanas etc., mas seria tão difícil fazer extrapolações sobre sua linguagem, a partir das reminiscências dos seus artefatos, quanto seria afirmar que muitos grupos antigos de caçadores-coletores tinham (ou não) linguagem. É sabido que as populações amazonenses contemporâneas desenvolveram plenamente línguas humanas e ricas culturas, então é preciso ter cuidado para não concluir, de forma premeditada, que a ausência de evidências para linguagem ou para cultura nos registros pré-históricos indica que as populações humanas antigas não possuíam esses atributos cognitivos essenciais. Na verdade, quando olhamos mais de perto, há evidências de que as primeiras espécies *Homo* falavam e tinham cultura, de fato.

A solução do mistério das origens da linguagem humana começa com o exame da natureza da evolução da única espécie linguística sobrevivente, o *Homo sapiens*, ou, como escreve Tom Wolfe, o *Homo loquax*: "homem que fala". Há várias perspectivas particulares que marcam o caminho para a evolução da linguagem.

Primeiramente, a linguagem humana surge a partir de um fenômeno muito maior de comunicação animal. A comunicação nada mais é do que a (normalmente intencional) transferência de informação de uma entidade para outra, sejam a comunicação por feromônios entre formigas, os gritos dos macacos, as posições e os movimentos da cauda dos cachorros, as fábulas de Esopo, sejam a leitura e a escrita de livros. A linguagem é muito mais do que transferência de informação.

A segunda perspectiva da evolução da linguagem deriva do exame tanto das vantagens biológicas quanto das culturais. Como o cérebro, o trato vocal, o movimento das mãos e do resto do corpo humano, somados à cultura, afetam e facilitam a evolução da linguagem? Muitas abordagens para a evolução da linguagem focam em um ou outro desses aspectos, biológico *versus* cultural, à exclusão de outros.

Uma última (e necessária) perspectiva pode deixar alguns curiosos. Trata-se de olhar para a evolução da linguagem como um pesquisador de campo da Linguística olharia. Essa perspectiva leva a duas questões fundamentais: o quão parecidas são as línguas humanas faladas hoje em dia e o que a diversidade das línguas modernas revela sobre as primeiras línguas humanas? Essas perspectivas oferecem uma visão útil dos marcos evolutivos que caracterizam o caminho da primeira língua das espécies *Homo*.

Há ainda questões adicionais a serem respondidas. Gestos são fundamentais para as línguas humanas? Sim, são. É necessário um trato vocal idêntico ao dos humanos modernos para as línguas humanas? Não. Estruturas gramaticais complexas são exigências das línguas humanas? Não, mas elas são encontradas em muitas línguas modernas, por uma variedade de motivos. Algumas sociedades se comunicam menos ou usam menos comunicação linguística do que outras? Parece que sim. Os *erectus* podem ter sido detentores da linguagem; não obstante, eram bastante reservados.

PARTE UM

OS PRIMEIROS *HOMININI*

O surgimento dos *Hominini*

Veio sobre mim a mão do Senhor; ele me levou pelo Espírito do Senhor e me deixou no meio de um vale que estava cheio de ossos e me fez andar ao redor deles; eram mui numerosos na superfície do vale e estavam sequíssimos.

Ezequiel, 37: 1-2

Controvérsias são, muitas vezes, difíceis de resolver. Em junho de 2011, uma jovem mãe, Casey Anthony, estava sendo julgada pelo assassinato de sua filha de 2 anos, Caylee Anthony. A promotoria sustentou a alegação de que Casey a tinha matado com base na evidência de que o corpo da menina havia sido mantido no porta-malas do carro de Casey – veículo ao qual somente ela tinha acesso – por muitos dias, em uma temperatura de quase 33ºC. A acusação apresentou uma testemunha que afirmou ter sentido o fedor de um corpo em decomposição no porta-malas daquele carro e, além disso, mostrou que, no veículo, havia insetos do tipo que se criam e se reproduzem em cadáveres sob o sol quente. Uma evidência horrível, com certeza, mas aparentemente convincente. Se o julgamento tivesse terminado naquele momento, talvez o veredito tivesse sido "culpada".

Contudo, antes disso, os advogados tinham que apresentar a sua defesa. Claro, eles também intimaram suas próprias testemunhas, incluindo um perito forense que afirmou que o mau cheiro que tinha sido reportado pelas pessoas estava vindo de um saco de lixo que Casey tinha deixado no seu porta-malas por mais de uma semana (ninguém estava ali em defesa da sua higiene). Além disso, a testemunha forense afirmou que os insetos encontrados no carro de Casey não eram do tipo que se encontram em cadáveres em decomposição e tampouco se apresentavam na quantidade esperada se o porta-malas do carro dela contivesse, de fato, um cadáver. Finalmente, depois de muito litígio entre os especialistas e os advogados, o júri acabou decidindo em favor da defesa. Doze pessoas julgaram a história da ré suficientemente crível a ponto de levantarem "dúvidas razoáveis"* sobre o que tinha acontecido com Caylee.

O problema que alguns júris enfrentam diante de dúvidas razoáveis é também comum na ciência. A diferença é que os cientistas, diferentemente dos juristas, *prosperam* nas dúvidas razoáveis. Isso porque, assim como a dúvida, eles não estão tentando nem corroborar nem invalidar teorias. Ao invés disso, os cientistas querem *avaliar* teorias, rejeitando aquelas que têm dúvidas razoáveis em *excesso*, ainda que apenas temporariamente. Em outras palavras, a dúvida é uma ferramenta intelectual que permite aos cientistas restringir o número de teorias com que eles precisam se preocupar.

Não é surpreendente que haja discordâncias entre os especialistas. Na verdade, o consenso entre eles parece, muitas vezes, mais raro do que as discordâncias. Normalmente, cada avanço científico tem sua origem em uma disputa que diz respeito à intepretação de evidências em favor de uma determinada tese ou contra ela. Fazer ciência não diz respeito à descoberta de uma teoria "verdadeira", mas à descoberta da melhor teoria, à medida que os cientistas tateiam em direção à compreensão.

Muito mais vasta e complexa do que qualquer julgamento de assassinato é a busca para compreender a origem dos humanos e de suas línguas. Essa tentativa requer um panorama da trajetória dos *Hominini*,

* N. T.: O autor emprega o termo jurídico "*reasonable doubt*" (literalmente, 'dúvida razoável') que significa uma dúvida especificamente sobre a culpa de um réu, a qual emerge da avaliação das evidências ou da ausência delas.

do estado inicial ao atual, e vai estar sempre repleta de controvérsia e discordância. Falta um conhecimento definitivo sobre questões básicas, como a variabilidade na complexidade do raciocínio humano pela espécie humana, nos registros evolutivos. Não há nem mesmo um consenso a respeito da faixa de variação nos seguintes fatores:* inteligência, velocidade, tamanho, sexo e força, entre os homens modernos.

Então por que tais problemas relativos aos limites da capacidade humana são relevantes para o entendimento da evolução das espécies? Porque tanto especialistas quanto leigos não conseguem entrar em acordo sobre o que as novas evidências querem dizer, uma vez que eles *interpretam* quaisquer novas descobertas ou achados de maneira distinta. Em vez de antecipar, de maneira ingênua, os pontos de acordo, é melhor esperar pela avaliação das diferentes explicações. A maioria dos especialistas é capaz de determinar quando uma explicação lança dúvidas razoáveis sobre outra. Mas não se pode dizer a alguém qual abordagem escolher nem prever qual delas alguém vai escolher. As escolhas científicas são intelectual, cultural e psicologicamente motivadas.

Parte do interesse na compreensão da espécie humana certamente se deve ao desejo de entender como os humanos alcançaram um sucesso cognitivo tão superior ao de qualquer outra espécie. Os humanos estão em toda parte. Assim como as baratas e os ratos, eles são adaptáveis, multiplicam-se rapidamente e deslocam-se com facilidade. São fortes e resistentes. São espertos. Podem ser territoriais, diurnos, noturnos ou vespertinos. Eles podem ser gentis ou agressivos. Os humanos se tornaram, para o bem ou para o mal, os senhores do planeta. Se os dinossauros ainda existissem hoje em dia, os humanos os matariam por troféus, os comeriam ou os colocariam em zoológicos. Eles não seriam páreos para os *sapiens*. Os humanos – e não os dinossauros – são os maiores predadores de todos os tempos deste planeta. Esse sucesso tem muito a ver com o fato de que, embora os *sapiens* sejam pequenos e de pele macia, sem garras ou

---

* N. T.: O autor se refere a esses fatores como os "cinco S": *smarts* ('inteligência'), *speed* ('velocidade'), *size* ('tamanho'), *sex* ('sexo') e *strength* ('força').

força significativa, eles falam uns com os outros. Em virtude disso, eles conseguem fazer planos, são capazes de compartilhar conhecimentos e até mesmo de legá-los a gerações futuras, e é nesse aspecto que reside a vantagem humana sobre todas as outras espécies terrestres.

Então, o que é exatamente essa capacidade dos humanos – o que é a linguagem? Não é possível falar sobre como algumas características, tais como a linguagem, evoluíram sem, pelo menos, ter alguma noção sobre o que é essa característica.

A linguagem é a interação entre significado (semântica), condições de uso (pragmática), propriedades físicas do inventário de sons (fonética), gramática (sintaxe ou estrutura da sentença), fonologia (estrutura do som), morfologia (estrutura da palavra), princípios organizacionais conversacionais do discurso, informações e gestos. A linguagem é "gestalt"* – o todo é maior do que a soma de suas partes, isto é, o todo não é entendido meramente como o exame de seus componentes individuais.

Existem, de fato, comunidades inteiras de linguistas que se identificam pelas diferentes subáreas. Há pragmaticistas, analistas da conversação, sintaticistas, morfólogos, foneticistas, semanticistas etc. Mas nenhum deles estuda a linguagem como um todo, somente as partes que lhes interessam profissionalmente. O sintaticista está para a língua assim como o oftalmologista está para o corpo. Ambos são necessários, mas cada um deles está (compreensivelmente) lidando com uma parte muito pequena do todo.

Então como deveria ser o todo? O todo é um sistema de comunicação. E é para isso que apontam as evidências evolutivas e contemporâneas – a saber, o propósito último e a concretização da linguagem é a construção de comunidades, culturas e sociedades. Estas são construídas por meio de histórias e conversas, orais e escritas; cada uma delas ajuda a estabelecer e a justificar as prioridades de valores compartilhadas pe-

* N. T.: "*Gestalt*" (literalmente, 'forma' em alemão) é um termo muito usado na Psicologia, que se refere a uma entidade concreta e individual atômica em um certo sentido.

las culturas ou pelos indivíduos. A linguagem, na verdade, constrói as estruturas de conhecimento que são características de uma cultura em particular (tais como as cores reconhecidas, os tipos de ofício e profissão considerados mais atrativos, o entendimento médico, a matemática e todas as outras coisas que os humanos sabem enquanto membros de uma sociedade). A linguagem também ajuda a interpretar os diferentes papéis sociais – tais como pai, chefe, empregado, doutor, professor e estudante – que uma cultura reconhece.

A gramática é de enorme ajuda para a linguagem e auxilia o pensamento. Mas ela é, no melhor dos casos, apenas uma pequena parte de qualquer língua, e sua importância varia de uma língua para outra. Há línguas que têm muito pouca gramática e outras em que ela é extremamente complexa.

O caminho percorrido pelos humanos em direção à linguagem foi uma progressão desde os signos naturais até os símbolos humanos. Os signos e os símbolos são explicados em referência a uma teoria de "semiótica" nos escritos de Charles Sanders Peirce. Peirce foi talvez o filósofo americano mais brilhante da História. Ele deu contribuições para a Matemática, para a Ciência, para o estudo da linguagem e para a Filosofia. Ele é o fundador de dois campos distintos de estudo: a *Semiótica* – o estudo dos signos – e o *Pragmatismo* – a única escola de Filosofia originária exclusivamente dos EUA. Apesar de seu brilhantismo, ele nunca foi capaz de manter um emprego a longo prazo, porque era intratável e rebelde no que dizia respeito aos costumes sociais. A Semiótica de Peirce não trata diretamente da evolução da linguagem. Mas acabou se tornando o melhor modelo dos estágios da evolução linguística.

A teoria de Peirce prevê indiretamente a progressão dos signos, desde os signos naturais (os índices), passando pelos ícones, até chegar aos símbolos criados pelos humanos.[1] Essa progressão se move em direção a um aumento de complexidade dos tipos de signos e a uma evolução das habilidades linguísticas das espécies *Homo*. Um signo é qualquer pareamento de forma (tal como uma palavra, um cheiro, um som, uma placa de trânsito, ou código Morse) e significado (aquilo a que o signo se refere). Um índice, como a parte mais primitiva da progressão, é uma forma que manifesta uma conexão física efetiva com aquilo a que ele se refere. A pegada de um gato é um índice: ela indica, e nos faz esperar ver, um gato. O cheiro de um bife na grelha traz à mente o bife e a grelha. A fumaça indica fogo. Um ícone é algo que fisicamente evoca aquilo a que se refere: uma escultura ou um retrato se referem ao seu sujeito por meio da semelhança física. Uma palavra onomatopaica como "pio" ou "miado" traz à mente esses sons.

Figura 1 – A progressão semiótica

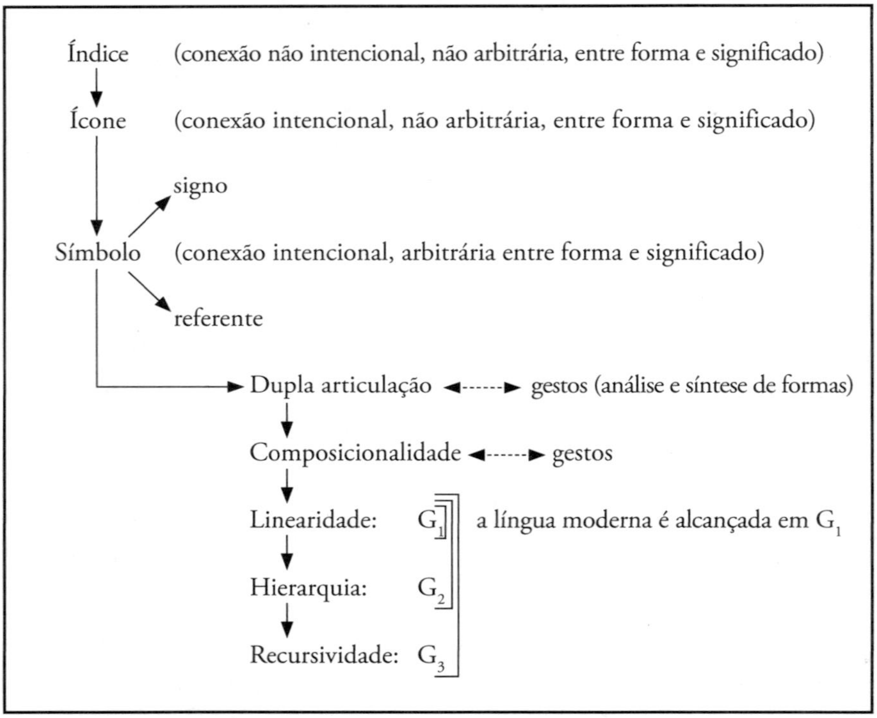

Índice (conexão não intencional, não arbitrária, entre forma e significado)
↓
Ícone (conexão intencional, não arbitrária, entre forma e significado)
↓ ↗ signo
Símbolo (conexão intencional, arbitrária entre forma e significado)
↘ referente
→ Dupla articulação ◄------► gestos (análise e síntese de formas)
↓
Composicionalidade ◄------► gestos
↓
Linearidade: G_1 — a língua moderna é alcançada em G_1
↓
Hierarquia: G_2
↓
Recursividade: G_3

Os símbolos são conexões convencionais com aquilo a que eles se referem. Eles são mais complexos do que os outros signos, porque não precisam ter qualquer semelhança ou qualquer conexão física com seu referente. Eles são convencionados pela sociedade. O número "3" se refere à cardinalidade de três objetos da mesma forma que "Daniel" se refere a alguém com esse nome, não porque a palavra "três" carrega uma conexão física ou uma semelhança com cardinalidade, nem porque todas as pessoas que se chamam Daniel têm características físicas em comum. Essa arbitrariedade, a associação convencional entre forma e significado, é exatamente o que caracteriza os símbolos como o início da linguagem e como evidência de normas sociais. Os símbolos são o nosso contrato social original.

A Figura 1 nos dá uma visão da ordem relativa da evolução da linguagem, seguindo de perto as ideias de Peirce (ainda que o índice esteja antes do ícone).

Assim que os humanos dispuseram de símbolos, algumas porções deles tornaram-se mais significativas do que outras. Se eu escolhesse escrever aleatoriamente S como Ŝ ou P como Ƥ no discurso em prosa em língua portuguesa, os leitores nativos de português ignorariam esses ornamentos, constatando imediatamente que a adição deles é irrelevante. Mas se eu escrevesse S como P, causaria confusão. Isso acontece porque as partes significativas dos símbolos não podem ser alteradas sem obscurecer sua identidade, embora as partes não significativas possam ser alteradas sem prejuízo. Portanto, os símbolos não são unidades atômicas simples, mas contêm partes "supérfluas" (que não são essenciais para o seu significado) junto a informações cruciais, para Peirce, para o "interpretante" ou para o significado do signo.

Dos símbolos e interpretantes, há um passo curto para a linguagem progredir para o fenômeno conhecido como "dupla articulação da linguagem", que organiza unidades menores em unidades maiores. A dupla articulação permite a transição para os três níveis de complexidade – G_1, G_2 e G_3 –, que distinguem os diferentes tipos de gramática em que as sociedades humanas podem escolher organizar suas línguas, como mostrado na Figura 1.

A hipótese de que a evolução da linguagem se seguiu de um aumento de complexidade nos signos de Peirce é corroborada pelos registros arqueológicos. Por outro lado, o salto de ícone para símbolo nesse esquema não é "natural". Esse passo requer invenção humana. A evolução não criou símbolos ou gramáticas. A criatividade e a inteligência humanas, sim. Esse é o motivo pelo qual a história sobre como a linguagem surgiu deve ser também sobre invenção em vez de ser unicamente sobre evolução. A evolução desenvolveu nossos cérebros. E os humanos assumiram o controle a partir desse momento.

Ainda assim, é necessário discutir muito mais do que a linguagem em si para entender o que aconteceu. Para tanto, deve-se conectar o desenvolvimento da linguagem ao desenvolvimento biológico das espécies. De acordo com as evidências disponíveis, os *Homo sapiens*, assim como qualquer família, enquadram-se em um conjunto particular de relações, normalmente referido como árvore ou clado filogenético (Figura 2). Ele é altamente especulativo, mas nos dá um ponto de referência. Os galhos mais baixos entre as espécies *Homo* podem acabar sendo um pouco diferentes do que aqueles dados nesse esquema.

Figura 2 – O clado da humanidade

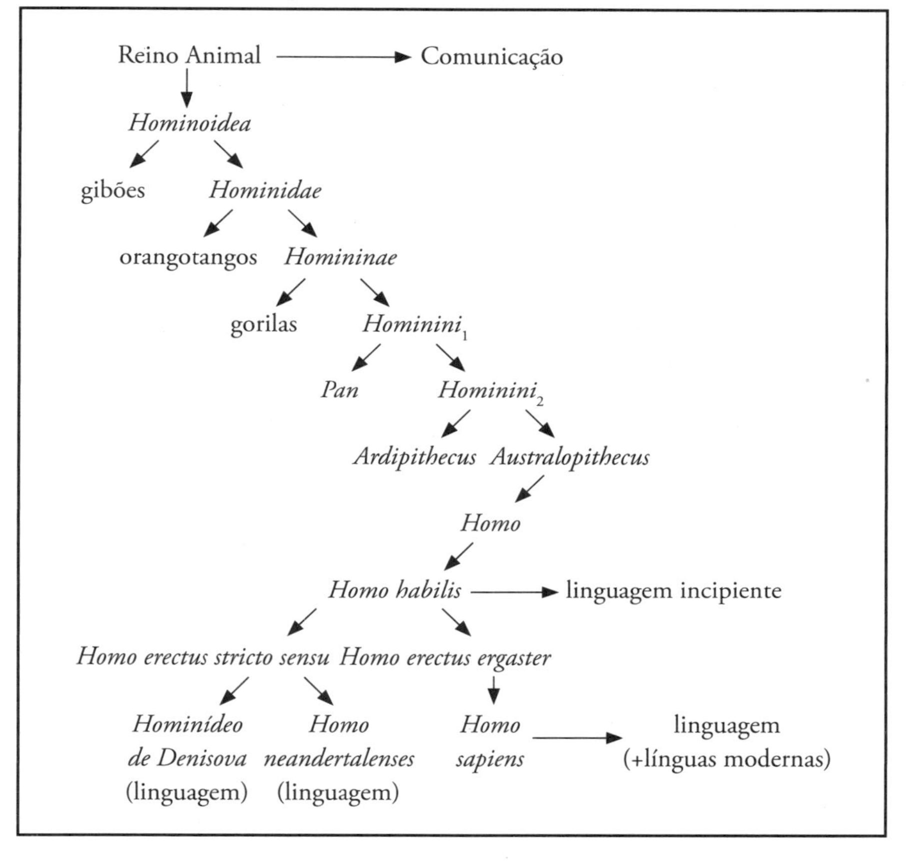

Todos os animais se comunicam. Isso justifica a flecha saindo do Reino Animal na figura acima. Mas nem todos os animais têm linguagem – a qual parece ter emergido somente através da evolução do gênero *Homo*.

Como tudo o que é complexo e controverso, há um grande número de conjecturas sobre como a vida na Terra começou.[2] Uma ideia predominante é a de que uma divindade suprema criou a vida. Qualquer discussão sobre uma explicação teísta para a vida e para a linguagem deve considerar que a origem de ambas é um ponto importante para os teístas. Uma resposta teísta frequente para a questão de como o DNA e as formas de vida subsequentes evoluíram é a teoria do “relojoeiro”.

Os relógios eram, no tempo dessa metáfora, a mais alta tecnologia conhecida. Por muitas razões, as discussões entre filósofos e teístas, muitas vezes, giram em torno da mais alta tecnologia vigente. Nesse caso, os relógios são elaborados, complexos, hierárquicos em sua estrutura e obviamente projetados. Assim, se alguém encontrasse um relógio em um planeta distante, a presença dele indicaria que, em algum lugar, houve um idealizador que teve em mente o propósito de planejá-lo e fabricá-lo. William Paley, em sua *Natural Theology* (*Teologia Natural*) de 1802, afirmou o seguinte:

> Ao cruzar um lamaçal, suponha que eu tenha lançado meu pé contra uma pedra e tenha sido questionado sobre como a pedra foi parar naquele lugar. Eu poderia possivelmente responder, em contrapartida, que, por tudo o que eu sei, a pedra tinha jazido naquele lugar desde sempre: talvez nem fosse tão fácil mostrar o disparate dessa resposta. Mas suponha que eu tenha encontrado um relógio no chão e tenha surgido o questionamento sobre como o relógio acabou naquele lugar. Eu dificilmente pensaria na resposta que dei anteriormente – de que, por tudo o que eu sei, o relógio pode ter estado sempre naquele lugar [...]. Deve ter existido, em algum momento e em algum lugar, um artífice que criou [o relógio] para o propósito que nós acreditamos que, de fato, ele sirva; alguém que depreendeu sua construção e projetou o seu uso [...]. Qualquer indicação de seu artifício, qualquer manifestação de planejamento existente no relógio existe nas obras da natureza, com a diferença de que, da parte da natureza, é melhor e superior, em um grau que supera qualquer cálculo.

O argumento de Paley em favor de um "artífice" precede, em mais de meio século, o trabalho de Wallace e Darwin sobre a evolução por seleção natural. Há teólogos modernos e cientistas teístas que consideram esse argumento sólido, substituindo um órgão complexo, tal como o olho, pelo relógio. Mas o filósofo David Hume apontou três problemas sérios com a analogia do relógio. Em primeiro lugar, os materiais do relógio não são encontrados na natureza – o relógio é construído a partir de materiais criados por humanos. Isso torna a analogia artificial. Como Hume disse, faria muito mais sentido usar algo composto exclusivamente por materiais orgânicos, tais como uma abóbora, em vez de um relógio, porque nós podemos concluir que as abóboras provêm delas mesmas.

A segunda objeção de Hume é de que não se pode usar o conhecimento da experiência para inferir uma conclusão sobre conhecimento que não resulta da experiência. Se você entende o que é um relógio, você também sabe que o relógio foi criado. Seria possível até mesmo observar um relógio sendo criado. Ainda assim, ninguém poderia ter qualquer experiência direta com a criação do mundo. Desse modo, a conclusão de que dado que o relógio tem um idealizador o universo também tem é empírica e ideologicamente injustificada. Por fim, Hume notou que mesmo se o relógio mostrasse, de fato, que qualquer uma das coisas complexas – o universo, em particular – tenha um idealizador, essa lição ainda não teria nada a dizer a respeito da natureza do idealizador. Esse raciocínio, mesmo se não tivesse se provado inválido, não dá suporte a nenhuma religião conhecida nem à ideia de superioridade de uma divindade em relação à outra.

Provavelmente, o argumento mais eficaz contra a analogia do relojoeiro, contudo, venha da cultura. Ninguém pode fabricar por si só um relógio ou os materiais que o compõem. Um relógio é o resultado de uma cultura, e não de um idealizador. Se o universo fosse projetado, esse projeto teria requerido uma sociedade, não um deus, a menos que esse deus fosse muito diferente da forma como é descrito pela maioria das religiões. Contudo, indo mais direto ao ponto, o argumento teísta da idealização do universo falha porque é o que a ciência diz. Há uma base científica sólida para a teoria evolucionista que está ausente nas explicações teístas.

A evolução é um *fato* bem estabelecido. Somente as explicações de como a evolução se parece ou acontece – seleção natural, processos genéticos e árvores de famílias – podem ser chamadas de teorias. Mas a evolução em si mesma não é uma teoria. Com o intuito de entender a origem da linguagem, deve ser considerada, de maneira mais geral, a origem da vida com vistas a modelar a discussão. E isso requer evolução.

O planeta Terra tem aproximadamente 4,5 bilhões de anos e provavelmente surgiu como uma nuvem giratória, se resfriando e se solidificando, com as águas encerrando gradualmente seu ciclo de chuva e evaporação, reduzindo a temperatura da superfície do nosso planeta vermelho o suficiente para se acumularem em oceanos sem vida, quentes, turbulentos e inóspitos, no período pré-cambriano da Era Arqueana. Mas havia fosfato, açúcares e nitrogênio naquele caldeirão oceânico, e, a partir deles, foram formados os primeiros carboidratos e outros elementos de base para a vida. Pelo menos, essa é uma explicação possível.

Outra explicação oferecida pelos cientistas é a de que a replicação do DNA se deu inteiramente no espaço e foi trazida para a Terra por um meteorito ou por um asteroide. Essa proposta para a origem do DNA é conhecida como "Panspermia". De acordo com seus proponentes, os nucleotídeos são formados mais facilmente no frio e na parte gelada dos cometas. Nosso planeta era como um óvulo gigante flutuando no espaço, fertilizado por poeira espacial, meteoros e asteroides – os espermatozoides do universo – que trouxeram o DNA até nós. Há inclusive evidências convincentes a favor dessa visão. Os meteoritos entram com certa regularidade na atmosfera terrestre. Alguns deles podem ter trazido DNA para a Terra de outra parte do universo ou do sistema solar. Ou talvez os meteoros tenham trazido de outras partes do espaço não o DNA, mas os nucleotídeos.

Independentemente do que tenha acontecido, os nucleotídeos, finalmente, se juntaram nos oceanos. Posteriormente, membranas começaram a se formar em volta deles. Dentro dessas membranas, formou-se o ácido nucleico, juntamente com o ácido ribonucleico (RNA) e o desoxirribonucleico (DNA). Em algum momento, esses ácidos assumiram a propriedade de serem responsáveis por toda a vida – a replicação. O período que vai da formação da Terra até o início da vida molecular durou aproximadamente 500 milhões de anos. Ao longo de outros 500-800 milhões de anos, desenvolveram-se formas de vida grandes o suficiente para serem conhecidas por seus fósseis.[3]

A partir dessa sopa nucleotídica, o planeta Terra passou ao estágio protozoário de "vida primitiva" do período pré-cambriano. O DNA, a base para a vida, é formado por açúcares, fosfato e nitrogênio.

Por causa da compreensão do DNA, sabe-se que um humano e um cachorro distinguem-se, em um nível molecular, pela composição do seu DNA e pela maneira como ele é sequenciado para formar seu genoma. Assim, os genomas são a soma dos vários DNA e RNA com suas combinações. De modo mais refinado, caninos e humanos não se distinguem apenas pelos componentes do seu DNA, mas pela *sintaxe* do seu DNA. A hierarquia dele e das suas unidades relevantes são as seguintes:

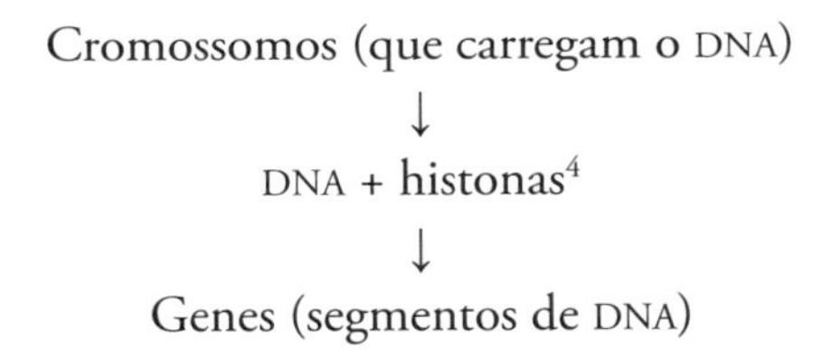

Se o planeta Terra for considerado desde o seu início até hoje, 99,997% da sua história ocorreu antes do Pleistoceno (2,8 milhões de ano atrás), quando emergiram os *Homo habilis* (ou *Homo erectus*, dependendo da classificação), as primeiras espécies do gênero *Homo*. Espécies como a dos *sapiens* surgiram muito tempo depois. O período em que os primeiros *Hominini* originaram os humanos modernos começou no final do Mioceno (23-5,3 milhões de anos atrás), passando pelo Plioceno (5,3-2,8 milhões de anos atrás) e pelo Pleistoceno até o Holoceno (11 mil anos atrás) – a Era atual.

Os humanos desfrutam de um privilégio único entre todas as outras formas de vida que lhes permite contemplar sua origem. Além disso, todas as perspectivas humanas são modeladas culturalmente. Portanto, juntamente com as habilidades mentais superiores, as culturas não somente guiam a compreensão do mundo pelos humanos, mas também definem aquilo para o que vale a pena olhar. A cultura restringe a forma como os humanos fundamentam seu raciocínio. A ciência surge a partir de valores culturais e é moldada por eles – os diferentes papéis sociais e as estruturas de conhecimento que foram sancionados pela sociedade (ou seja, o que é conhecimento e como seus diferentes componentes estão relacionados).

A cultura é uma das razões pelas quais os cientistas adotam diferentes visões sobre as evidências fósseis. Não é meramente uma discordância sobre os fatos, embora isso também seja importante. Richard Feynman foi um dos primeiros a notar que os resultados dos experimentos em Física tendiam a estar mais próximos das expectativas publicadas do que deveria ser esperado. Isso aponta para um efeito cultural na ciência conhecido como "viés de confirmação". Mesmo se somente a ciência for considerada, não há escapatória das influências culturais. As interpretações de muitos dos registros fósseis mudam regularmente. As conclusões a que cheguei neste livro não são diferentes, embora essas diferenças não as tornem melhores ou piores do que outras conclusões, até que outros dados sejam mobilizados.

O registro científico acumulado construído pelos *Homo sapiens*, por meio da língua e da cultura ocidental, conclui que os humanos são primatas e que as raízes do seu gênero devem ser encontradas nas origens dos primatas. Mas o que são os primatas? E de onde eles vieram?

Figura 3 – Árvore filogenética primata

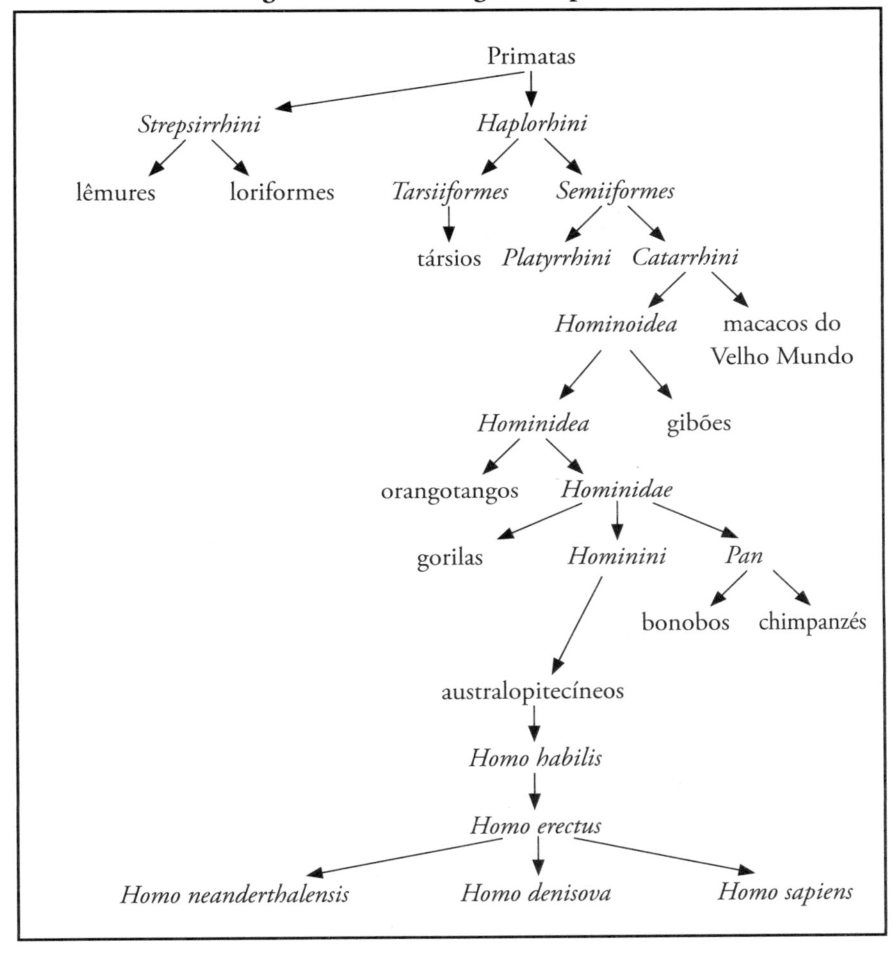

A ordem dos primatas, da qual *Homo sapiens* é uma das espécies, surgiu há mais de 56 milhões de anos. Uma vez que a evolução é gradual e contínua, existem "protoprimatas" que precedem os "autênticos primatas". O fóssil transicional protoprimata mais antigo conhecido é o *Plesiadapis tricuspidens*, que existiu há cerca de 58 milhões de anos na América do Norte.

Mas a história da evolução dos primatas começa de verdade com o primeiro gênero primata verdadeiro conhecido, o dos *Teilhardina*, que foram os precursores de todos os outros primatas, incluindo nós. Os *Teilhardina* (nomeados assim em homenagem ao teólogo jesuíta e paleontólogo Pierre Teilhard de Cardin) foram criaturas pequenas, similares em tamanho aos micos modernos. À medida que essas criaturas se desenvolveram e encontraram nichos diferentes, elas geraram diversidade e, por fim, novas espécies. Das novas espécies, surgiram os novos gêneros.

Muitos primatas dividiram-se em novos gêneros de acordo com a forma ou as características de seus narizes. Por exemplo, os rinários (de "nariz-molhado") ou primatas *Streprrihini* são hoje limitados quase exclusivamente aos lêmures de Madagascar. Os humanos estão incluídos no grupo dos macacos *Haplorrhini* (de "nariz-seco"). Esses, por sua vez, dividem-se em tarsiiformes e simiiformes – símios ou antropoides – dos quais os humanos se originam. Há uma subdivisão adicional entre *Catarrhini* (narizes longos) e *Platyrrhini* (narizes chatos ou "para baixo"). Todos os macacos nativos do Novo Mundo têm narinas que apontam para o lado. A Figura 3 resume a classificação dos humanos entre os outros primatas.

A Figura 3 mostra a árvore primata com os humanos como parte da infraordem *Catarrhini*, como descrita anteriormente. Os humanos são simiiformes, juntamente com todos os macacos e os símios, e também são *Catarrhini*. Os *Platyrrhini* das Américas evoluíram de forma distinta de seus parentes do Velho Mundo, não gerando símios, somente macacos. Portanto, nenhum humano evoluiu no Novo Mundo.

Todos os primatas são capazes de subir em árvores. Muito embora eu deva admitir que não consigo subir em árvores tão bem quanto um macaco lanoso, todos os humanos possuem, assim como os primatas, corpos projetados, pelo menos em parte, para subir em árvores. Alguns também se destacam entre os outros animais por razões mais importantes do que sua habilidade de escalada: os humanos têm o olfato e a visão estereoscópica – 3D – reduzidos e têm cérebros maiores; todas as características que os ajudaram a se tornar os soberanos de um planeta, bastante real, de símios.

A evolução é a grande cama de Procusto da vida, em que as espécies são expandidas, subdivididas e modificadas de outras maneiras para se adaptarem aos seus nichos. Ao passo que a evolução gerou os primatas a partir da "grande onda de mamíferos" que se seguiu ao fim dos dinossauros durante a extinção do Cretáceo-Paleogeno (K-Pg), há cerca de 66 milhões de anos, ela também gerou outros em uma longa linha de saltos cognitivos. E, por fim, esse longo avanço mamífero deu origem aos hominídeos.

Os cientistas mais modernos usam o termo "hominídeo", derivado da forma singular da palavra latina "*hominidae*" ('homens'), para se referir a todos os grandes símios. Existem ainda alguns que preferem usar a palavra na sua acepção mais antiga, para se referir não a todos os grandes símios, mas ao gênero *Homo*. Porém, os estudiosos mais modernos reservam o termo "hominídeo" para descrever conjuntamente os grandes símios e os *Hominini*, os humanos e todos os seus outros ancestrais diretos, partindo da época em que humanos e chimpanzés se dividiam em ramificações separadas da árvore primata. Utilizar dois termos, "hominídeo" e "*Homo*", não aumenta a complexidade perceptível da evolução humana; apenas ajuda a evitar ambiguidade.

Em contrapartida, a teoria da evolução de Darwin por seleção natural é muito menos complexa. Na verdade, parte de sua atratividade e elegância está em sua grande simplicidade. Ela consiste de três postulados.

Primeiro: a capacidade de uma população se expandir é, em princípio, infinita, embora a capacidade do meio ambiente de dar suporte a essa população seja sempre finita.

Segundo: há variação dentro de todas as populações. Portanto, não há dois organismos exatamente iguais. A variação afeta a capacidade de os indivíduos sobreviverem e se multiplicarem à medida que alguns geram uma prole mais viável em um dado nicho.

Terceiro: os pais, de alguma forma, são capazes de passar sua variação para sua prole.[5]

Juntos, esses três postulados vieram a ser conhecidos como a "origem por seleção natural". Darwin observou durante sua famosa viagem a bordo do HMS Beagle (1831-1836) que os animais pareciam aptos ao seu habitat. Durante toda sua carreira científica, ele também observou como as diferentes criaturas (tais como seus famosos fringilídeos de Galápagos) se adaptavam rapidamente mesmo a pequenas mudanças em seu habitat.

Ironicamente, enquanto Darwin propunha a seleção natural, um monge tcheco, Gregor Mendel, assentava as bases da teoria genética. Trabalhando em uma horta de ervilhas por sete anos (1856-1863), Mendel desenvolveu dois princípios importantes da pesquisa genética.

O primeiro foi o princípio da "segregação", que é a ideia de que certas características são cindidas em duas partes (conhecidas como "alelos"), e somente uma dessas partes passa de um dos progenitores para sua prole compartilhada. O alelo que é transmitido é aleatório.[6]

Em segundo lugar, veio o princípio da "segregação independente". Através dele, os pares de alelos gerados pela união das células haploides dos progenitores formam novas combinações de genes, que não estão presentes nem na mãe nem no pai.

Embora o trabalho de Mendel tenha, por fim, ganhado aceitação radical, restaram problemas que foram somente superados com o avanço da genética moderna. Em primeiro lugar, como Thomas Morgan mostrou em seu (agora famoso) trabalho sobre mutações nas moscas-de-fruta, os genes estão conectados, isto é, eles trabalham em conjunto em muitos aspectos. Isso é exatamente o oposto da ideia de Mendel de que cada gene se comporta independentemente, uma ideia que foi aceita por muitos geneticistas antes do trabalho de Morgan. As descobertas de Morgan indicavam que o princípio da segregação independente dos genes não estava correto – *contrariamente* ao que pensava Mendel. Morgan também trouxe para sua pesquisa interesses de longo prazo, além de originais, sobre estruturas celulares. Por meio desse trabalho, tornou-se claro que os cromossomos eram entidades reais nas células e não meramente veículos de genes hipotéticos.[7] Em segundo lugar, Mendel sugeriu que a variação é sempre discreta, mas geralmente contínua. Se cruzarmos uma mãe de 1,82 metro com um pai de 1,52 metro, o resultado não será simplesmente um filho de 1,82 metro ou um filho de 1,52 metro; mas, ao contrário, um filho que tenha, no mínimo, qualquer altura entre esses valores, entre outras possiblidades. Em outras palavras, muitas das características (na verdade, a maioria delas) se misturam. Isso não pode ser capturado com uma interpretação simples do princípio da segregação independente, como vemos no trabalho de Mendel com as ervilhas, sendo que todas as características com que ele trabalhou eram discretas e, para os propósitos de sua pesquisa, não relacionadas.

Outro fato crucial sobre evolução é que os alvos da seleção natural são fenótipos (atributos físicos e comportamentais externamente visíveis, que resultam dos genes e do meio ambiente) e não genótipos (a informação genética que é parcialmente responsável pelo fenótipo). A seleção natural opera sobre criaturas (seleciona-as para sobrevivência), baseando-se em seu comportamento e em suas propriedades físicas gerais. Os genes subjazem a essas propriedades e a esses comportamentos, mas o fenótipo é mais do que genes; ele é parcialmente gerado por histonas, pelo meio ambiente e pela cultura. As histonas controlam o momento do desdobramento da informação genética e, dessa forma, o modo como os genes produzem o fenótipo.

Quando não biólogos pensam a respeito da evolução, eles normalmente evocam ideias sobre novas espécies; porém, embora seja um subproduto da evolução, é enganoso olhar somente para a especiação como evidência. Se um "cientista" criacionista diz que as criaturas não podem se transformar em outras e que, logo, a evolução deve ser falsa, o que eles estão, de fato, contestando é a *macroevolução* – evolução em grande escala. No entanto, a macroevolução não é a única forma de evolução. Na verdade, ela é normalmente a soma de pequenas mudanças evolutivas, talvez tão pequenas quanto a mutação de um único alelo, conhecidas como *microevolução*.

Se, por um lado, a microevolução é, por definição, menos discernível, especialmente para observadores com a pequena longevidade humana; por outro, ela é o lugar onde a verdadeira ação acontece. Como resultado, se pequenas mudanças puderem ser explicadas, no geral, as mudanças maiores se seguirão delas. Os cientistas evolucionistas buscam compreender a mudança biológica ao longo do tempo – a evolução – em *todas* as suas formas. Macro e microevolução são apenas pontos em um vasto contínuo de modificações por seleção natural.

Uma das maneiras pelas quais macro e microevolução são estimuladas é a mutação. Muitas mutações são neutras. Outras mutações são fatais. Mas algumas mutações oferecem uma vantagem, em relação à sobrevivência, para o seu organismo hospedeiro. Uma mudança favorecida pela seleção natural em um ambiente particular é vantajosa se a criatura alvo da mutação gera uma prole mais viável do que as criaturas que carecem dessa mutação.

As mutações neutras são importantes para a teoria evolutiva mesmo se elas não forem, por definição, nem prejudiciais nem colaborativas para a sobrevivência do seu hospedeiro. Como Linus Pauling (a única pessoa na História a receber sozinha dois prêmios Nobel, um de Química e um da Paz) e Emile Zuckerkandl (pioneiro em datação genética) propuseram em 1962, as mudanças neutras ocorrem em um ritmo constante ao longo do tempo. Essa constância funciona como um relógio molecular, que pode ajudar a determinar quando duas espécies divergiram. Hoje em dia, ela se tornou uma ferramenta crucial para a compreensão das diferenças evolutivas entre as criaturas, ainda que elas próprias não sejam responsáveis por essas diferenças.

Contudo, as mutações favorecidas pela seleção natural não são a única maneira pela qual a evolução ocorre. Para algo tão complexo como a vida na Terra, não deveria ser surpreendente descobrir que não existe um único conceito que a explica completamente. Existem outras fontes de macro e microevolução, além da seleção natural. Uma delas é conhecida como "deriva genética". Tecnicamente, em uma deriva genética, há uma redução na diversidade genética de uma população. Imagine que a população de todos humanos tenha mil indivíduos, provenientes de cem famílias. Agora, suponha que os genes que geram os fotopigmentos em cinco famílias entre os mil, digamos, em cinquenta indivíduos, são deficientes. Esses indivíduos são "daltônicos". Em seguida, imagine que esses indivíduos daltônicos acabem sendo rejeitados pela maioria, sendo indesejáveis por alguma razão cultural e que todos os cinquenta decidam, então, se mudar para outro lugar. Finalmente, suponha que a população original, os indivíduos não daltônicos, acabe extinta por uma doença ou por algum desastre natural depois da partida dos indivíduos daltônicos. Os indivíduos daltônicos não são afetados. Essa improvável, mas possível, cadeia de eventos resultará em um cenário em que os únicos genes deixados entre as espécies são aqueles que geram o daltonismo. A comunidade daltônica pode crescer com o passar do tempo, gerando uma prole e muitos descendentes, fundando populações humanas inteiramente novas. Esse cenário resultaria em mudanças significativas para a espécie humana, independentes da seleção natural.

A deriva genética é uma redução que ocorre naturalmente na diversidade genética, que é gerada pelo princípio de Mendel da aleatoriedade na seleção dos alelos. Mais uma vez, ela não pode ser causada por uma seleção natural, porque o aparato físico não desempenha nenhum papel no resultado.

Um caso especial de deriva genética é conhecido como "efeito de gargalo". Esse efeito é uma alteração na frequência alélica produzida por causas externas, como no nosso exemplo da exclusão dos que sofrem de daltonismo. Tal efeito pode englobar fenômenos como migração, em que a população migrante é uma amostra de uma população maior, dentro da qual há uma frequência alélica diferente daquela encontrada na população como um todo. O efeito de gargalo engloba qualquer redução na diversidade genética de uma população causada por eventos externos. Considere uma doença que extermina um membro de cada família. Há chances de que a redução tenha deixado uma distribuição de genes diferente na população total, produzindo, assim, o efeito de gargalo. Isso também pode levar a um "efeito fundador" – uma subpopulação com uma frequência alélica diferente daquela da população original que, por sua vez, cria gerações de uma prole viável. Em outras palavras, se a população original dos *Homo erectus* que saiu da África tinha uma frequência alélica diferente da população que permaneceu na África, tanto a primeira quanto a segunda seriam fundadoras independentes de populações das gerações subsequentes.

Outra forma de mudança evolutiva é aquela afetada pela cultura, conhecida como "efeito Baldwin" e particularmente relevante para a evolução da linguagem humana. O efeito Baldwin, proposto primeiramente em 1896 pelo psicólogo James Mark Baldwin, foi um avanço conceitual importante na teoria evolutiva por, pelo menos, duas razões. Primeiro, ele ressaltou a importância dos fenótipos (comportamentos visíveis e características físicas) para a seleção natural. Em segundo lugar, ele demonstrou a interação possível entre cultura e seleção natural. Para dar um exemplo hipotético, vamos supor que a população dos *Homo erectus* entre na Sibéria no verão, até descobrir mais tarde que a Sibéria é fria no inverno. Agora imagine que todos os indivíduos aprendam a fazer roupas de inverno com a pele dos ursos e que a maneira mais eficaz de costurar essas peles requer uma agilidade manual que é extremamente difícil ou está indisponível para a comunidade como um todo – exceto para um indivíduo afortunado que tem uma mutação genética que lhe permite dobrar o polegar sobre o dedo indicador, de tal forma que seja possível produzir uma costura mais eficaz e duradoura dos casacos de pele de urso. Portanto, eles tornam mais eficientes os casacos para suas famílias. Isso, por sua vez, permite que os membros dessa família gerem uma prole maior do que as famílias para as quais o processo de costura é mais difícil. Por fim, a mutação vai aumentar as chances de a "genética da agilidade manual" do indivíduo mutante original se reproduzir através de uma prole que, por sua vez, sobreviverá por mais tempo (pelo menos, no inverno) do que a prole dos costureiros menos habilidosos. Com o passar do tempo, o gene da agilidade manual vai se espalhar por toda população.

A mesma mutação genética em outro ambiente não teria se disseminado pela população, porque pode não ter oferecido nenhum benefício relacionado à sobrevivência. Em outro ambiente, ela seria apenas uma mutação neutra, dentre muitas. Isso pode acontecer se o fenótipo do fabricante de casacos for neutro em um clima mais quente, tal como o da África. Nós podemos dizer, então, que a cultura pode transformar mutações neutras em mutações positivas. O efeito Baldwin, também conhecido como "teoria da dupla herança", junta cultura e biologia e busca explicar as mudanças evolutivas que não podem ser explicadas por uma das áreas isoladamente.

Agora, usando mais uma vez a nossa imaginação, vamos supor que uma mulher nasça em uma época em que os humanos estão desenvolvendo a linguagem. Vamos chamar essa mulher de "dona Sintaxe". Enquanto o restante das pessoas da comunidade diz coisas do tipo "você amigo", "ele amigo", "ela não amigo", a dona Sintaxe diz "você amigo e ele amigo, mas ela não amigo". Ou enquanto todo mundo está dizendo coisas como "homem me bateu. Homem mau", dona Sintaxe diz "o homem que me bateu, mau". Em outras palavras, a dona Sintaxe tem a capacidade de formar sentenças complexas, ao passo que o restante da população consegue criar somente sentenças simples. A entrada de sentenças complexas na linguagem humana poderia ter sido resultado de uma mutação, disseminada através do efeito Baldwin ou por algum outro mecanismo, tal como a seleção sexual? Dificilmente. A linguagem apresenta uma situação diferente daquela dos genes para habilidades físicas.

A primeira razão para duvidar que a mutação envolvendo a sintaxe poderia se espalhar pela população ou ser favorecida pelo efeito Baldwin é a de que dificilmente sentenças complexas ofereceriam alguma vantagem no que diz respeito à sobrevivência, em especial à luz do fato de que há línguas faladas hoje em dia, como discutiremos mais adiante, que carecem de uma sintaxe complexa. Essas línguas sobreviveram no mesmo mundo que as línguas que têm uma sintaxe complexa. Além disso, mesmo se fosse descoberto que as línguas que atualmente são entendidas como carentes de uma sintaxe complexa exibissem, de fato, esse tipo de sintaxe em alguns casos, essa descoberta destacaria somente o fato de que os falantes dessas línguas sobrevivem muito bem em um ambiente 99% livre de sentenças complexas.

Mais significativamente para a dona Sintaxe, com o intuito de ser capaz de *interpretar* sentenças complexas, seria necessário ser capaz de interpretar uma sintaxe complexa. Proferir sentenças complexas em uma população em que a capacidade de interpretar essas sentenças está ausente – em outras palavras, em que você é a única pessoa capaz de interpretar ou produzir enunciados complexos – seria como gritar um aviso para uma pessoa cega, surda e muda. Seria possível argumentar que os primatas não humanos já são capazes de fazer isso, uma vez que eles conseguem responder, de maneira eficiente, a pedidos usando sentenças complexas (o bonobo Kanzi me vem à mente). Mas isso é muito diferente de ser capaz de compreender totalmente sentenças complexas, de fato. Seguir instruções dadas em sentenças recursivas, por exemplo, pode ser o primeiro (mas não o único) passo em direção a adquirir ou a mobilizar a recursividade. A capacidade de pensar de uma forma complexa deve preceder a de falar por meio de construções sintáticas complexas, ou ninguém seria capaz de compreender totalmente esses enunciados.

Mas como tal tipo de pensamento pode surgir? Como alguém poderia pensar em formas que não consegue falar? Uma possibilidade é a de, talvez, planejar eventos dentro de eventos por meio de imagens dentro de imagens ou até mesmo, assim como muitos falantes parecem fazer hoje em dia, pensando em histórias maiores que, embora empreguem sentenças simples, constroem pensamentos complexos.

João pesca.

Pedro pesca.

João pega peixe.

Pedro para.

Pedro come o peixe João.

Pedro volta.

João volta mesma hora.

Essa história, completamente composta por sentenças não complexas, narra que João foi pescar e depois, ou na mesma hora – dependendo do que é inferido do contexto –, Pedro foi pescar. João pegou um peixe antes que Pedro. Então, Pedro parou de pescar e comeu o peixe com João. Pedro decidiu parar de pescar e voltar para casa. João voltou para casa com ele. Na verdade, existem muitas línguas que constroem histórias como essa com sentenças simples.

Outro exemplo de pensamento complexo sem sentenças complexas é o planejamento ou o desempenho de uma tarefa com muitos detalhes sem falar absolutamente nada, como construir um cesto com muitas partes. Assim como a história hipotética da pesca acabou de mostrar, sentenças complexas não são requeridas para pensamentos complexos ou para narração de histórias. O pensamento complexo pode tornar possíveis o enunciado e a interpretação de sentenças complexas, mas ele não as exige. Entretanto, o inverso não é verdadeiro. Deve-se ser capaz de compor significados complexos para poder interpretar uma sentença complexa.

Por outro lado, é possível que uma sintaxe complexa se espalhasse por uma população através da seleção sexual. Membros do sexo oposto podem gostar de ouvir cadências melódicas de sentenças complexas e, então, podem acasalar-se, com mais frequência, com o Sr. ou a Sra. Sintaxe, espalhando os genes da sintaxe. Mas isso é improvável. Sentenças complexas normalmente requerem palavras que indicam que elas são complexas. Contudo, essas palavras são largamente não inteligíveis fora da sintaxe complexa da qual elas surgiram, com o intuito de sinalizá-la. Por exemplo, "João e Pedro foram à cidade para comprar queijo" é uma sentença complexa, porque há uma sentença dentro da sentença – "para comprar queijo" –, mas também por causa do sintagma nominal sujeito composto, "João e Pedro". A palavra "e" não é compreensível sem a capacidade de se pensar em uma sintaxe complexa. As próprias sentenças complexas também requerem gestos e padrões de altura de voz que precisariam ter vindo à tona separadamente e que dificilmente teriam surgido devido a uma única mutação genética.

O que parece mais possível é que pensamentos complexos foram favorecidos pela seleção natural e, dessa forma, consistiram de um efeito Baldwin genuíno, porque permitiu um planejamento complexo. Ele pode ter aparecido depois – e muito provavelmente apareceu – na forma de sentenças complexas, em algumas línguas. De qualquer forma, a conclusão fascinante é a de que a seleção natural teria tratado o gene da sintaxe, muito possivelmente, como uma mutação neutra, não sujeita à seleção natural.

A recursividade, que é um aspecto fundamental da comunicação e do pensamento humanos, com certeza, teria surgido desde cedo na cognição humana. Essa é a capacidade de ter pensamentos sobre pensamentos, como "Maria está pensando que eu estou pensando que o bebê vai chorar" ou "Pedro vai ficar chateado quando descobrir que João acredita que sua esposa está sendo infiel". A recursividade também é vista na habilidade de dividir tarefas em outras tarefas, como "primeiro, construa a mola. Em seguida, coloque a molinha dentro de uma fechadura. Então, coloque a fechadura dentro de outra fechadura e uma mola dentro da fechadura maior". E é visível na sintaxe complexa de sentenças como: "João disse que Pedro disse que Carlos disse que Maria disse que Ana disse...". Não está claro se alguma espécie não humana é capaz de usar um raciocínio recursivo nem se os *erectus* ou os *neanderthalensis* falavam recursivamente. Mas não teria sido necessário que eles tivessem recursividade para ter linguagem, pelo menos de acordo com a ideia simples de evolução da linguagem como progressão do signos, corroborada por algumas línguas modernas.

Não é difícil imaginar um cenário em que um pensamento complexo ou recursivo pode surgir. Suponha que alguém nasça com a capacidade de pensar recursivamente. Essa capacidade de pensar (e não necessariamente de falar) recursivamente ofereceria uma vantagem cognitiva sobre os outros membros de sua comunidade, permitindo-lhe pensar mais estrategicamente, de modo mais rápido e mais eficiente. Eles podem se tornar melhores caçadores, melhores defensores da comunidade ou fabricantes de ferramentas complexas. Isso, de fato, poderia ajudá-los a sobreviver e muito provavelmente os tornaria mais atrativos do que seus oponentes, para o sexo oposto, levando a mais acasalamentos e a uma prole maior. Isso também poderia resultar em filhos com a capacidade de pensar recursivamente. E logo essa capacidade se disseminaria por toda a população. Apenas nesse momento, então, seria possível falar recursivamente e incorporar essa propriedade à gramática da comunidade. Em outras palavras, nunca poderia ter havido um gene para a sintaxe recursiva, porque o que é necessário é um gene para o pensamento recursivo através de tarefas cognitivas. A recursividade é uma propriedade do pensamento, não da linguagem por si só.

Ao refletir sobre as implicações dessas várias fontes de mudança em uma espécie, torna-se claro que uma única mutação em um comportamento particular, tal como a linguagem, seria incapaz de garantir que todos os humanos possuíssem a mesma genética que já possuíam no momento em que a mudança original foi introduzida. O genótipo poderia ter sido alterado pelo efeito Baldwin, pela deriva genética ou pelo efeito de gargalo.

Ainda assim, há um outro vetor da teoria evolutiva que pode desempenhar um papel na propagação e na modificação das línguas com o passar do tempo, a saber, a "genética populacional".

A genética populacional está relacionada à distribuição e à frequência de alelos dentro de uma população inteira. Como os grupos se adaptam ao seu habitat? Como as novas espécies são formadas? Como as populações são divididas ou estruturadas? A genética populacional é uma das áreas mais desafiadoras da teoria evolutiva por causa da sofisticação matemática que ela requer para sua aplicação – controlando muitas variáveis em muitos indivíduos e muitas conexões entre variáveis e indivíduos simultaneamente.

Um dos pioneiros desse campo foi um pós-doutorando supervisionado por Morgan, Theodosius Dobzhansky. Dobzhansky construiu a ponte entre a macro e a microevolução. Baseando seus estudos sobre as populações em seus habitats, Dobzhansky mostrou que essas populações manifestavam altos graus de diversidade genética além do que estava visível, a despeito de serem similares do ponto de vista fenotípico. Embora essa diversidade não fosse visível, Dobzhansky demonstrou que ela está sempre presente e é fundamental na medida em que as populações diferem em sua composição genética. Essa diversidade faz com que cada subpopulação esteja sujeita a adaptações e especiações fenotípicas distintas, levando em conta as tensões e restrições adequadas sobre o fluxo de genes (frequência de cruzamento entre as subpopulações).

Dobzhansky foi um dos únicos pesquisadores a examinar a hibridização e a deriva genética em populações pequenas e a verificar como esses fatores poderiam afastar essas populações de um "pico adaptativo" – um tipo de equilíbrio local em que o meio ambiente e o organismo atingem uma certa harmonia por um determinado período de tempo. As ideias básicas da genética populacional acabaram se tornando fundamentais para a compreensão da mudança nas línguas individuais e nos grupos de línguas, com o passar do tempo.[8]

Um panorama sobre as várias subáreas da mudança genética e da mudança evolutiva leva à constatação de que os fósseis não são as únicas peças do quebra-cabeça que é a origem dos humanos. Os recursos da Biologia Molecular também são necessários para um panorama completo. Uma vez que os genomas de uma variedade de primatas são sequenciados, nós podemos começar a fazer estimativas sobre as datas em que as diferentes linhagens de primatas divergiram evolutivamente. Portanto, uma vez que nós sabemos que humanos e chimpanzés compartilham mais ou menos 96% das suas sequências de DNA, mais do que quaisquer outros pares de primatas, isso significa que existiu um ancestral comum entre humanos e chimpanzés, não compartilhado por outros grandes símios. Trabalhos posteriores levam à conclusão de que esse ancestral comum se separou dos outros grandes símios há cerca de sete milhões de anos. Assim, os humanos estão entre os primatas mais recentes. Está claro que todos os humanos se originaram dessa linhagem vinda da África, como Darwin tinha previsto.

Então sabemos muitas coisas sobre os humanos primitivos e sobre a história de como a vida surgiu no nosso planeta. Mas como sabemos disso? É necessário mais do que evidências relacionadas ao DNA. A reconstrução da evolução da nossa espécie requer o esforço de uma pesquisa de campo, encontrando, estudando e classificando fósseis. Nesse aspecto, a teoria evolutiva assume características de um romance de aventura. Quem foram esses caçadores de fósseis? O que eles fizeram para o nosso entendimento da evolução humana? E como a competição e a cooperação entre eles fez progredir a ciência por trás da evolução da linguagem humana?

NOTAS

1 Eu divirjo ligeiramente de Peirce nesse ponto. Para ele, os índices eram mais complexos do que os ícones, na medida em que foram usados e elaborados por humanos. Mas ao passo que foram usados por não humanos em evolução, eu acredito que os índices precedam os ícones.

2 Esse quadro fornece mais detalhes do que os que serão referidos em outras passagens deste livro. Ele deve ser tomado como implícito para o quadro primata da Figura 3.

3 Há outras hipóteses sobre as origens da vida. Uma que recebe bastante apoio, mas de forma alguma é aceita universalmente, é a chamada "hipótese do mundo de RNA". De acordo com essa hipótese, já que a essência da vida é autorreplicação e que o RNA tem essa propriedade, a presença de RNA teria precedido tanto as proteínas quanto o DNA. O DNA teria vindo posteriormente para fornecer ao RNA a capacidade de armazenamento ou memória, e as proteínas teriam, por fim, sido sintetizadas, assumindo algumas das funções do RNA, embora, claro, o RNA continue sendo essencial para a vida como nós a conhecemos.

4 As histonas são o revestimento em torno do DNA que controlam como os genes são ativados e desativados.

5 Infelizmente, as ideias de Darwin a respeito de como as características são "transferidas" diferem consideravelmente daquilo que nós, hoje em dia, sabemos ser verdade no que diz respeito à genética, o que é muito pouco surpreendente, dado que ele morreu antes que a genética moderna fosse desenvolvida.

6 Agora nós sabemos algo que Mendel não sabia: os alelos individuais são selecionados pelo processo de *meiose*, em que uma célula haploide (uma célula com apenas metade do número normal de cromossomos de uma espécie particular) é formada. Duas células haploides (óvulo e esperma) são disponibilizadas, cada uma delas por um dos progenitores, antes que a reprodução comece.

7 Isso tudo é discutido, de maneira envolvente, no livro de Siddharta Mukherjees, *The Gene: An Intimate History*, New York, Scribner, 2016.

8 Adicionalmente ao trabalho de Dobzhansky, que, entre outros, também foi muito importante. Esse trabalho levou ao que ficou conhecido como "síntese moderna" em Biologia; entre seus principais pesquisadores estiveram Ronald Fischer, especialmente em seu livro de 1930, *The Genetic Theory of Natural Selection*, e Sewall Wright, com seu conceito de "paisagem adaptativa" em 1932.

Os caçadores de fósseis

O que nós vemos, de fato, depende principalmente do que estamos procurando... No mesmo campo, o fazendeiro vai observar a plantação; o geólogo, os fósseis; os botânicos, as flores; os artistas, a coloração; os esportistas, o revestimento do campo para o jogo. Embora todos nós possamos olhar para as mesmas coisas, isso não significa que todos nós deveríamos vê-las.

John Bullock

Apesar de Darwin inicialmente parecer estar errado em sua hipótese sobre o surgimento humano na África, a primeira evidência de que ele podia estar certo veio de um geólogo alemão, Hans Reck, logo antes da Primeira Guerra Mundial. Reck não só foi o primeiro europeu a contemplar a Garganta de Olduvai no Grande Vale do Rift na África, mas também sua equipe foi a primeira a identificar um fóssil *Hominini* naquele lugar.

Assim como foi importante para a confirmação da teoria de Darwin e para a Paleontologia de modo mais geral, o Grande Vale do Rift também é famoso e fundamental para o estudo da evolução humana por causa das riquezas fósseis preservadas por suas propriedades geológicas incomuns. O termo "Grande Vale do Rift" designava originalmente uma trincheira de 5.920 quilômetros que ia do Líbano a Moçambique, uma formação geológica fascinante que surgiu da separação da crosta terrestre. No entanto, hoje em dia, a maioria dos pesquisadores entende que o "Grande Vale do Rift" se refere a algo menor, à parte da África Oriental onde novas placas tectônicas estão se formando e literalmente repartindo o continente africano. Encontrar um local como esse em qualquer lugar do planeta é como encontrar uma máquina do tempo. Descer por entre as camadas geológicas do Vale do Rift é como viajar no tempo, da História para a Pré-História, uma jornada de vários milhões de anos. Ainda que as interpretações das descobertas no Vale sejam, muitas vezes, dificultadas pela mistura e decomposição das zonas fósseis – por causa das perturbações tectônicas, das inundações, das atividades vulcânicas etc. –, o Grande Vale do Rift foi e continua sendo de importância inestimável para a teoria evolutiva.

Quando esteve lá em 1913 para estudar a história geológica da Terra e escavar fósseis, Reck, com 27 anos, identificou o Vale. Seu trabalho deu frutos. Depois de quase três meses de muito trabalho duro, no calor equatorial do formidável leste africano, foi descoberto um esqueleto (como se estivesse agachado) em uma das camadas mais antigas da Garganta. Reck constatou que os restos mortais que ele tinha descoberto eram de um *Homo sapiens* do Pleistoceno, que provavelmente tinha se afogado naquele lugar há cerca de 150 mil anos.

Aquele ano foi sinistro, com certeza. Logo, a "Guerra para acabar com a guerra" começou, e a pesquisa paleoantropológica foi suspensa com o intuito de executar o trabalho sombrio do assassinato em massa. Por essa razão, não havia muito o que esperar da Garganta de Olduvai até a chegada de Louis Leakey, mais de vinte anos depois.

Leakey foi um pesquisador controverso, que estimulou a Paleoantropologia da mesma forma que Chomsky fez com a Linguística e Einstein com a Física (embora Leakey não fosse um líder enquanto teórico). Ele agitou a sua área com afirmações imponentes que atraíram publicidade tanto para a área quanto para si mesmo. Ao longo de sua trajetória, ele e sua família descobriram alguns fósseis muito importantes na África Oriental. Louis também fomentou pesquisas sobre primatas no seu habitat natural, recrutando e encorajando pesquisadores como Jane Goodall (chimpanzés), Dian Fossey (gorilas) e Biruté Galdikas (orangotangos) a empreenderem seus próprios campos de pesquisa.

Depois de impulsionarem a pesquisa prévia de Hans Reck e, por fim, terem trabalhado com ele, Leakey e sua equipe descobriram artefatos, tais como as ferramentas olduvaienses e acheulianas, uma caveira *Paranthropus boisei* – então chamada de "*Zinjanthropus*" – e uma de um *Homo habilis*, entre muitas outras. Leakey e o interesse jornalístico que ele recebeu atraíram muitos cientistas para a paleoantropologia. Independentemente de suas falhas, ele conquistou seu lugar como um dos inovadores e fundadores do campo da paleoantropologia.

De modo mais significativo, as descobertas de Leakey e outros paleoantropólogos promoveram ideias extraordinárias sobre a evolução da nossa espécie. Nós sabemos agora que o esqueleto humano evoluiu pelos últimos sete milhões de anos, desde os primeiros prováveis *Hominini*. Algumas das características que nos distinguem das outras espécies incluem bipedismo, encefalização, redução do dimorfismo sexual, estro oculto, otimização da visão, redução do sentido olfativo, diminuição do tamanho do tubo digestivo, perda dos pelos corporais, evolução das glândulas sudoríparas, formação da arcada dentária parabólica em formato de U; desenvolvimento do queixo, da apófise estiloide (um pedaço fino de osso logo atrás do ouvido) e de uma laringe mais baixa. Essas características se tornaram importantes para a classificação e compreensão do lugar dos diferentes fósseis na linhagem *Hominini*.

Uma das adaptações do esqueleto humano ao mundo à sua volta surgiu na medida em que a evolução proporcionou uma nova forma de locomoção. Os humanos são os únicos primatas que caminham eretos. Outros primatas preferem se deslocar apoiados em quatro patas ou saltar por entre as árvores. Mas, para andar normalmente (diferentemente de um chimpanzé, de um orangotango ou de um urso que pode andar ereto somente em certas ocasiões ou por curtos períodos de tempo), nosso esqueleto precisaria mudar do modelo primata básico para sustentar a postura ereta. Um exemplo de suas muitas mudanças é encontrado na abertura na base do nosso crânio, chamada de "forame magno". Esta é a abertura por meio da qual nossa coluna vertebral se conecta ao nosso cérebro. Como ela é encontrada na parte de trás por dentro do crânio, sabemos que a criatura não andava ereta regularmente, porque isso teria sido extremamente desconfortável. A coluna vertebral apareceria quase paralelamente ao solo na criatura quadrúpede, mas inclinaria a cabeça de forma não natural se a criatura andasse ereta.

As mudanças na cabeça e no cérebro humanos foram outro marco importante, alcançado por um longo processo de encefalização, processo gradual por meio do qual a nossa caixa encefálica aumentou de tamanho. O volume da caixa encefálica dos *Hominini* aumentou de cerca de 450cm^3 nos australopitecíneos para 1.250cm^3 nos *sapiens*. A cabeça dos *Hominini* exibe cérebros e caixas encefálicas cada vez maiores até o aparecimento dos *Homo sapiens* (os *neanderthalensis* tinham cérebros ainda maiores do que os *sapiens*, cerca de 1.400cm^3 em indivíduos masculinos). O crânio dos *sapiens* é grande, arredondado e delicado, em comparação às caixas encefálicas menores e aos crânios mais densos dos nossos ancestrais *Hominini*. Desapareceram as protuberâncias especializadas na parte de cima do crânio dos *Hominini* que serviam para ancorar os músculos para a mastigação, juntamente com a forte arcada supraciliar que talvez tenha protegido nossos olhos do sol. Em seu lugar, surgiu um cérebro maior. E nossas cabeças se desenvolveram em conformidade, para dar lugar e potência ao pensamento.[1]

Os corpos masculino e feminino também cresceram em tamanho de maneira semelhante – ou seja, nosso dimorfismo sexual foi reduzido. Embora os humanos do sexo masculino sejam, em média, aproximadamente 15% maiores do que os humanos do sexo feminino, essa diferença de tamanho é menor do que em quaisquer outras espécies de primatas. A redução do dimorfismo sexual na linhagem primata teve implicações sociais. Quando machos e fêmeas se tornam mais parecidos em tamanho, entre os primatas, isso significa que haverá a formação de casais – ou monogamia. Os primatas do sexo masculino passavam mais tempo ajudando as fêmeas a alimentarem e criarem os filhos. Isso é particularmente importante para os primatas humanos, uma vez que nossos filhos requerem um maior tempo de amadurecimento.

Em algumas culturas ocidentais industrializadas, quase um terço da expectativa de vida total de uma pessoa é a "infância" – a duração do período requerido para alcançar a vida adulta autônoma. Se seres do sexo masculino e feminino ficam juntos por toda a vida ou simplesmente para criarem os filhos, então o indivíduo do sexo masculino não vai mais precisar lutar com os demais por causa de acasalamento. Isso reduz a pressão para que os seres do sexo masculino tenham um tamanho maior, caninos maiores e outras características relacionadas à luta. Isso não é mais necessário para transmitir nossos genes para a próxima geração.

Juntamente com o bipedismo e a redução do dimorfismo sexual, veio uma maior confiança na nossa visão. Os humanos conseguem enxergar mais longe do que os outros primatas e a maioria das criaturas, o que lhes permite correr mais rápido em direção ao alvo visível. Além disso, iniciando com a chegada dos *Homo erectus*, os humanos adquiriram a capacidade de "caça por persistência", um jogo de perseguição em que o adversário cansa e o caçador o mata, com um machado de pedra ou um porrete, ou em que o oponente morre de exaustão ou superaquecimento.[2] A caça por persistência é encontrada mesmo hoje em dia em algumas sociedades, tais como as comunidades jê (mebengokre, kĩsedje, xerente, xokleng e outras) nas regiões de savana na bacia do rio Xingu, no Brasil.

A evolução é também o dispositivo de economia definitivo. Com a maior dependência dos humanos em relação à visão, veio a perda da acuidade e extensão no que diz respeito ao olfato. Se uma parte do cérebro fica maior ou melhor, muitas vezes, uma outra parte fica menor no curso da evolução. Nesse caso, a capacidade olfativa se degenerou à medida que cresceu a região da visão no cérebro humano. Hoje em dia, a parte do cérebro disponível para a visão é de aproximadamente 20% (felizmente, se alguém nasce cego, a região da visão pode ser redirecionada para outras funções – a evolução é um processo normalmente eficiente e sem desperdícios).

Outras mudanças da fisiologia humana – nem todas com um benefício intelectual imediatamente óbvio – podem também ter aprimorado a inteligência da nossa espécie. No curso da evolução, o comprimento do tubo digestivo dos *Hominini* diminuiu. Os intestinos e os processos digestivos passaram a requerer, em geral, cada vez menos calorias, permitindo ao corpo dos *Homo* transferir mais de seus recursos de energia para o seu cérebro em crescimento, sempre faminto e com um crânio em expansão. Mas a seleção natural não recebe todo o crédito por essa mudança. A inovação cultural também desempenhou seu papel.[3] Os *Homo erectus* aprenderam a controlar o fogo há um milhão de anos. À medida que os *Hominini* pré-*erectus* aprenderam a comer alimentos cozidos, as gorduras e as proteínas que eles ingeriam eram muito mais facilmente digeridas pelo seu sistema digestivo. Ao passo que, até aquele momento, os *Hominini* – assim como outros primatas – precisavam de tubos digestivos maiores com vistas a digerir as grandes quantidades de celulose de sua dieta; uma vez que os *Hominini* aprenderam a cozinhar, eles se tornaram capazes de comer mais carne e, consequentemente, de consumir mais alimentos ricos em energia e a reduzir significativamente sua dependência de plantas cruas, que eram muito mais difíceis de serem digeridas. Essa mudança nutricional propiciada pelo fogo facilitou a capacidade de seleção natural para gerar nos *Hominini* cérebros maiores, porque seus órgãos digestores requeriam menos energia do corpo humano e menos espaço nele; ao mesmo tempo, tornando possível o consumo de muito mais calorias de maneira muito mais rápida (pressupondo que havia carne disponível). O cozimento também alterou os nossos rostos. Ele tornou os músculos mandibulares massivos dos *Hominini* pré-*Homo* desnecessários e deixou nossos rostos menos prógnatos. Isso, por sua vez, reduziu a tarefa do crânio de sustentar as estruturas, tais como a crista médio-sagital dos australopitecíneos, que provavelmente impedia o crescimento da caixa encefálica humana.

Há críticas à hipótese da mudança por meio do fogo. Presume-se que os *Homo erectus* eram necrófagos e caçadores antes de controlarem o fogo, encontrando ricas fontes de carne tanto em carniça quanto nos cadáveres ainda frescos daqueles que eles mesmos haviam matado. Independentemente das razões, essa redução no tubo digestivo representa o movimento em direção à anatomia humana moderna. Portanto, quando encontrada em um registro fóssil, é uma pista de que a espécie representada por aquele fóssil específico poderia estar mais adiante na linha evolutiva em direção aos *Homo sapiens*.

Outras mudanças fisiológicas importantes necessárias para que nós nos tornássemos humanos modernos incluíram a nossa postura ereta e os seus subprodutos. À medida que os humanos permaneciam eretos e habitualmente caminhavam assim, seus corpos se tornaram mais eficientes em relação à regulação da temperatura. Além disso, as áreas de superfície do corpo ereto estão menos expostas à luz solar direta do que as de um quadrúpede, e o pelo se tornou menos necessário para os humanos. Um efeito positivo da perda do pelo corporal foi o de que se tornou mais fácil para os humanos resfriarem o corpo. Eles também desenvolveram glândulas sudoríparas conjuntamente à perda do pelo, tornando a regulação da temperatura muito mais eficiente. No calor, em climas secos, a ausência de pelo e a produção de transpiração permitiu aos humanos se resfriarem muito mais rapidamente do que outros animais. A seleção sexual também pode ter acelerado a perda de pelo se os indivíduos preferissem parceiros com menos pelugem. Tudo isso foi importante para manter a taxa do metabolismo humano, tão fundamental para o nosso cérebro intensamente consumidor de calorias.

Outra característica dos humanos modernos é sua arcada dentária parabólica. A evolução da dentição humana tem muitas causas e efeitos e é importante para a classificação dos fósseis. Os dentes das espécies *Homo* diminuíram em relação ao tamanho total do seu corpo. Seus caninos, em particular, ficaram menores, o que é significativo, porque isso queria dizer que os seres *Homo* do sexo masculino não precisavam mais de dentes maiores, como os outros primatas, com vistas à disputa pelo direito ao acasalamento.

À medida que o formato da arcada dentária humana se tornou mais parabólico, seus rostos passaram a ter mais espaço para a articulação das diferentes consoantes e para uma maior ressonância das vogais, fazendo com que uma maior variedade de sons estivesse disponível para a fala humana.

Com o intuito de resumir o resultado da evolução humana em relação a outros primatas e a uma melhor compreensão dos registros fósseis, é importante a revisão da árvore filogenética dos primatas da Figura 3 apresentada anteriormente.

Figura 4 – A árvore da família *Hominini*

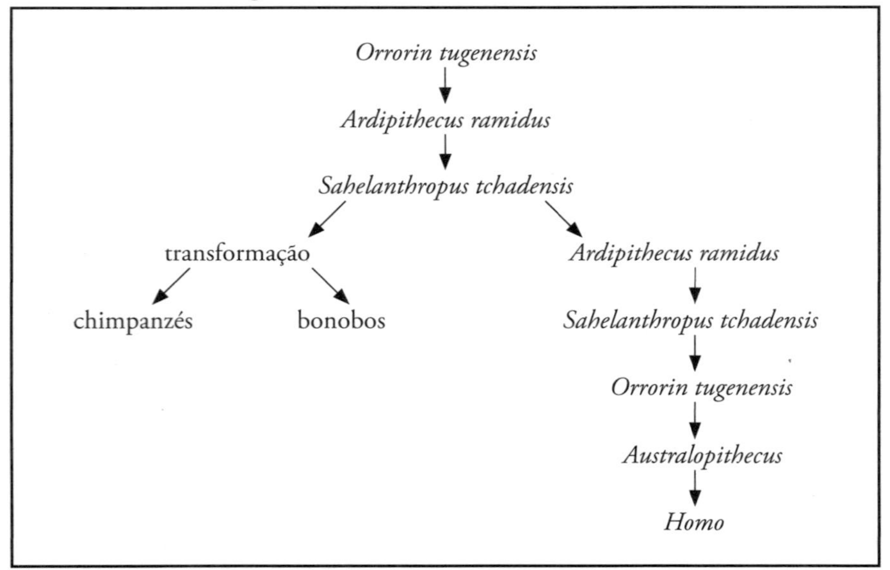

Considerando as descobertas por ordem da época em que os fósseis foram encontrados, o primeiro "nó" na árvore dos primatas que se liga aos humanos (e aos chimpanzés) é possivelmente o dos *Salehanthropus tchadensis*, literalmente "Homem de Chade da área de Sahel" ("Sahel" sendo cognato a "Saara", que dá nome ao que hoje em dia é o maior deserto do planeta). Os *Sahelanthropus* são uma ligação direta potencial entre humanos e chimpanzés, mas a hipótese mais plausível é a de que, assim como os *Orrorin tugenensis* e os *Ardipithecus*, eles foram um dos primeiros *Hominini* – como na parte direita inferior da Figura 4. A repetição dos nomes acima e abaixo da ramificação indica as duas grandes hipóteses no que tange a esses fósseis *Hominini*. Eles viveram há mais ou menos sete milhões de anos. Ainda que nós tenhamos apenas partes do crânio, mandíbulas e dentes dos *Sahelanthropus*, eles são importantes para o registro fóssil da evolução dos *Homo sapiens*, pois representam várias pistas possíveis – distintas, mas igualmente importantes – da evolução humana. Poderia até mesmo ser o "nó" na árvore filogenética que separa os humanos dos chimpanzés.

Antes de concluir a discussão sobre o surgimento dos *Hominini*, convém comparar o que é emergente a respeito das habilidades cognitivas e de comunicação dos outros grandes símios com vistas a refletir de maneira mais eficiente sobre a natureza dos diferentes percursos evolutivos – se há algum – até a linguagem.

Os mamíferos são as criaturas mais inteligentes do reino animal. Os primatas são os mamíferos mais inteligentes, e os humanos são os mais inteligentes entre os primatas. Logo, os humanos são os animais mais inteligentes do planeta. Isso pode não querer dizer muito. Afinal de contas, a nossa inteligência é a razão pela qual nós matamos uns aos outros e declaramos guerras. Nossos cérebros são uma faca de dois gumes. As águas-vivas se viram muito bem sem eles.

Não obstante, a linguagem humana é possível somente por causa dessa grande inteligência. Os humanos são as únicas criaturas conhecidas que usam símbolos e cooperam para se comunicarem de maneira mais eficiente. Diferentemente de outros animais, quando os humanos se comunicam, eles raramente dizem tudo o que estão pensando, o que leva o seu interlocutor a inferir significados.

Há alguns pré-requisitos necessários para a linguagem, que normalmente são chamados de "plataformas".[4] Dois deles são a cultura e a "teoria da mente" – um consenso de que todas as pessoas compartilham habilidades cognitivas. A cultura é um tópico importante, mas, por ora, vale a pena discutir a teoria da mente, porque ela também ajuda a avaliar uma área da cognição que normalmente afirma que os humanos possuem algo que nem um outro animal tem, a capacidade de "ler" a mente dos outros. Muito embora a capacidade de ler ou ouvir os pensamentos dos outros seja realmente ficção científica, há alguma verdade na ideia de que os humanos podem adivinhar o que os outros estão pensando e, então, usar o seu conhecimento como chave para a comunicação.

Para cientistas cognitivistas como Robert Lurz, a leitura da mente é "a capacidade de atribuir estados mentais (tais como crenças, intenções e experiências perceptuais) aos outros através de meios, definidamente banais e indiretos, de observação do seu comportamento dentro de contextos naturais".[5] Um exemplo disso pode ser visto em uma situação em que há um homem segurando duas sacolas de compras, do lado de fora da entrada da sua casa, apalpando seus bolsos com sua mão livre. Uma pessoa com conhecimento sobre chaves e fechaduras e o costume de trancar a casa poderia deduzir que o homem está procurando suas chaves e que ele planeja destrancar a porta e entrar na casa. Mesmo para esse cenário aparentemente simples, há uma imensa quantidade de conhecimento cultural sendo mobilizada. Amazonenses que não têm fechaduras nem chaves podem nem ter pistas de por que o homem está com a mão nos bolsos. E, ainda assim, todos os humanos muito provavelmente vão constatar que aquele homem tem uma intenção, um propósito ou um objetivo; que suas ações não são aleatórias. Isso porque todos os humanos têm cérebros parecidos, que é a essência do que trata a teoria da mente. Pessoas com algum transtorno do espectro autista podem não ser capazes de entender essa situação, porque há razões para acreditar que algumas formas desse transtorno são causadas pela falta desse tipo de conhecimento.

A linguagem funciona somente porque as pessoas acreditam que os outros pensam como elas a ponto de entenderem o que elas querem lhes dizer. Quando alguém diz o que está pensando é porque acredita que o seu interlocutor vai ser capaz de entendê-lo, inferir conclusões a partir de suas próprias experiências e relacioná-las às palavras. Portanto, a dúvida que surge é se os humanos são os únicos no reino animal a terem essa capacidade. Se outras criaturas a possuem, o que isso significa para seus sistemas de comunicação, sua cognição e para a evolução da linguagem humana?

Estudar o comportamento animal (assim como estudar as capacidades cognitivas das crianças humanas antes que elas comecem a falar) é extremamente difícil por causa do perigo da superinterpretação. Para tomar um exemplo da minha pesquisa de campo na Amazônia, considere as mutucas amazônicas. A mordida terrível dessas pequenas criaturas dói mais do que a da maioria, porque elas (as fêmeas somente) chupam o sangue através da laceração da pele. O pior é que o local das mordidas continua coçando por um bom tempo. Fazer trilhas pela selva é quase sempre uma atividade recompensada com múltiplas mordidas dessas pragas, bem como de seus parceiros de crime: mosquitos, vespas e espécies menores de moscas sanguessugas. Todavia, uma particularidade a respeito das mutucas é que elas parecem saber quando você não está olhando.

Em certa medida, parece, muitas vezes, como se as mutucas amazonenses tivessem mentes que pudessem decifrar o comportamento humano. Ao passo que é verdade que elas parecem usar alguma estratégia para escolher o local no corpo (as roupas não são um impedimento, já que elas conseguem facilmente morder por dentro do jeans e das camisetas de algodão), com base na interpretação do comportamento dos outros animais, alguém poderia dizer, então, que as mutucas têm um plano para sugar sangue, que é baseado na interpretação das percepções de suas vítimas? Improvável.

Uma explicação alternativa poderia ser simplesmente a de que as moscas são geneticamente programadas para morderem áreas relativamente escuras da vítima – a parte coberta de seus apêndices. A parte coberta do seu corpo também vai ser aquela com a visibilidade bastante reduzida. Geralmente, as pessoas antropomorfizam as ações e interpretam como cognitivamente elaboradas aquelas que são, muito provavelmente, determinadas fisicamente.

Voltando aos primatas e aos animais de modo geral, existem muitos estudos rigorosos que evitam superinterpretar o comportamento dos animais.[6] Uma das questões mais problemáticas das longas discussões em ciência sobre se os animais têm capacidades cognitivas de alguma forma semelhante aos humanos é o pressuposto extremamente circular de que a cognição requer linguagem e, com isso, linguagem humana, e que portanto os animais não podem ter cognição simplesmente porque eles não têm linguagem. Isso é simplesmente declarar por decreto que somente os humanos têm cognição, antes de a pesquisa ser realizada. Tais ideias são enganosas em virtude da concepção antropocêntrica dessas questões.

Essas visões derivam do trabalho de René Descartes no século XVII, que acreditava que somente os humanos "pensavam, logo, existiam". A visão de Descartes foi provavelmente um contratempo para os estudos da cognição humana, pois desencorajou estudos evolutivos comparativos sobre a mente. Tal visão também afetou os estudos sobre os não humanos simplesmente por postular que os animais não tinham mentes ativas.

Na visão de Descartes, os não humanos não possuem consciência, pensamento, nem sentimento. Adicionalmente, sua visão de que as mentes humanas estão desconectadas da experiência corporal levou instintivamente à sua teoria sobre cognição baseada na linguagem, qual seja, a de que somente os usurários da língua pensam.

Mas, como o filósofo Paul Churchland coloca apropriadamente, "entre muitos outros defeitos, ela [a abordagem de que somente os humanos pensam, porque pensamento requer linguagem] nega qualquer entendimento teórico independente dos animais não humanos, uma vez que eles não operam por meio de sentenças ou atitudes proposicionais".[7]

Qualquer visão de cognição que ignora animais não humanos ignora a evolução. Se nós estamos falando sobre a natureza de um conhecimento indescritível ou de qualquer capacidade física ou cognitiva, nossa explicação deve ser fundamentada na Biologia Comparativa e aplicada a ela, se esta tiver qualquer adequação explicativa. A cognição animal ajuda a entender a importância da teoria evolutiva e da Biologia Comparativa no entendimento da nossa própria cognição. Ela também permite uma maior clareza sobre como o corpo, tanto o dos humanos quanto o dos outros animais, está implicado de forma causal na sua cognição.

O principal problema com a negligência da cognição animal é o de que, ao fazer isso, estamos essencialmente negligenciando como deve ter sido a cognição em nossos ancestrais *antes* que eles adquirissem a linguagem. Seu estado pré-linguístico foi a base cognitiva da qual a linguagem emergiu. Se não há cognição antes da linguagem, como em Descartes e muitos outros, o problema da compreensão sobre como a linguagem evoluiu se torna inacessível.

Claro, há aqueles que afirmam que a linguagem não evoluiu gradualmente, então nós não esperaríamos encontrar suas raízes em quaisquer outras espécies. De acordo com tais pesquisadores, a essência gramatical da linguagem surgiu como um estalo por meio de uma mutação, levando adiante um "Prometeu linguístico" cujos genes "mutantes" se espalharam rapidamente por toda espécie.

Por outro lado, há aqueles que trabalham com experimentos para responder (i) se os primatas têm crenças e desejos e (ii) se os outros primatas são capazes de "ler mentes". Para ambas as questões, as evidências respondem especulativamente que "sim" – parece haver alguma manifestação dessa capacidade em outros primatas.

Então os humanos podem não ser os únicos na esfera do pensamento e da interpretação dos demais. Mas se outros primatas, tais como os chimpanzés, com seus cérebros de 275-450cm^3 são capazes de ler as intenções das outras criaturas, assim como ter crenças e desejos, então certamente os primatas do gênero *Australopithecus*, com cérebros de $500cm^3$, ou os das espécies *Homo*, com cérebros de 950-$1.400cm^3$, tinham capacidades ainda mais desenvolvidas de cognição e compreensão social.

Os animais e os fósseis dão suporte significativo à ideia de que os humanos adquiriram essa capacidade única de maneira gradual. E a nossa dívida em relação a esse conhecimento remete novamente aos caçadores de fósseis. O trabalho cuidadoso de coletar fósseis e tentar construir evidências anatômicas e culturais para as origens da nossa espécie requer determinação física – para resistir ao calor, ao suor e aos perigos remotos e ocasionais da pesquisa de campo paleontológica. Às vezes, é um empreendimento competitivo e selvagem, que respinga lama para todos os lados.

Apesar de a pesquisa de campo dos paleontólogos ser difícil e meticulosa, foi publicado na revista *Nature*, em 1º de janeiro de 1987, um artigo que ameaçou tirar toda a glória, o poder e a cientificidade dos paleontólogos e transferi-los para os geneticistas de laboratório. O artigo "Mitochondrial DNA and Human Evolution", da autoria de Rebecca L. Cann, Mark Stoneking e Allan Wilson, defendeu que havia evidências genéticas claramente estabelecidas de que o DNA de todos os *Homo sapiens* atuais aponta para o DNA mitocondrial de uma única fêmea de aproximadamente 200 mil anos, na África.

Isso caiu como uma bomba. Seria mesmo possível que três pessoas em um laboratório confortável pusessem fim à controvérsia que cercava as hipóteses "origem recente africana" *versus* "multirregional"? Para relembrar, a primeira afirmava que outras espécies de *Homo* se originaram na África e emigraram, substituindo outras espécies de *Homo* ao redor do mundo. A segunda sugeria que todos os humanos modernos evoluíram em linhagens distintas a partir de várias zonas de *Homo erectus* ao redor do planeta.

No fim, a hipótese multirregional acabou se mostrando incorreta em uma larga medida. Na primeira vez que veio a público, a teoria da

"Eva mitocondrial" recebeu muitas críticas dos proponentes da hipótese multirregional, entre outros. Mas ela resistiu bem ao escrutínio e agora é amplamente aceita pelos paleontólogos, biólogos e geneticistas. Nessa questão, os pesquisadores de laboratório venceram os pesquisadores de campo.

Contudo, antes que se possa compreender a relevância da Eva mitocondrial para a origem da linguagem, é necessário revisar a cientificidade por trás dessas conclusões. Ela é uma teoria que subjaz à noção de um relógio molecular em que a história da Eva mitocondrial se baseia. Originando-se em algum momento da década de 1960 e publicada, pela primeira vez, em um artigo de Linus Pauling e Emile Zuckerland, a ideia do relógio molecular veio à tona depois que se observou que as mudanças nos aminoácidos por entre as espécies são temporalmente constantes. Assim, conhecer as diferenças entre os aminoácidos de duas espécies pode dizer quando essas espécies se separaram, a partir de um mesmo ancestral.

Assim como ocorre com a maioria das descobertas científicas, várias pessoas rapidamente começaram a aderir a essas hipóteses. Então, em 1968, Motoo Kimura publicou na revista *Nature* um artigo, agora famoso, chamado "Evolutionary Rate at the Molecular Level". O artigo de Kimura expôs as ideias básicas de uma "teoria neutra de evolução molecular". Nesse caso, a teoria neutra é neodarwinista, o que quer dizer que, em detrimento da seleção natural, Kimura atribui a responsabilidade pela maioria das mudanças evolutivas à deriva genética causada por alterações neutras e aleatórias nos organismos. Uma vez que essas mudanças não afetam o grau de sobrevivência de um organismo, ele é capaz de transferir os seus genes normalmente para uma prole mais fértil e viável.

A aplicação do relógio molecular ao DNA mitocondrial coletado de humanos ao redor do mundo levou à proposta de que todos os *Homo sapiens* viventes vêm de uma única mulher (chamada "Mulher de Sorte" ou "Eva Mitocondrial"), na África, cerca de 200 mil anos atrás. Em outras palavras, uma única mulher do passado gerou uma linhagem ininterrupta de filhos até o presente, transmitindo, assim, seu DNA mitocondrial a todos os humanos vivos.

Dessa forma, o gênero *Homo* surgiu na mãe África. Mas se a vida era tão boa naquele lugar, por que, quando e como nossos ancestrais *Homo* saíram de lá?

NOTAS

1 *The Evolution of the Human Head*, de Daniel Lieberman (Cambridge, MA: The Belknap Press of Harvard University Press, 2011), é uma excelente discussão sobre a evolução da cabeça humana e sobre suas implicações para a cognição. Uma boa parte das discussões deste capítulo vem diretamente do meu livro *Language: The Culture Tool*, London/New York, Profile/Vintage, 2012.

2 Os humanos são capazes de correr mais que sua caça por diversas razões. Em primeiro lugar, diferentemente dos quadrúpedes, os humanos são capazes de respirar com mais facilidade enquanto correm. Em segundo, a ausência de pelugem nos humanos, bem como sua transpiração e sua postura ereta (com uma área de superfície excelente para evaporação e transpiração), permitem-lhes um resfriamento de maneira muito mais eficiente do que os quadrúpedes. Se as condições para ambos forem as mesmas, um humano correndo atrás de um cavalo vai, em algum momento, capturá-lo.

3 Isso é discutido em dois livros relativamente recentes, *Fire: The Spark that Ignited Human Evolution*, de Frances D. Burton (Albuquerque: University of New Mexico Press), e *Catching Fire: How Cook Made Us Human*, de Richard Wrangham (New York: Basic Books, 2009).

4 As plataformas são discutidas amplamente no meu livro *Language: The Cultural Tool*.

5 *Mindreading Animals: The Debate over What Animals Know about Other Minds*, de Robert W. Lurz, Cambridge, MIT Press, 2011.

6 Para citar alguns, *Mindreading Animals: The Debate over What Animals Know about Other Minds*, de Robert W. Lurz; *The Mentalities of Gorillas and Orangutans: Comparative Perspectives*, de Sue Taylor Parker, Robert W. Mitchell e H. Lyn Miles (eds.), Cambridge University Press, 2006; *Primate Psychology*, de Daria Maestripieri, Cambridge: Harvard University Press, 2005; *Beyond Words: What Animals Think and Feel*, de Carl Safina, New York: Holt, 2015 (livro para o público geral, não especializado); *The Cultural Lives of Whales and Dolphins*, de Hal Whitehead e Luke Rendell, University of Chicago Press, 2014.

7 *Plato's Camera: How the Physical Brain Captures a Landscape of Abstract Universals*, de Paul M. Churchland, Cambridge: MIT Press, 2013, p. 22.

O êxodo dos *Hominini*

Nós viajamos, alguns de nós para sempre,
em busca de outros estados, outras vidas, outras almas.

Anaïs Nin

Os melhores caçadores. Os que se comunicam da melhor maneira. Os viajantes mais audazes. Talvez os corredores das maiores distâncias do planeta Terra. Os *Homo erectus* foram a maravilha insuperável de sua época. Nenhuma outra criatura jamais se destacou tão notavelmente entre todos os animais que já viveram. Os *neanderthalensis* e os *sapiens* nasceram dos *erectus* e viveram, em um primeiro momento, à sua sombra. Nós não fomos inovadores. Eles foram. Os *sapiens* são simplesmente uma versão melhorada dos *Homo*. Os *erectus* foram os primeiros a viajar. Eles foram os viajantes originais, estimuladores da imaginação.

Claro, a viagem em si não começou com os *Homo*. Muitas espécies se deslocaram de um ambiente para outro. A migração gera competição com as espécies locais. O gênero *Homo* não é diferente. Ainda assim, os *Homo* iniciaram a viagem tão cedo que, embora eles tenham se originado na África, os seus primeiros fósseis foram encontrados não no continente africano, mas na Ásia – na Indonésia e na

China. Posteriormente, os fósseis de outros *Homo* foram descobertos na Europa – na Espanha, na França e na Alemanha. Como esses fósseis foram parar nesses lugares? Andar ao redor do mundo parece uma tarefa quase impossível para os humanos. Mas eles conseguiram. Para os *Homo*, com sua resistência quase sem precedentes, a viagem não foi tão difícil quanto parece.

Inicialmente, os *erectus* e outras espécies *Homo* foram caçadores e coletores. Como tais, eles precisavam se deslocar, muitas vezes, à medida que exauriam a flora e a fauna comestíveis de uma dada região, em um período relativamente curto de tempo. Caçadores-coletores normalmente se deslocam para longe de sua localidade, um pouco por dia. Às vezes, eles podem voltar para um acampamento já estabelecido, mas na medida em que o alimento se torna mais escasso nas áreas próximas à localidade original, os caçadores-coletores deslocam-se para instituir novas povoações mais próximas às suas novas fontes de proteína e de plantas alimentícias.

Um explorador mediano viaja até 15km por dia. Suponha que eles desloquem suas comunidades cerca de quatro vezes por ano, e que cada novo povoado fica a um dia de exploração de sua última localidade. São 60km por ano. Quanto tempo, nesse ritmo, levaria para a comunidade de *erectus* viajar da África para Beijing ou para a Indonésia, ambas localidades onde os fósseis foram encontrados? Bom, se dividirmos 10 mil quilômetros (aproximadamente a distância do leste da África até onde os fósseis foram encontrados na China) por 60 (o número de quilômetros que os *erectus* percorreriam em um ano, de acordo com meus cálculos extremamente conservadores), então levaria apenas 167 anos para os *erectus* atravessarem a Eurásia, deslocando-se em um ritmo normal. Mas se as populações *erectus* tivessem outras razões para viajar, tais como fugir de vizinhos hostis ou de eventos climáticos – como inundações ou secas – elas podem ter se deslocado mais rápido, potencialmente reduzindo o tempo necessário para menos de um ano, em casos extremos. Da mesma forma, se eles se deslocassem mais lentamente devido, digamos, à descoberta de suprimentos abundantes em algum lugar da rota, então, decorreria um maior período de tempo. De todo modo, estava facilmente ao alcance dos *erectus* colonizar grandes regiões do mundo, em apenas mil anos (uma quantidade de tempo insignificante sob uma perspectiva evolutiva).

No curso de suas primeiras jornadas, as populações *erectus* jamais teriam encontrado quaisquer outros humanos. Eles foram os primeiros a chegar em todos os destinos. Eles tinham todos os recursos naturais do mundo diante deles, com qualquer território que eles vissem, à sua disposição. Os homens e as mulheres *Homo erectus* foram os melhores e mais destemidos pioneiros da nossa espécie.

Ao longo da história moderna, sempre existiram refugiados e migrantes, pessoas fugindo de guerras e da escassez de alimentos, procurando por uma vida melhor ou apenas satisfazendo seu desejo de viajar. O gênero *Homo* – tanto os *sapiens* quanto seus ancestrais – sempre foi do tipo migratório. Mas diferentemente de quaisquer outras espécies, provavelmente todas as espécies *Homo* falaram sobre suas migrações. E suas conversas sobre as viagens tornavam-nas mais agradáveis. Os humanos não migram da mesma forma que os outros animais. Nós, *sapiens*, planejamos, revisamos, celebramos e lamentamos nossas viagens. E os *erectus* não parecem ter sido diferentes, pelo que podemos dizer com base nos registros fósseis.

Esse movimento consciente em direção ao desconhecido foi apenas uma das capacidades cognitivas que surgiu nos humanos ao longo do seu caminho para se tornarem conscientes. Sua consciência recém-descoberta foi o estado mental que excedeu a mera consciência animal. A consciência dos nossos ancestrais passou gradualmente a incluir reflexões autorreferenciais: o pensamento deles não incluía somente "eu estou ciente de X", mas também "eu estou ciente de que estou ciente de X". Essa "consciência consciente" teria facilitado suas viagens tanto quanto seus pensamentos a respeito dos símbolos que já iam emergindo da crescente complexidade de suas culturas. Provavelmente todas as espécies *Homo* iniciaram sua peregrinação com um propósito autoconsciente. Os *Homo erectus* teriam sido as primeiras criaturas da História a serem autoconscientes. E as primeiras a terem imaginação (imaginação é a ponderação do conhecimento sobre o que "não é, mas poderia ser").

Os *Homo erectus* teriam dado início ao compartilhamento de valores, que é algo único nas sociedades humanas. Os papéis sociais começaram a emergir na medida em que as comunidades descobriram que seus diferentes membros eram melhores em algumas coisas do que em outras. Esses ancestrais começaram a se lembrar do conhecimento que eles adquiriram uns dos outros e do mundo à sua volta e a identificá-lo. E eles ensinavam essas coisas aos seus filhos. Isso pode ser inferido a partir das ferramentas cada vez mais aprimoradas, das casas, das aldeias e da organização social que foram encontradas nos registros fósseis. Os humanos foram ficando mais espertos. Foram adquirindo cultura. Atingiram o patamar da comunicação/linguagem.

Houve mudanças nos *Homo erectus* que nenhuma outra espécie do planeta havia sofrido. A obtenção da cognição autoconsciente dos *erectus* muito provavelmente permitiu-lhes (finalmente) conversar sobre suas emoções – amor, ódio, luxúria, solidão e felicidade –, bem como caracterizá-las, contextualizá-las e classificá-las. Os nossos ancestrais muito provavelmente começaram a *monitorar* seus parentes e vizinhos durante suas viagens. E esse conhecimento crescente, na medida em que surgiu de viagens e de uma cultura em evolução, teria, por fim, *requerido* que eles criassem algum tipo de linguagem (com seus cérebros relativamente grandes). E a cultura em ascensão pôs uma certa pressão evolutiva sobre os *erectus* para que desenvolvessem, de modo cada vez mais efetivo e eficiente, suas habilidades linguísticas, juntamente com seus aparatos vocais, corporais e cerebrais, necessários para explorar essas habilidades completamente. Ao mesmo tempo, nos interstícios entre cultura e linguagem, os *erectus* teriam desenvolvido o que pode ser chamado de "matéria escura da mente" – conhecimento tácito e estruturado, valores priorizados e papéis sociais. A matéria escura é fundamental para a interpretação e organização das percepções humanas (experiências que afetam nosso desenvolvimento, armazenadas no nosso inconsciente, que criam as psicologias individuais).

As psicologias emergentes dos *Homo erectus* teriam interagido com sua comunidade de modo a produzir cultura. Os *erectus* percorreram as regiões mais hospitaleiras e transitáveis do leste africano até que saíram do continente, inicialmente no Levante, então, na travessia da Eurásia e em direção às ilhas além-mar. Eles foram os argonautas do Pleistoceno. Quando chegavam, eles estavam mais sofisticados do que quando partiram. E estavam também mais bem alimentados.

A proeza da caça e as vantagens de uma dieta carnívora estimularam os *erectus* a viajarem. A caça provê muito mais do que gordura e carne. Os caçadores-coletores comem a pele, os ossos e os miúdos. Eles consomem quase o animal inteiro, da cabeça aos pés. Eles comem os ossos, separando-os e raspando a medula. Então, eles raspam os pedaços dos ossos, que são tão finos que podem ser ou comidos sem dificuldade ou fervidos e consumidos. Por fim, depois de comer essa grande quantidade de proteína animal e cálcio, eles podem descansar por um dia ou dois antes de precisarem caçar novamente, a depender do tamanho do animal morto. Assim como os caçadores-coletores modernos, os *erectus* também controlavam o fogo. Eles não somente matavam melhor do que as outras criaturas, mas também comiam melhor e de uma forma mais saudável. E isso transformou seu corpo e seu cérebro. O fogo deve ter sido de extrema utilidade durante a jornada, permitindo-lhes viajar mais longe no curso de um dia, conversar em volta da fogueira à noite e construir laços mais fortes com a comunidade.

Qualquer um que acompanhasse os caçadores-coletores enquanto executavam suas táticas, por vários quilômetros sem descanso, conhecia a alegria de conversar sobre a caça à noite em volta do fogo. Às vezes, eles adormeciam próximos à sua caça, porque estavam muito cansados para voltarem para sua aldeia. Então, no dia seguinte, depois de novamente se alimentarem muito bem, os grupos de *erectus* embrulhavam as sobras com cipós ou simplesmente colocavam nos ombros algumas partes grandes do animal, tais como uma perna ou os quartos traseiros, enquanto voltavam para suas famílias. Se seus familiares já estivessem com eles, talvez eles permanecessem um pouco mais de tempo próximos ao último lugar de caça. Eles poderiam demorar mais ou menos um dia, aí, então, exploravam os arredores do seu novo local de acampamento, depois de ter consumido toda a carne do dia anterior. Talvez eles deslocassem sua aldeia para o lugar em que eles tinham atingido seu objetivo com êxito, especialmente se ali houvesse mais plantas comestíveis em abundância ou mais presas.

Quão fácil era viajar pela África dos *Homo erectus*? Durante esse período, aproximadamente dois milhões de anos atrás, a África era climatologicamente muito diferente da de hoje em dia. A então chamada "bomba do Saara" estava ativa naquela época. O atual deserto do Saara não existia. Ao invés disso, todo o norte da África estava coberto de florestas exuberantes que se estendiam por todo o Oriente Médio e pela Ásia. A flora e a fauna eram ricas e cruzavam longas faixas do planeta que, hoje, são desertos áridos. Essa fecundidade ecológico-climatológica contrasta radicalmente com o clima do norte africano e claramente encorajou a exploração e o nomadismo dos *Homo erectus*. As principais mudanças nos genes humanos também ocorreram nessa época, mudanças que, eu suspeito, facilitaram a expansão da extensão geográfica dos *Homo erectus*, mesmo sem a bomba do Saara.

Os *erectus* foram realmente maravilhosos. Mas apesar da grande admiração que eles merecem, eles não foram iguais aos *Homo sapiens* e nem mesmo aos *neanderthalensis*. Eles foram simplesmente os primeiros *Hominini* com postura ereta e os primeiros humanos. Eles foram os primeiros a interpretar suas visões, pois foram os primeiros detentores de cultura e os primeiros contadores de história do planeta. Foram os progenitores tanto dos *neanderthalensis* quanto dos *sapiens*. Seus crânios e corpos foram ficando mais modernos, embora eles ainda tivessem uma mandíbula prógnata, deixando-os parecidos, em alguns aspectos, com os grandes símios (Figura 5).

O que realmente se sabe sobre os *Homo erectus*? Eles realmente tinham linguagem ou eram apenas homens das cavernas que grunhiam? Assim como na maioria dos domínios do esforço humano, o desconhecimento supera o conhecimento. Há muito o que aprender sobre esses ancestrais antes que eles e seu papel na evolução do gênero *Homo* sejam plenamente compreendidos.

Por outro lado, sabe-se menos do que se gostaria acerca de muitas coisas sobre as quais os pesquisadores arriscam hipóteses. Então, isso não deveria impedir ninguém de considerar ideias que são corroboradas por fatos, independentemente de quão instáveis elas sejam no momento. Por qualquer razão que seja, um subconjunto dos indivíduos *erectus* decidiu sair da África cerca de 1,8 milhão de anos atrás. Suas viagens começaram somente alguns milhares de anos depois de eles terem surgido. Não muito depois disso (sob uma perspectiva geológica, muito rapidamente; cerca de somente 200 mil anos), confirmaram-se as evidências que indicam sua presença no sul da África, no Oriente Médio, na Geórgia moderna, na Europa, na China e em Java.

Figura 5 – *Homo erectus* (impressão do artista)

Os *Homo erectus* evoluíram dos australopitecíneos no Pleistoceno. Seus corpos ficaram maiores. Suas sociedades ficaram mais complexas Sua tecnologia se desenvolveu rapidamente. Por que essas transformações ocorreram no Pleistoceno? Por que não antes ou depois? Foi uma mera coincidência? A maioria acha que não. O Pleistoceno apresentou um problema de sobrevivência, de uma forma que nunca havia sido vivenciada pelos *Hominini*. Suas rápidas variações climáticas, com as geleiras avançando e regredindo, as mudanças na flora e na fauna, estavam entre os maiores desafios aos quais os *Hominini* foram forçados a se adaptar.

De acordo com algumas classificações, houve outras espécies *Homo*, antes e depois dos *erectus*, coexistindo ou existindo em uma sucessão próxima – *Homo habilis*, *Homo ergaster*, *Homo heidelbergensis*, *Homo rudolfensis*, entre outros. Porém, mais uma vez, a maioria dessas várias espécies *Homo* está sendo ignorada neste trabalho, mantendo o foco nos *Homo erectus*, nos *Homo neanderthalensis* e nos *Homo sapiens*. A maioria das outras espécies *Homo* não é claramente identificável; talvez sejam, na verdade, meras variedades dos *Homo erectus*. No entanto, a história da evolução da linguagem humana não muda de nenhuma maneira significativa se os *erectus* e os *ergaster* forem ou não da mesma espécie.

Permanecendo com esse inventário simplificado das espécies *Homo*, os *Homo erectus* estavam muito provavelmente próximos de criarem a linguagem há mais ou menos 1,9 milhão de anos. Eles usavam ferramentas. O tamanho do cérebro resultou de muitas pressões – as vantagens de aprimorar as ferramentas, a necessidade de se comunicar melhor para monitorar suas relações sociais e suas viagens, a necessidade de lidar com um meio ambiente que muda rapidamente. Na medida em que o clima se tornava mais árido e mais frio no leste africano, os *Homo erectus* peregrinavam em direção ao sul do continente.

Não é coincidência que as maiores mudanças e inovações na psicologia humana, cognição, sociabilidade, comunicação, tecnologia e cultura (fazendo parecer pequenos quaisquer desenvolvimentos e invenções de hoje em dia) ocorreram durante o Pleistoceno. Durante esse período, os mantos glaciais cobriram o hemisfério norte, por diversas vezes. Alguns hominídeos pré-*Homo* se adaptaram, do ponto de vista psicológico, à aridez do meio ambiente. Os *Paranthropus* (um gênero dos "resistentes" australopitecíneos contemporâneos aos *erectus*) desenvolveram dentes maiores, com um esmalte mais espesso, com o intuito de comer sementes que ficaram maiores e mais difíceis de partir durante esse período.

Mas os *erectus* se valiam da cultura para resolver os problemas trazidos por um meio ambiente instável. Ao invés dos dentes, os *erectus* usavam pedras para partir as sementes, adicionando, dessa forma, uma pressão cultural para desenvolverem cada vez mais a inteligência para fabricar ferramentas melhores. Isso foi o que eu chamo de "primeira revolução cultural", em que nossos ancestrais mudaram culturalmente com vistas a responder aos novos desafios do seu habitat.

Foi durante esse período, há mais de dois milhões de anos, que um conjunto comum de ferramentas líticas, o kit de ferramentas olduvaienses (calcadas de pedra, que receberam seus nomes dos primeiros lugares de sua descoberta pelos Leakeys na Garganta de Olduvai), apareceu pela primeira vez nos registros arqueológicos. Esse conjunto de ferramentas pode (ou não) ter sido usado incialmente pelos australopitecíneos. Ferramentas similares, mas não idênticas, podem até mesmo ter sido usadas por chimpanzés e outros símios não humanos (de maneiras muito diferentes daquela usada por humanos), embora fosse exigida uma certa experiência com essa prática. Entretanto, independentemente de seus primeiros usuários, esse kit de ferramentas foi amplamente empregado pelos *erectus* e outras espécies *Homo*. O advento das ferramentas significava que a cultura estava surgindo. E o nascimento da cultura trouxe implicações para a evolução da linguagem e para as adaptações psicológicas nessa época.

Figura 6 – Kit de ferramentas olduvaienses

O kit de ferramentas olduvaienses que aparece na Figura 6 foi criado por um processo de descamação, que começou de maneira bastante simples e, por fim, levou a habilidades bastante complexas.

Embora tenha sido dito ocasionalmente que animais, como lontras, chimpanzés e orangotangos, possuam uma "cultura" baseada no uso das ferramentas, a verdadeira cultura é muito mais do que simplesmente isso. Da mesma forma, cultura é mais do que a *transmissão* de tecnologia de ferramentas ou de outros conhecimentos passados de uma geração para outra por meio de imitação ou de ensinamentos explícitos. A cultura agrega valores, estruturas de conhecimento e papéis sociais aos humanos e suas criações. Isso quer dizer que mesmo as ferramentas têm significado. Por causa disso, elas trazem à mente do membro de uma dada cultura as tarefas que eles desempenham, mesmo que essas tarefas não estejam sendo realizadas. Um machado lítico sob o solo pode suscitar memórias das épocas em que eles eram levados para as viagens. Podem até mesmo trazer à mente a lembrança de um antigo usuário.

Assim, as implicações culturais superam em complexidade o mero uso das ferramentas. Quando um orangotango usa um bastão como lança de pesca em Bornéu, ou um chimpanzé usa uma cadeira para subir em uma cerca, ou um orangotango usa uma pedra para partir um molusco – mesmo se sua prole aprende a usá-la com eles –, isso não quer dizer que eles possuam cultura. Eles estão usando (talvez até mesmo transmitindo) as ferramentas na falta de cultura. O uso de ferramentas é impressionante, mas a cultura vai além disso por *contextualizar* os artefatos. Isso é o que permite que as ferramentas se originem em uma cultura em particular para evocar significados mesmo quando elas não estão sendo usadas. O membro de uma cultura que usa uma pá ou uma tesoura sabe para que servem pás e tesouras, mesmo na ausência das atividades associadas a elas. As ferramentas por si só vão trazer à mente essas atividades. Fora de uma cultura, elas não evocam nenhuma conexão com valores, papéis sociais e estruturas de conhecimento. É possível perceber a diferença somente ao examinar as evidências de que as ferramentas surgiram de um sistema, e não de uma invenção isolada ou idiossincrática – talvez como um uso casual por uma única família ou um indivíduo. Nós podemos questionar se as ferramentas desempenham alguma função na distinção dos papéis sociais ou das outras ferramentas ou tentar determinar seu valor em relação às outras ferramentas daquela cultura. Elas são usadas apenas por algumas pessoas ou por todas? Elas têm algum propósito especializado?

Outra evidência da cultura incipiente das populações *Homo erectus* já tinha sido mencionada anteriormente, qual seja: os *erectus* se adaptaram, do ponto de vista psicológico, a um estilo de vida relativamente raro entre os animais – formando casais –, uma estrutura social em que seres do sexo masculino e feminino se relacionam a longo prazo e em que o indivíduo masculino alimenta e protege a fêmea e sua prole em troca de contato sexual (praticamente) exclusivo. A formação de casais foi deduzida não somente dos registros arqueológicos das aldeias *erectus*, mas também dos seus pequenos dentes caninos e do dimorfismo sexual reduzido entre seres do sexo masculino e feminino. A formação de casais, somada às ferramentas, constitui evidência para unidades familiares e para cooperação.

Essa visão da cooperação humana dos *erectus* é fortemente corroborada pelos registros arqueológicos. À medida que os *erectus* vagavam pelo Levante, próximo à Jordânia entre o mar Morto (ao sul) e o Vale de Hula (ao norte), eles acabaram se acomodando em um local hoje conhecido como "Gesher Benot Ya'aqov". Nesse lugar – voltando, pelo menos, 790 mil anos – há evidências de ferramentas acheulianas, ferramentas desenvolvidas com a técnica *levallois*; evidências de controle do fogo, de organização da vida em aldeias, de cabanas que alocavam tarefas especializadas de tipos diferentes e demais evidências de cultura dos *Homo erectus*. Eles podem ter se assentado naquele lugar durante seu êxodo da África.

A tecnologia dos *erectus* era impressionante. Eles construíram aldeias que manifestavam o que quase parece ser um planejamento centralizado ou, pelo menos, uma construção gradual sob orientação social, como em Gesher Benot Ya'aqov. Essa é uma evidência clara de valores culturais, conhecimento organizado e papéis sociais. Mas tais aldeias são apenas um exemplo da tecnologia dos *erectus* e de sua inovação organizacional.

Outra evidência pode ser vista nas rotas que eles seguiam. Na medida em que os especialistas foram mapeando as viagens dos *Homo erectus* ao redor do mundo, veio à tona uma observação interessante: os *erectus* parecem ter viajado deliberadamente para áreas geologicamente instáveis. Eles seguiram uma rota conhecida como Tétis Plio-Pleistoceno (as costas antigas de um oceano ainda mais antigo), que ofereceu um caminho geográfico natural, juntamente com uma instabilidade geológica.[1]

Em última instância, estando correta ou não, a ideia de que a geologia tenha desempenhado um papel importante nas rotas de migração dos *Homo erectus* (que não faziam simplesmente perambulações aleatórias pelo planeta) fornece pistas a respeito dos processos de pensamento das espécies. Todos os humanos tomam decisões e mobilizam evidências para decisões. Seria extremamente surpreendente se os *Homo erectus* não tivessem motivos para irem para direita ou para esquerda conforme viajavam. Embora a cultura também tenha desempenhado um papel, o Tétis Plio-Pleistoceno oferece uma possibilidade simples: os *erectus* seguiam a "topografia do lugar". Havia condições geológicas favoráveis à rota que os *erectus* escolheram. Se isso estiver correto, é uma descoberta interessante. Todavia, antes de nós conseguirmos interpretar definitivamente as rotas dos *erectus*, com base na cultura e na cognição em oposição à caça simples, como qualquer outro animal a pratica, nós precisaríamos comparar suas rotas de migração à de outros animais que saíram da África. Então, nós teríamos que determinar se os *erectus* estavam simplesmente seguindo outros animais ou se eles estavam sendo guiados pela fome ao invés de estarem seguindo valores culturais ou estruturas de conhecimento.

Entretanto, a possibilidade de os *erectus* estarem viajando, pelo menos em parte, guiados pela cultura ou, de outro modo, por decisões inteligentes é corroborada por outras descobertas nos registros. Uma das maiores surpresas na história da Arqueologia – e houve muitas – foi a descoberta das ferramentas acheulianas na ilha indonésia de Flores em 2004. Esta foi precedida de certa forma pela descoberta dos ossos dos *Stegodontidae*, uma família extinta dos *Proboscidea* (aparentados com mastodontes, mamutes e elefantes) na mesma ilha – em 1957, por Theodor Verhoeven, um arqueólogo e missionário holandês. Os stegodons, assim como os elefantes modernos, eram muito bons nadadores. Os elefantes foram observados, em uma manada, nadando durante 48 horas por entre lagos africanos. Eles são conhecidos por terem nadado até 48 quilômetros no mar (distância maior do que teria sido até Flores, há 750 mil anos).

Flores está situada entre as menores Ilhas da Sonda do leste da Indonésia. O estreito de 24 quilômetros que separa Flores da terra mais próxima, que é a origem dos *Stegodontidae*, não teria apresentado um grande desafio de natação para os grandes mamíferos, que buscavam plantas flutuantes pelo estreito. Mas as ferramentas descobertas posteriormente, próximas aos ossos carbonizados dessas criaturas, apresentam mesmo um enigma. Como elas chegaram àquele lugar? Essas ferramentas têm quase 800 mil anos. E não há nenhum período durante o qual a ilha esteve conectada a qualquer outra terra. Ela sempre esteve isolada por águas profundas. Mas, de alguma forma, os *erectus* chegaram a Flores. Como?

Diferentemente dos *Stegodontidae*, eles não conseguiriam ter nadado até lá. Mesmo se eles tivessem avistado a ilha no horizonte e decidido visitá-la, as correntezas teriam tornado impossível chegar até lá. O maior fluxo de água conhecido do mundo é a "Corrente do Pacífico", que corre ao redor das ilhas da Indonésia, incluindo Flores. Essas correntezas derrotariam qualquer um que não fosse um atleta de elite. Ainda assim, há evidência de uma população de *erectus* relativamente grande na ilha. A população fundadora precisaria incluir um mínimo de cinquenta indivíduos. E dificilmente todos eles partiriam em troncos a remo ou tentando nadar por entre as correntezas traiçoeiras, mesmo se eles tivessem testemunhado os stegodons fazendo isso. Eles devem ter tido um motivo para ir, certos de que haveria muita comida naquele local.

A ideia de que a população fundadora atravessou os estreitos pouco a pouco, sem planejamento, é implausível – cinquenta ou mais "naufrágios" em um pequeno intervalo de tempo, em que todos tenham sobrevivido. Eles teriam que ter chegado em um curto período para garantir a sobrevivência, o que exigiria uma quantidade improvável de coincidências. Claro, é possível que da flotilha de troncos que foi lançada, cinquenta ou mais tenham conseguido chegar à ilha, mas mesmo que isso não diminua o propósito e a façanha dos *erectus* de fazer a travessia até Flores, ofereceria uma explicação pobre para os assentamentos em Socotorá (e outras ilhas descritas a seguir), uma ilha fora do campo de visão, que requereria um senso de criatividade e exploração para uma grande população de *erectus* chegar até lá, em um período de tempo curto o suficiente para garantir sua sobrevivência. Além disso, o arqueólogo Robert Bednarik e outros ofereceram evidências extensivas e convincentes de que os *Homo erectus* construíram embarcações e atravessaram o mar várias vezes na Era Paleolítica Inferior, por volta de 800 mil anos atrás (e três quartos de um milhão de anos antes de os *Homo sapiens* fazerem travessias pelo mar). Bednarik inclusive construiu réplicas dos tipos de jangadas feitas com bambu, em que ele acreditava que os *erectus* tinham viajado, e navegou com elas, fabricando contentores de água com bambu e usando técnicas que estariam ao alcance dos *Homo erectus*.

Muitos arqueólogos forneceram evidências da tecnologia dos *erectus* que nos forçam a reconsiderar a visão comum de que eles conseguiam fazer pouco mais do que grunhir para se comunicar e de que não possuíam palavras efetivas. Exemplos adicionais da tecnologia e da arte dos *erectus* incluem decorações, ferramentas à base de osso, ferramentas líticas, evidências da adição de cores à arte, artefatos de madeira, "facas com apoio", buris (cinzéis líticos) e paleoarte protoicônica.[2]

Dadas todas essas evidências, é quase certo que os *erectus* tinham desenvolvido cultura. Mas mais uma vez, "cultura" significa mais do que construir ferramentas ou transmitir às gerações de *erectus* subsequentes o conhecimento de como construir e usar essas ferramentas. Cultura acarreta raciocínio simbólico e projeção de significado sobre o mundo, o que significa que ela não diz respeito às coisas como são, mas como são interpretadas, usadas e percebidas pelos membros da comunidade que as utilizam. A cultura transforma "coisas" em símbolos e significados. E se os *erectus* tinham símbolos, eles tinham linguagem.

A posição em favor da cultura dos *erectus* é adicionalmente fortalecida quando se descobre que Flores não é a única ilha para a qual os *erectus* viajaram. E, embora não haja resquícios efetivos de botes de madeira ou bambu de um milhão de anos, que devem ter sido utilizados, há evidências de que eles habitavam ilhas isoladas ou ilhas que não eram acessíveis nem a nado nem visíveis a partir da costa, o que sugere fortemente que eles viajaram quilômetros pelo mar aberto de maneira intencional. Essa conclusão parece justificada, apesar do fato de que os botes mais antigos de que temos evidência são canoas do Paleolítico Superior, com somente alguns milênios de idade.

Recentemente, em 2008, pesquisadores russos encontraram ferramentas líticas muito primitivas na ilha isolada de Socotorá, a mais de 240 quilômetros do Chifre da África e a 400 quilômetros do Iêmen. E a linha do tempo é praticamente a mesma da que era para Flores – estima-se que essas descobertas datam de 500 mil a um milhão de anos atrás.

Pode-se imaginar a inspiração para a viagem até Flores – testemunhando uma manada de *Stegodontidae* nadando até lá. Mas isso não dá conta de explicar a inovação, o confronto com o desconhecido e o pensamento abstrato que se manifestaram na população de *Homo erectus* que navegou para Socotorá, Creta, Flores e outras ilhas. Na verdade, nessas viagens, parece que eles estiveram *explorando*, o que requer uma forma de pensamento abstrato que vai além do aqui e agora, do observável, em direção ao imaginário. E evidência de imaginação é evidência de pensamento abstrato. Tomados em conjunto, os *erectus* atuais tinham que se superar para chegar até Flores, e o desafio do desconhecido na viagem até Socotorá confirma claramente que os *erectus* cooperaram para um objetivo comum, utilizando uma tecnologia inovadora. Tais realizações implicam a capacidade de se comunicar em um nível mais avançado do que qualquer criatura até aquele momento.

Claro, é possível que os *erectus* nunca tenham navegado intencionalmente, mas que tenham construído jangadas de pesca próximo ao litoral e tenham sido levados para fora do seu curso em direção às ilhas (ou à morte) no mar aberto. Isso provavelmente aconteceu algumas vezes. Os marinheiros modernos sofrem o mesmo destino de vez em quando. Ainda assim, mesmo essa possibilidade seria uma evidência de que os *Homo erectus* tinham linguagem o suficiente para construírem jangadas. Mas essa sugestão de "ser levado para fora do seu curso" não dá conta de explicar os assentamentos que nós vimos em várias ilhas, do mar das Flores até o Golfo de Áden. Para cada assentamento viável e desenvolvimento cultural subsequente, pelo menos 40-50 homens, mulheres e crianças *Homo erectus* teriam que ter chegado ao mesmo tempo.

Mas que tipo de língua os *erectus* falavam? Quais formas mínimas de comunicação teriam sido necessárias? A resposta parece ser algo como o que eu chamo de "língua G_1". Essa é uma língua em que os símbolos (palavras ou gestos) são ordenados de maneira convencional; quando falados (como em sujeito-verbo-objeto visto em "João viu Maria"), embora em alguma medida, de forma contraditória, a interpretação dos símbolos nessa ordem convencionalizada possa ser bastante livre. Assim, "a Maria bateu no João" pode significar, em um primeiro caso, que a Maria bateu no João, mas pode ter outros significados disponíveis de acordo com o contexto, tais como "Maria foi atingida pelo João", "a Maria esbarrou no João" etc. O contexto em que as palavras são proferidas, assim como aquilo que o falante e o ouvinte sabem sobre Maria e João, somados ao conhecimento da cultura geral e da ordem convencionalizada de palavras, vão determinar a interpretação intencionada. Não obstante, a língua G_1 é uma língua real. Não é nenhuma "protolíngua" (qualitativamente diferente de uma língua "real"). Tal língua pode, na verdade, expressar todas as coisas necessárias para uma cultura em particular e é "expansível" para acomodar necessidades adicionais se a cultura se torna mais complexa. Pense novamente em exemplos como a expressão "Casa de ferreiro, espeto de pau". Isso pode significar várias coisas, mas pelo menos, os membros da cultura brasileira interpretam essa frase como constatação de que indivíduos com uma determinada habilidade não a utilizam normalmente a seu favor, mesmo que haja pouca coisa nas palavras em si que indicam essa interpretação. A cultura serve como um filtro para determinar o significado. A gramática é um outro filtro parcial. Então, nesse caso, "Maria bateu no João" pode significar que a Maria bateu ou esbarrou no João, mas seria difícil significar que o João esbarrou na Maria por causa da ordem imposta pela gramática, que age como um filtro (fraco) sobre os significados possíveis da sentença. Sempre que o filtro gramatical for menos estreito, como em uma língua G_1, o papel da cultura é o de ajudar o significado a se tornar mais amplo, embora ele esteja presente em todas as línguas.

As evidências arqueológicas levam à conclusão de que os *Homo erectus* possuíam cultura e pensamento criativo. Em outras palavras, apesar do ceticismo de alguns pesquisadores, os *erectus* falavam, eram criativos e organizavam suas comunidades através de princípios culturais. Do contrário, a evidência cultural é inexplicável. Os *erectus* eram navegadores e fabricantes não somente de ferramentas manuais interessantes, do ponto de vista tecnológico – das ferramentas olduvaienses do Paleolítico Inferior às ferramentas musterienses do Paleolítico Superior –, mas também de embarcações capazes de atravessar grandes massas de água. As comunidades *erectus*, assim como as de Gesher Benot Ya'aqov, desenvolveram uma cultura de tarefas especializadas. E os *erectus* controlavam o fogo, como sugerem as evidências de várias zonas de *erectus*.

Mais uma vez, embora a fala e a língua dos *erectus* podem ter diferido significativamente das dos humanos modernos, ainda assim as línguas dos *erectus* teriam sido línguas completas. Na medida em que possuíam símbolos, o ordenamento deles e um significado parcialmente determinado por esses componentes, somados ao contexto, eles tinham linguagem. E parece claro, por várias razões, que eles não só teriam falado a sua língua, mas também teriam usado gestos como auxílio para comunicação. Nem as línguas de sinais, nem a música, nem o controle da altura da voz (como ao cantar) teriam surgido primeiro (cf. capítulo a seguir). As línguas (G_1) simples surgiram com gramática, acompanhadas pela modulação da altura e por gestos, e produziram o sistema de comunicação mais eficiente que o mundo já viu. Essa é a forma mínima de linguagem possível.

A fala dos *erectus*, independentemente de como fosse, é uma questão importante, mas secundária. Os cérebros maiores dos *Homo sapiens*, assim como sua maior experiência com linguagem, seu trato vocal mais desenvolvido etc., nos deram imensas vantagens. Isso significa que as línguas dos *sapiens* são mais avançadas, no sentido de terem vocabulários mais extensos e provavelmente uma sintaxe (hierárquica e/ou recursiva) mais complexa. Não obstante, o resultado é o de que não é necessário supor que os *erectus* falavam uma "protolíngua" sub-humana.

Por definição, uma protolíngua não é uma língua humana plenamente desenvolvida, mas, ao contrário, é um sistema simplesmente "bom o suficiente" para uma comunicação muito rudimentar. Contudo, o tipo de língua que os *erectus* teriam usado teria sido bom o suficiente não somente para eles, mas para todos os *sapiens* modernos, a depender das necessidades das culturas individuais, porque uma língua G_1 pode comunicar quase tão bem quanto uma língua G_3.

Os *erectus* viajaram quase o mundo inteiro, embora com base nas evidências atuais eles nunca chegaram à América, à Austrália ou à Nova Zelândia. Mas eles chegaram a muitos outros lugares. A seguir, há um breve resumo das zonas de *erectus* e dos intervalos de tempo.

Oriente Médio
Gesher Benot Ya'aqov (790 mil anos atrás)
Erq al-Ahmar (1,95 milhão de anos atrás)
Al-Ubeidya (1,4 milhão de anos atrás)
Bizat Ruhama (1,9 milhão de anos atrás)

Itália
Pirro Nord (1,6 milhão de anos atrás)

Turquia
Dursunlu (anteriormente a um milhão de anos atrás)

Irã
Kashafrud (anteriormente a um milhão de anos atrás)

Paquistão
Riwat (anteriormente a um milhão de anos atrás)
Pabbi Hills (anteriormente a um milhão de anos atrás)

Geórgia (anteriormente a um milhão de anos atrás)

Espanha (anteriormente a um milhão de anos atrás)

Indonésia (por volta de um milhão de anos atrás)

China (anteriormente a um milhão de anos atrás)

Vale a pena repetir que, em sua vida diária, as comunidades de *erectus* tinham que cuidar dos filhos e elaborar estratégias de maneira conjunta. Eles precisavam planejar coisas como o que fazer hoje, onde caçar, quais homens ficam com as mulheres e os filhos e quais vão procurar comida. Eles precisavam compartilhar com antecedência informações sobre os sinais, sobre as evidências de animais nas proximidades, ou sobre como cuidar de seus enfermos, mesmo que aquilo equivalesse a pouco mais do que os alimentar. Claro, essa é uma especulação para imaginar como eles faziam essas coisas ou o quão bem as comunidades de *erectus* entendiam ou planejavam o que eles estavam fazendo, como eles cuidavam uns dos outros ou como eles conduziam suas vidas diárias. Mas ao usar exemplos das atuais comunidades de caçadores-coletores, juntamente com a inteligência que os *erectus* precisavam ter, com base nas evidências arqueológicas, essas sugestões provavelmente não estão muito distantes do que deve ter, de fato, ocorrido.

As comunidades de *erectus* também tiveram que aprender a avaliar os outros e a lidar com eles. Em sua jornada, deve ter havido trapaceiros e retardatários. Talvez assassinos. Deve ter havido pessoas feridas. Eles devem ter precisado desesperadamente trabalhar juntos. Essas pressões desenvolveram sua inteligência e conexão cultural cada dia mais, juntamente com seus valores e suas prioridades.

Os *erectus* não andavam simplesmente em fila única ou vagavam aleatoriamente pelo mundo. Eles eram organizados. Eram espertos. Eram uma sociedade de homens com cultura. E todos eles devem ter tido linguagem.

Mas, ainda: o que é linguagem, afinal? Com toda essa discussão sobre a língua das espécies *Homo*, é hora de examinar a natureza da linguagem humana em maior detalhe.

NOTAS

[1] Em uma discussão acessível na internet (http://www.athenapub.com/13sunda.htm), os autores Roy Larick, do Centro Cultural da Costa (Euclid, Ohio), Russel L. Ciochon, do Departamento de Antropologia da Universidade de Iowa, e Yadhi Zaim, do Departamento de Geologia do Instituto de Tecnologia Bandung da Indonésia, afirmam o seguinte:

"Os fósseis que representam as primeiras populações de *Homo erectus* foram encontrados nas terras altas do Vale no leste africano, nas Cordilheiras do Cáucaso, que medeiam o sudoeste da Europa e o sudeste da Ásia, e nas encostas intensamente vulcânicas das zonas de deslizamento de Sunda. Os sítios arqueológicos ao redor do Mediterrâneo que representam esses grupos podem estar presentes no sul da Argélia (Ain Hanech), na Andaluzia espanhola (Orce) e em Neguev (Erq el Amar). Os sítios arqueológicos de Olduvai dos subcrons tardios também foram encontrados nos declives dianteiros do Himalaia (Riwat, Paquistão) e no sul da China (Longgupo). Os carnívoros do Plio-Pleistoceno associados aos humanos também foram encontrados na Grécia (Mygdonia Basin).

Os aspectos comuns a essas três zonas requerem uma nova interpretação dos *Homo erectus* primitivos. Todos esses locais pertencem ao corredor geotectônico do Tétis transcontinental, a grande sutura da margem sul da placa eurasiática continental com extensões em direção ao sul no Rift do leste africano e à zona de deslizamento de Sunda. Um marcador de tempo global precede imediatamente todos esses locais e se sobrepõe a todos eles, o subcron olduvaiense (196-179 milhões de anos atrás). Com o corredor e o subcron, nós podemos começar a falar sobre a biogeografia dos *Homo erectus*, não como africanos ou leste-asiáticos, mas como oriundos do Tétis Plio-Pleistoceno."

[2] As facas com apoio "foram forjadas por meio de uma redução acentuada na borda da lâmina, em virtude da pressão da descamação. Esse modelo permitia ao usuário fazer pressão sobre a borda reduzida com o dedo indicador por causa do corte com a borda oposta, que é afiada. Experimentos mostraram que as facas com apoio feitas de pedra podem tirar a pele de um animal quase tão rápido quanto uma faca de aço" (www.lithiccastinglab.com/gallery-pages/aurignacbackedknifeag7large.htm).

Todos falam línguas de signos

[...] *por "semiose" eu quero dizer... uma ação ou influência que é, ou envolve, a cooperação de três elementos, tais como um signo, seu objeto e seu interpretante* [...].

Charles Sanders Peirce (1907)

O que é linguagem? A linguagem é, de fato, algo que os *Homo erectus* inventaram? Vale a pena reiterar o princípio básico: a linguagem surge da convergência entre invenção humana, história e evolução cognitiva e psicológica. As invenções que teriam feito os homens avançarem em direção às línguas faladas hoje em dia foram primeiramente os ícones e, depois, os símbolos.

As evidências arqueológicas dão, de fato, suporte à ordem prevista pela progressão do signo de C. S. Peirce – os índices teriam surgido primeiro, seguidos pelos ícones e, então, vieram os símbolos. Nós encontramos índices antes dos ícones e ícones antes dos símbolos nos registros pré-históricos. Além disso, índices são usados, talvez, por todas as criaturas; ícones são reconhecidos por algumas e símbolos, usados habitualmente apenas pelos humanos. Embora Peirce tenha acreditado, na verdade, que os ícones fossem mais simples do que os índices, ele tinha em mente, antes de mais nada, as elaborações humanas dos índices, e não – em minha opinião – como os sinais por si só foram encontrados na natureza.[1]

Manchetes de jornais, normas de estabelecimentos, títulos de filmes e outras formas não usuais das línguas modernas ocasionalmente nos lembram de como a língua pode ser simples. Há alguns exemplos cinematográficos famosos, que são remanências de possíveis línguas primitivas.

Você Jane. Eu Tarzan.
Comer. Beber. Homem. Mulher.

E nos avisos nos estabelecimentos.

Fiado só amanhã.
Cuidado. Frágil.

Esses exemplos podem ser até mesmo encontrados em outdoors: *Você bebe. Você dirige. Você vai para a cadeia.* Apesar de sua simplicidade gramatical, nós compreendemos muito bem esses exemplos. Na verdade, é possível construir sentenças similares em qualquer língua que serão inteligíveis para qualquer um de seus falantes nativos, como nos exemplos do português brasileiro:

Olimpíadas Rio: crime, sujeira.
Você feio. Eu bonito.
Sem lenço. Sem documento.[2]

Tais exemplos são interessantes porque eles provam que os humanos podem interpretar a língua mesmo se ela não estiver gramaticalmente estruturada. A língua dos *Homo erectus* pode não ter sido muito mais complexa do que esses exemplos, embora muito possivelmente ela tenha sido mais elaborada. No entanto, o que todos esses exemplos mostram (o que também vale para as línguas dos *Homo erectus* e para todas as línguas dos *Homo sapiens*) é que a língua funciona muito bem quando ela é subdeterminada. Para compreender as línguas, as pessoas ou as culturas, o contexto é fundamental. É necessário adotar uma perspectiva holística sobre a interpretação. Qual era o organismo, sua relação com o meio ambiente e a coisa que ele inventou? Essas são as questões que vêm naturalmente de uma perspectiva holística sobre a invenção e a evolução da linguagem.

Essa ideia é explorada em detalhe pelo antropólogo Augustin Fuentes, da Universidade de Notre Dame em Indiana. Ele defende uma "síntese evolutiva estendida". O que Fuentes quer dizer com isso é que os pesquisadores deveriam falar não sobre a evolução de características individuais da espécie, tais como a linguagem humana, mas, ao invés disso, eles deveriam entender a evolução das criaturas como um todo, seus comportamentos, sua fisiologia e sua psicologia, seus nichos, assim como sua interação com outras espécies. Fuentes declara que a visão geral da espécie humana envolve, ao mesmo tempo, biologia, cultura e psicologia como parte de sua compreensão, com base em uma síntese evolutiva estendida. Ao mesmo tempo, o autor afirma que os modelos atuais para tentar explicar o que é cultura e como ela interage com a psique e o corpo humanos são desenvolvidos de forma precária, pelo menos no sentido de que não há um consenso amplo sobre o que seja cultura. Mas parecem existir componentes de cultura e maneiras pelas quais tal cultura interage conosco. Muitas das várias características e propriedades do meio ambiente que nós queremos explicar como parte da evolução da linguagem são definidas de forma precária, ao passo que seus significados carecem de concordância generalizada entre a maioria dos especialistas. Para uma teoria de evolução da linguagem, é fundamental um entendimento dos papéis da sociedade, da cultura e da sua interação com funções cognitivas individuais. Ainda assim, há pouca concordância em relação ao que qualquer uma dessas coisas significa. Embora nossos corpos sejam um pouco mais bem compreendidos, existem grandes espaços de discordância mesmo a respeito da nossa composição física.

Com vistas a compreender melhor os fatores do ambiente que afetam a nossa evolução, partir da definição de ambiente social pode ajudar, começando com a ideia evasiva de "cultura". Uma teoria de cultura subjaz à compreensão da evolução da linguagem. Na verdade, não pode existir nenhuma teoria adequada de evolução da linguagem sem uma teoria sólida de cultura. Uma hipótese minha sobre cultura é a seguinte:

> Cultura é uma rede abstrata moldando e conectando papéis sociais, domínios de conhecimento hierarquicamente estruturados e valores ranqueados. A cultura é dinâmica, mutável, reinterpretada momento a momento. Os papéis, o conhecimento e os valores da cultura são somente encontrados nos corpos (o cérebro é parte do corpo) e nos comportamentos de seus membros.[3]

A cultura é abstrata, porque ela não pode ser tocada, nem vista, nem inalada – ela não é diretamente observável. Porém, os *produtos* da cultura, tais como artes, bibliotecas, papéis políticos, alimentação, literatura, ciência, religião, estilo, arquitetura, tolerância ou intolerância, são não abstratos, visíveis e tangíveis. A cultura, como uma força dinâmica, é encontrada somente nos indivíduos de uma sociedade. Os membros de qualquer sociedade compartilham uma cultura quando concordam a respeito de uma série de valores e a respeito da prioridade relativa que dão a esses valores. Por sua vez, os membros de uma cultura compartilham conhecimento e papéis sociais. Observam-se, na ação de membros individuais da sociedade, valores e conhecimentos aplicados ou exemplos de expectativas de diferentes papéis sociais. Isso é a cultura em ação.

Cada humano moderno aprende (assim como cada um dos *Homo erectus* aprendia) qual é o seu lugar na sociedade e o que é mais (ou menos) importante para seus membros, assim como qual é o conhecimento comum para todos eles. E ensinam essas coisas para sua prole por meio de palavras e de exemplos. Todos os humanos, do passado e do presente, aprendem essas coisas. Da mesma forma que as outras criaturas.

Hoje em dia, há uma teoria para a origem da linguagem, muito popular entre alguns, que é muito diferente daquela que eu estou explorando. É a ideia de que a linguagem é um objeto intangível, de modo semelhante a uma fórmula matemática. Nessa visão, a linguagem é pouco mais do que um tipo particular de gramática. Se esse tipo de gramática, recursiva e hierárquica, não for encontrado em um sistema de comunicação, então aquela forma de comunicação não é linguagem. Proponentes dessa ideia também sustentam que a gramática "passou a existir de repente", entre 50-65 mil anos atrás, através de uma mutação. Essa sugestão, embora amplamente aceita, apresenta supreendentemente poucas evidências a seu favor e acaba se tornando uma acomodação mais precária dos fatos do que a ideia de que a linguagem foi inventada, mas depois gradualmente modificada em todas as espécies *Homo*, para acomodar diferentes culturas.

Embora a linguagem seja mais bem entendida como uma invenção, a proposta da mutação é muito influente. A teoria vem do trabalho de Noam Chomsky, que começou a publicar no final da década de 1950 e agora é, de acordo com alguns, o linguista mais importante do planeta. Mas a visão de Chomsky de que a linguagem é nada mais nada menos do que uma gramática recursiva é altamente peculiar. Já em 1972, uma resenha no *New York Review of Books*, feita pelo filósofo americano John Searle, observou o quão estranha é, de fato, a concepção de linguagem de Chomsky.[4]

Essa visão é incomum, porque nós sabemos que as línguas não precisam ter estruturas gramaticais complexas. Ao invés disso, muitas delas podem simplesmente justapor palavras e frases simples, fazendo com que o contexto guie sua interpretação, como nos exemplos do início deste capítulo. O principal problema com a ideia de que a linguagem é gramática resume-se a uma ausência de apreciação da fonte e do papel do significado na linguagem. Nossa visão, pelo contrário, é a de que a gramática é colaborativa nas línguas, mas diferentes níveis de complexidade devem ser encontrados entre as línguas do mundo, incluindo as línguas extintas dos *Homo erectus*. Adicionalmente, a complexidade pode variar imensamente de língua para língua. Em outras palavras, linguagem não é meramente sinônimo de gramática. Ela é uma combinação de forma, gestos, significado e altura da voz. A gramática auxilia a linguagem. Não é a própria linguagem.

A linguagem, independentemente de sua base biológica, é modelada pela Psicologia, pela História e pela cultura. Eu vou tentar mostrar o que isso significa na Figura 7.

Figura 7 – A linguagem é uma rede de associações

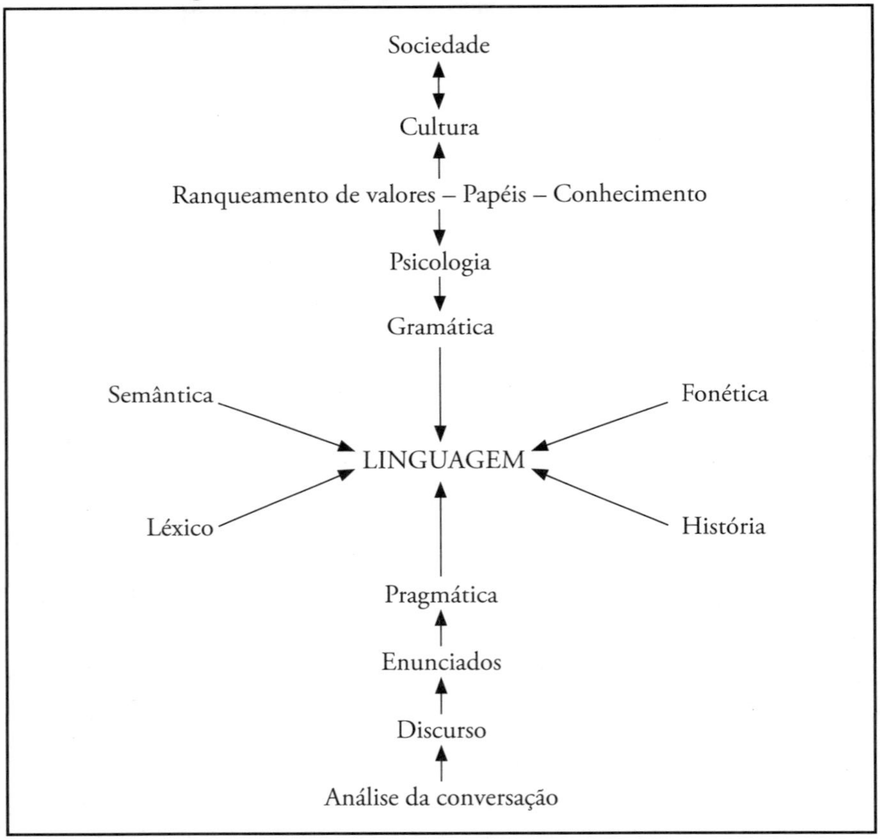

Sociedade
↕
Cultura
↑
Ranqueamento de valores – Papéis – Conhecimento
↓
Psicologia
↓
Gramática
↓
Semântica → LINGUAGEM ← Fonética
Léxico → LINGUAGEM ← História
↑
Pragmática
↑
Enunciados
↑
Discurso
↑
Análise da conversação

Com o intuito de chegar aos elementos básicos de como a própria linguagem evoluiu de fato, há duas visões alternativas de desenvolvimento que devem ser distinguidas. São elas: *uniformitarismo versus catastrofismo.*

O uniformitarismo é a ideia de que a maneira como as coisas funcionam agora é a mesma como elas funcionavam no passado, isto é, as forças que operam no mundo hoje em dia são as mesmas que modelaram o mundo desde que ele surgiu. O uniformitarismo não nega a possibilidade de existirem eventos cataclísmicos ou catastróficos, os quais desempenham papéis na história e na evolução. No final das contas, os cientistas uniformitaristas aceitam que houve um grande evento de extinção dos dinossauros, por volta de 65 milhões de anos atrás, quando um asteroide se chocou contra Iucatã. Mas essa visão afirma que a mudança catastrófica não é o principal condutor da teoria evolutiva e que as catástrofes não deveriam ser propostas como explicações, sem evidências bastante claras.

Por outro lado, o catastrofismo apela para as grandes perturbações, tais como o dilúvio de Noé ou as elevadas taxas de mutação, como explicações frequentes para origem e desenvolvimento da vida na Terra. Niles Eldrege e Stephen Jay Gould propuseram que uma grande parte das mudanças evolutivas foi trazida à tona por saltos macroevolutivos repentinos que eles chamaram de "saltacionismos". Os modelos saltacionistas podem ser precisos para alguns exemplos de mudança evolutiva. Mas eles sempre requerem evidências adicionais.

O uniformitarismo, em detrimento do catastrofismo, é considerado uma verdade fundadora na maioria das disciplinas científicas. Na Física, poucos questionam os pressupostos do uniformitarismo. As leis da física não mostram nenhuma evidência de que elas mudaram durante a história natural do universo, pelo menos depois do *Big Bang*. Na Geologia, o trabalho de Charles Lyell de 1833, *Principles of Geology* (*Princípios de geologia*), é conhecido em parte por advogar em favor do uniformitarismo nos estudos da história da Terra. Ao aceitar o uniformitarismo, espera-se que um modelo de seleção natural explique a transformação de formas de vida antigas em formas modernas por meio de "pequenos passos", graduais e homeopáticos.

No caso da evolução da linguagem, há boas razões para rejeitar explicações com base no catastrofismo, tal como a proposta de Chomsky. Essas razões incluem sua explicação precária sobre a genética que está envolvida e seu insucesso no que tange à explicação da influência da cultura no surgimento da linguagem. Além disso, essas visões catastrofistas não dão conta de explicar o fato de que as mutações para a linguagem são supérfluas, porque sua evolução pode ser explicada sem elas. Lançar mão de mutações sem evidência independente é algo inútil. Na verdade, a ideia de linguagem como uma simples mutação não oferece, de forma alguma, nenhuma ideia que ajuda a entender a evolução da linguagem. Isso equivale a afirmar que a evolução da linguagem pode ser explicada sem mutações, com base em pressupostos graduais, uniformitaristas, fornecendo propostas supérfluas para genes e mutações específicos da linguagem.

Claro, há liberdade para se propor mutações ou qualquer outra coisa com o intuito de construir uma teoria. E as mutações estão, de fato, entre os condutores da evolução. Mas a regra prática de propor mutações nos registros evolutivos deve ser a de que "na ausência de evidências, não pressuponha que existam milagres". E a proposta de mutação como encadeamento fundamental na evolução da linguagem humana deve vir com uma história completa de quais forças evolutivas estavam operando no momento da mutação que levaram à sua propagação; do contrário, está-se apenas lançando mão de um milagre. Mesmo se a capacidade para a linguagem fosse uma mutação, ela só poderia ter gerado a capacidade de aprender uma língua em um momento em que, ironicamente, não havia linguagem. Tirando a falta de sincronia entre necessidade e mutação, alguém que propõe tal mutação deve explicar também qual era a vantagem, no que diz respeito à sobrevivência, de uma característica particular, como a linguagem, no momento da mutação. E tal explicação deve ir em direção às evidências, para além da especulação. Não poderia ser meramente que "a linguagem ou a gramática tornou o pensamento mais claro". Muito provavelmente isso está correto, mas não diz nada sobre como ou quando a linguagem passou a existir. Nem oferece quaisquer detalhes sobre como ela se propagou, nem genética nem culturalmente. Do contrário, apenas mencionar a palavra "mutação" torna-se injustificado e especulativo. Essa é a principal fraqueza do saltacionismo ou daquilo que alguém poderia chamar de teoria "X-Men" para a origem da linguagem. Além disso, tal conjectura é desnecessária. A boa e antiquada seleção natural darwinista oferece uma história cientificamente mais fundamentada.

A teoria do surgimento repentino para a origem da linguagem, refletida em muitos trabalhos do antropólogo Ian Tattersall, também depende fortemente de argumentos baseados na ausência de evidências. Nesse caso, imagine uma foto de um falcão no céu, acompanhada de uma legenda "há falcões aqui". Sem considerar o Photoshop, *software* modificador de imagens, essa foto é uma evidência muito boa para a veracidade da legenda. Por outro lado, uma foto de um céu claro com a legenda "não há falcões próximos do lugar onde eu moro" é muito mais problemática. Esta última foto apenas mostra ausência de evidência. Não mostra evidência sólida da ausência de falcões. Poderia ser nada mais do que uma coincidência que o fotógrafo não tenha conseguido capturar um falcão em um céu frequentemente povoado por falcões. Para um caso como esse, são necessários mais dados, tais como a ausência da flora e da fauna preferidas pelos falcões, juntamente com o clima apropriado para sustentá-los. Um raciocínio idêntico se aplica às afirmações não justificadas de que a linguagem se originou como uma mutação ou de que os *Homo erectus* não possuíam representações simbólicas. Claro, se elas estiverem certas e os *erectus* não possuíssem símbolos, então faria sentido negar a existência da linguagem neles. Mas, na verdade, tudo o que se pode afirmar é que ninguém havia notado nenhuma evidência de tais representações até o momento, embora seja possível encontrá-las nos registros da explosão cognitiva dos *erectus* marcada pela emigração africana.

Além disso, há, hoje em dia, línguas faladas no mundo cujas gramáticas têm características remanescentes de como devem ter sido as línguas dos *Homo erectus* – a saber, símbolos ordenados de acordo com convenções culturais. Nesse tipo de situação, os símbolos seguem uma ordem convencionalizada pelos membros de uma sociedade particular. Por exemplo, os americanos e os britânicos preferem dizer "vermelho, branco e azul" em vez de "branco, vermelho e azul" quando discutem suas bandeiras nacionais. Às vezes, os símbolos e os ordenamentos podem ser vagos e ambíguos e, logo, seriam necessárias para os *erectus* tanto a habilidade de usar o contexto quanto a cultura para interpretar completamente o que os outros diziam.

Para elaborar o argumento da natureza da ausência de evidência, considere novamente o que se sabe hoje em dia sobre as línguas amazonenses, que são inquestionavelmente línguas humanas completas. Mas quais registros existiriam dessas línguas se todos seus falantes morressem e os arqueólogos descobrissem os ossos de seus falantes 500 mil anos depois? Deixando de lado, por enquanto, o fato de que os linguistas e os antropólogos publicaram gramáticas, dicionários e outros estudos sobre comunicação e cultura amazonenses, essas culturas e línguas deixariam atestada alguma evidência material de que seus indivíduos eram capazes de raciocínio linguístico ou simbólico, milhares de anos depois? Possivelmente, não. Como dito anteriormente, elas deixariam até menos evidências do que encontramos para a cultura dos *neanderthalensis*, à exceção de algumas que produzem cerâmica, tais como a famosa cultura marajoara, descoberta no Delta do Amazonas (que tem o tamanho da Suíça). Seria quase impossível encontrar evidência direta de que eles possuíssem linguagem – assim como ocorre para muitos grupos antigos de caçadores-coletores.

Nós também não somos capazes de provar que os *Homo sapiens*, que orginalmente saíram da África, os *neanderthalensis*, os hominídeos de Denisova ou os *erectus* tinham linguagem, embora fosse surpreendente se eles não tivessem, com base nas evidências culturais. Portanto, deve-se ter cuidado para não concluir que os *Hominini* primitivos não tinham linguagem, com base simplesmente na ausência de evidência de obras de arte, ou daquilo que tem sido comumente reconhecido como símbolos nos registros pré-históricos. Na ausência de evidência, a ideia mais simples acerca da evolução da linguagem é a de que ela tenha surgido gradualmente através de processos expansores naturais, seguindo a invenção dos símbolos que, por sua vez, foi possibilitada pela evolução gradual da cultura e do cérebro humanos. Isso quer dizer que o ônus da prova está com aqueles que propõem uma mutação repentina para a linguagem, e não com aqueles que analisam a evolução da linguagem como um processo gradual e uniforme, que se acomoda ao restante daquilo que nós sabemos sobre evolução humana.

Nos últimos anos, vários paleoantropólogos inferiram conexões entre a fabricação de ferramentas e a evolução da linguagem.[5] Esses pesquisadores não usam o argumento da "ausência de evidência". Tendo dito isso, esses estudos parecem estar baseados em uma concepção não usual de linguagem preponderantemente como gramática e palavras, deixando de considerar o papel geral e a origem dos símbolos a partir da cultura abstrata. Eles examinam a complexidade crescente do uso das ferramentas e relacionam-no ao aumento significativo da complexidade linguística, com base no pressuposto de que a sintaxe das línguas modernas incluirá sempre dispositivos sintáticos complexos para combinar símbolos, tais como hierarquia e recursividade. Além disso, esses pesquisadores discutem a ausência de símbolos entre as espécies *Homo* primitivas, contrastando-a com o uso generalizado dos símbolos entre os *sapiens*.

São admiráveis os esforços para explicar a linguagem com base nos registros arqueológicos. Infelizmente, eles tomam emprestadas da Linguística algumas hipóteses ruins para sustentar sua argumentação. A principal delas é a de que os objetos do cotidiano não são simbólicos por si só. As ferramentas *são* símbolos quando são o produto de uma cultura. Se forem encontradas em uma sociedade ferramentas e evidências de valores e conhecimentos compartilhados, não é preciso olhar para além das próprias ferramentas como símbolos. Elas podem não ser símbolos para os chimpanzés, mas seriam para os *erectus*. Em segundo lugar, a gramática não requer uma sintaxe complexa, e, portanto, a linguagem também não requer. Hoje em dia, há muitos grupos que têm línguas plenamente adequadas, funcionando bastante bem, que carecem do tipo de sintaxe complexa que, às vezes, os paleoantropólogos supõem na tentativa de correlacionar ferramentas complexas com uma linguagem complexa. Mas tais culturas também utilizam ferramentas complexas, um inesperado estado da arte para teorias que propõem um crescimento de complexidade estático, paralelo entre ferramentas e linguagem.

O entendimento da evolução da linguagem natural deve incorporar também o fato de que a língua é uma ferramenta cultural para a construção da comunidade. Estruturas sintáticas mais elaboradas do tipo encontrado em muitas línguas modernas – tais como orações subordinadas, sintagmas nominais complexos, palavras compostas e outros – não são fundamentais para a língua e são adições posteriores feitas por razões culturais. A "expressão do pensamento", proposta por alguns como sendo a razão de ser da linguagem, é também um aspecto secundário. As evidências disponíveis das línguas contemporâneas e os registros evolutivos vão contra essa posição e a favor da comunicação como função primária da linguagem. Ao mesmo tempo, não há dúvidas de que os usos da linguagem para comunicação e pensamento são dependentes um do outro. Um aprimora o outro.

Contudo, se a comunicação for a função básica da linguagem, então as línguas humanas não são tão diferentes da comunicação de outras criaturas, como supõem alguns linguistas, filósofos e neurocientistas. Afinal de contas, a comunicação está presente em todo reino animal. Os humanos seriam simplesmente aqueles que se comunicam melhor, mas não são únicos que se comunicam. Mas é precisamente nessa qualidade que jaz o caráter distintivo das línguas humanas.

Hipóteses alternativas não devem, obviamente, ser rejeitadas de antemão a menos que sejam encontradas evidências sólidas contra elas. A citação a seguir é bem típica:

> A comunicação, um uso particular da linguagem externalizada, não pode ser a função primeira da linguagem, a propriedade definidora da faculdade da linguagem, sugerindo que uma de suas concepções tradicionais, como instrumento do pensamento, pode ser mais apropriada. No mínimo, cada língua incorpora procedimentos que satisfazem essa propriedade, através de sua sintaxe computacional [...]. Nós consideramos que a propriedade da dependência estrutural das regras gramaticais é central.[6]

Por que muitos pesquisadores, tais como os autores dessa citação, afirmam que a comunicação não é a função primeira da linguagem? Essa ideia parece completamente oposta àquilo que a maioria das pessoas considerariam intuitivo. Claro, o fato de que uma ideia científica não equivalha ao senso comum não a torna automaticamente incorreta, uma vez que o julgamento científico difere da opinião de uma pessoa mediana. Entretanto, o raciocínio nesse caso parece ser o de que os humanos não são tão bons assim com a comunicação. Considere dois exemplos* bastante conhecidos: "a Maria entrou na sala de muletas" e "eu encontrei meu pai chorando". Ambas as afirmações são ambíguas. O primeiro exemplo poderia significar que "a Maria estava usando muletas ao entrar na sala" ou que "a Maria entrou na sala onde são guardadas as muletas". Da mesma forma, o segundo exemplo pode significar que "quando eu encontrei meu pai, eu estava chorando" ou que "quando encontrei meu pai, ele estava chorando". Para alguns, isso significa que, embora a ambiguidade seja encontrada na comunicação, ela não é encontrada no pensamento. Assim, a língua não funciona tão bem para troca de ideias e informações. Se fosse verdade, isso sugeriria que o principal propósito da linguagem é auxiliar o pensamento e não a comunicação.

Todavia, essa conclusão não procede. Primeiramente, há estudos do Departamento de Cérebro e Ciências Cognitivas do MIT que explicam por que a ambiguidade deve ser *esperada* em um sistema de comunica-

* N. T.: Ao longo do livro, diversos exemplos em inglês sem equivalência direta foram adaptados para a língua portuguesa.

ção.[7] Ela é produzida pela necessidade de manter baixa a porção que deve ser memorizada ao passo que mantém a eficiência da comunicação. Portanto, se alguém diz "eu quero um quarto", você sabe que eu quero dizer "um quarto" ou "$^{1}/_{4}$" a depender do contexto (isso é claramente um exemplo particular do português, mas pares homófonos parecem ocorrer em todas as línguas.) Em segundo lugar, ambiguidade e vagueza dificilmente são problemas, porque o contexto normalmente permite ao ouvinte depreender o significado pretendido pelo falante. Se alguém diz "ele entrou no quarto", o pronome "ele" é vago. Pode-se somente interpretar "ele" se alguém compartilhar informação suficiente com seus interlocutores para saber a quem esse "ele" em particular se refere. Um terceiro ponto é o de que a ambiguidade na escrita e na fala não é inerentemente um problema para a linguagem. Ao invés disso, a ambiguidade é, muitas vezes, o resultado de um mau planejamento. Assim, se alguém começa a atravessar uma sala de aula, andando por entre as carteiras a caminho da porta, a conclusão não seria a de que andar não tem a ver com locomoção. Em vez disso, pode-se concluir que quem está andando deveria prestar atenção aonde vai. E o mesmo vale para a língua – a maioria dos casos de ambiguidade, vagueza e outros lapsos de fala pode ser evitada pelo planejamento e elaboração antes de falar ou de pôr a caneta no papel. O planejamento da comunicação, assim como o da maior parte das atividades, é colaborativo.

Há outros problemas com o pressuposto de que a linguagem não serve para comunicação. A evolução nunca projeta sistemas perfeitos. Em vez disso, ela constrói dispositivos temporários, parte por parte, utilizando o que já está à sua disposição. A linguagem, assim como tudo na vida natural, é imperfeita. A comunicação falha, mas o pensamento também. A hipótese de que os pensamentos de alguém não são ambíguos para si é apenas isso: uma hipótese. Ela precisa ser testada. Outro problema a ser observado é o de que não é claro, de forma alguma, que todas as pessoas pensam sempre (ou mesmo na maioria do tempo) através da linguagem. Muitas pessoas, tais como o biólogo Frans de Waal e a autora Temple Grandlin, afirmam que eles pensam por imagens, não por palavras. São necessários experimentos para investigar tais padrões significativos de pensamento.

Na citação anterior sobre linguagem e comunicação, os autores afirmam que a comunicação é "um uso particular" da "linguagem externalizada". Essa afirmação faz com que ela pareça extraordinária. Eles acreditam que o único tipo de linguagem que pode, na verdade, ser estudado é a chamada "*língua-I*" ou língua interna. Uma língua-I é apenas o que o falante sabe a fim de produzir sua *língua-E*, que é falada externamente. O francês, o inglês, o português e o espanhol são línguas-E, mas o conhecimento subjacente de seus falantes são suas línguas-I.

Embora alguns afirmem que nós só podemos estudar as línguas-I, essa afirmação é enganosa. As línguas-E também podem ser estudadas. Na verdade, pensando nisso com mais cuidado, a única maneira de inferir qualquer coisa sobre as línguas internas dos falantes é examinando os enunciados de sua língua-E. As línguas-E são a passagem para as línguas-I.

Além disso, as nossas inferências sobre a análise de qualquer sentença ou conjunto de sentenças são sempre baseadas em uma *teoria* particular. As interações observadas entre os falantes são a fonte essencial das evidências para aquilo que os falantes sabem, sem levar em conta como nós as testamos. Com certeza, é um fato óbvio que um dado rótulo para uma língua-E, como o português, é uma abstração. Afinal de contas, o que é o "português"? Brasileiros, portugueses, leste-timorenses, moçambicanos, todos falam a língua portuguesa em uma de suas variedades. Mas qual delas é ou qual delas está mais próxima do português "real"? Como se fala o português "real"? Quais são suas regras gramaticais? Há muita variação no português ao redor do mundo para qualquer um conseguir definir exatamente o que é o português. Além disso, as sentenças, as histórias, as conversas que formam a base de dados para a discussão do português não exaurem, por si só, a língua. Sempre há dados de alguma variedade de português falada em algum lugar do mundo que ainda não foram coletados. Portanto, é nesse sentido que o português é uma abstração. Por outro lado, os enunciados que ouvimos ou as frases que lemos não são abstrações. São fontes empíricas e bastante concretas daquilo que os falantes sabem, daquilo que as culturas produzem e daquilo que as pessoas realmente fazem. Afirmar que se ignora o que as pessoas realmente dizem – seu "desempenho", como alguns chamam –, com o intuito de compreender sua "competência" (o que as pessoas sabem sobre sua língua, em oposição ao que elas fazem com ela), é como afirmar que as provas de um dado professor não mostram nada, porque elas medem somente o desempenho (as respostas que os estudantes dão) e não a competência (o que os estudantes realmente sabem). No entanto, as provas existem precisamente porque o desempenho é a única maneira de avaliar a competência. Quer a competência seja o conhecimento de como participar de um diálogo, ou de como contar histórias, ou de como produzir frases individuais, só poderemos compreender a competência (aquilo que o falante sabe) analisando aquilo que ele faz.

Ninguém estuda, de maneira direta, o que as pessoas sabem. Afirmar que isso acontece é um erro comum de raciocínio. Ao invés disso, infere-se o conhecimento através do comportamento. Deve-se lembrar também que a citação apresentada anteriormente ignora os registros fósseis, o que deixa claro não somente que língua, cultura e comunicação faziam parte do mesmo grupo de aspectos socialmente evoluídos da cognição humana, mas também que havia uma progressão semiótica mínima incitada pela seleção natural.

Além disso, conceber a comunicação como o propósito primário da linguagem facilita a compreensão do que é mais interessante a seu respeito – suas aplicações socais. Assim, para muitos pesquisadores, no estudo de uma língua, a gramática assume um papel menos importante em relação a padrões interacionais conversacionais, rastreamento do tópico discursivo, metáforas, abordagens de formas gramaticais baseadas no uso, efeitos culturais sobre as palavras, e como eles são unidos. Ao perseguir essas ideias, com base em tudo o que foi discutido até o momento sobre a evolução das espécies *Homo*, destacam-se três hipóteses para a origem da linguagem humana. Cada uma delas adota uma visão diferente sobre a importância relativa de quando a gramática surgiu no desenvolvimento das línguas humanas.

A primeira hipótese é conhecida como "a gramática veio por último". De acordo com essa ideia, o primeiro e mais significativo passo na evolução da linguagem seria o desenvolvimento dos símbolos. A gramática é pouco mais do que uma extensão. A linguagem teria existido *antes* da gramática. Sob essa perspectiva, a gramática requereria que todo o restante da linguagem já existisse antes que ela pudesse se tornar operacional. Em outras palavras, a linguagem primeiramente precisou de símbolos, enunciados e conversas antes de criar uma gramática para estruturar e, consequentemente, aprimorar nossa comunicação.

A segunda hipótese, muito popular, é a de que "a gramática veio primeiro". De acordo com essa proposta, a evolução da linguagem está relacionada, acima de tudo, com a origem das propriedades computacionais da linguagem, tais como a sintaxe. Sem essas propriedades, não há linguagem. Símbolos, gestos e outros componentes da linguagem podem ter surgido antes, em alguma de suas formas, mas devem ter surgido padrões que reuniram todos esses elementos em forma de linguagem, pela primeira vez. Sob essa perspectiva, não há linguagem sem um tipo particular de sistema computacional. Mas uma ideia mais simples está disponível, qual seja, a de que a capacidade de "agrupar" palavras ou símbolos em unidades cada vez maiores – sintagmas, sentenças, histórias e conversas – é realmente a base de toda computação na linguagem. Essa propriedade combinatória auxilia nossa interpretação das palavras – sem essa propriedade, na verdade, nós não conseguimos entender bem os constituintes individuais das sentenças. Pense em uma cadeia de palavras, tais como "se a menina for bonita, então ele vai correr até ela" e compare-a com "correr a até bonita ela se então menina for vai ele até". A estrutura guia a interpretação das palavras e, com o passar do tempo, dá aos significados um formato mais preciso, trazendo à tona nomes, verbos, preposições e modificadores. Alguns consideram que esse controle significa que a forma é um tipo específico de entidade recursiva e hierárquica. De acordo com essa hipótese, a linguagem é mais do que aquilo que pode ser representado por um diagrama tal como aparece na Figura 8.

Figura 8 – João disse que Pedro viu Ana

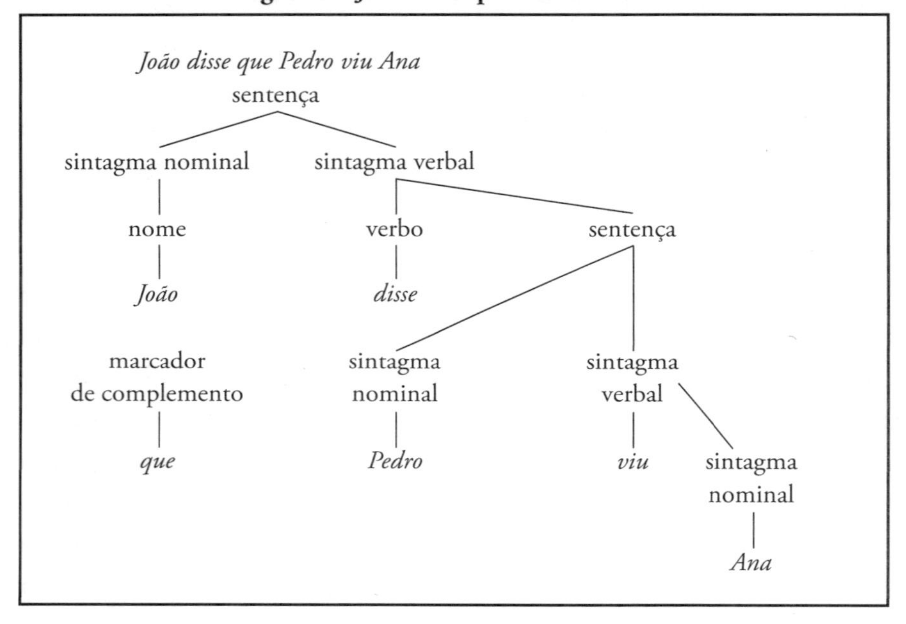

Esse tipo de diagrama é tipicamente usado por linguistas para representar as estruturas de constituintes das sentenças. Embora possa parecer complicada (na verdade, não é), a estrutura arbórea parece, de fato, ser necessária a fim de compreender como os falantes modernos constroem suas sentenças. Nesse exemplo, a árvore representa uma sentença "...Pedro viu Ana" como constituinte de uma sentença maior que começa com "João disse que...". Da mesma forma, o sintagma verbal "...viu Ana" é parte de uma junção maior, "Pedro viu Ana". Além disso, psicólogos, cientistas cognitivistas, linguistas e outros demonstraram, de maneira convincente, que tais estruturas não são meros artefatos. Elas parecem refletir o que os falantes nativos, de alguma forma, sabem sobre sua língua. As estruturas gramaticais que todo falante sabe são mais complexas do que qualquer uma que lhes é ensinada na escola.

A terceira hipótese principal fica entre as duas primeiras. É a hipótese de que a gramática veio depois, mas os símbolos vieram primeiro, e a evolução da linguagem demandou uma cooperação entre gramática, símbolos e cultura; com cada um desses elementos afetando um ao outro. Nessa visão, estrutura, símbolos e cultura são codependentes, produzindo, de maneira conjunta, significados, gestos, estruturas de palavras e entonação para formar cada enunciado da língua.

A noção de que a forma das sentenças veio depois da invenção dos símbolos pode ser interpretada de várias maneiras. Para entender melhor essa ideia, pode ser instrutivo concebê-la no contexto das outras duas hipóteses. Cada uma dessas possibilidades atribui um papel para a estrutura na evolução da linguagem. Isso porque a forma linguística é de extrema importância para a comunicação e o pensamento humanos. Ao mesmo tempo, afirmar que o *design* das sentenças é crucial para a linguagem suscita questões. Talvez a questão mais importante seja a de se os diagramas arbóreos, como o da Figura 8, são suficientes ou necessários para a linguagem humana, sob uma perspectiva evolutiva.

Para os proponentes da hipótese de que a gramática veio primeiro, a estrutura hierárquica é o aspecto mais importante da linguagem humana. Novamente, muitos que adotam essa hipótese acreditam que a linguagem surgiu de repente, há apenas 50 mil anos. De acordo com eles, não só a linguagem não existia antes dos *Homo sapiens*, como nem todos os *Homo sapiens* teriam tido linguagem (uma vez que a espécie tem mais de 200 mil anos de idade). Uma mutação repentina, digamos, de 50 mil anos atrás, não teria afetado todos os *sapiens*, mas somente os descendentes do "Prometeu" que ganharam na loteria o gene da mutação para a linguagem.[8] A ideia de que a mutação teve um efeito que, em última análise, deixou a maioria das espécies vivas em desvantagem na época, ou "menos aptas" nos termos de Darwin, não é incomum. As mutações de resistência ao DDT ocorreram em alguns insetos, deixando a eles e à sua prole a capacidade de se proliferarem em um ambiente rico em DDT, ao passo que seus coespecíficos foram extintos. Mas qualquer um que proponha tal hipótese se obriga a explicar as implicações evolutivas dessa ideia. A mutação referente à gramática, para ser relevante para a evolução da linguagem, deve ter tornado o seu possessor e sua família mais "aptos" do que os outros *sapiens*, ou seja, mais capazes de sobreviver. Ou talvez ela tenha favorecido a seleção sexual, com os falantes mais desenvoltos tornando-se mais atraentes para o sexo oposto e, assim, obtendo mais relações sexuais e aumentado sua prole. Uma terceira alternativa é a de que uma família com o gene da linguagem tenha partido de sua localidade, por causa do efeito de gargalo, e se tornado a população fundadora dos *Homo sapiens* subsequentes, garantindo que todas as espécies tivessem o misterioso "gene da linguagem".[9]

Isso contrasta de maneira acentuada com as afirmações de que a linguagem tenha surgido muito gradualmente ao longo, pelo menos, dos últimos três milhões de anos e de que todos os humanos têm hoje em dia, e provavelmente todas as espécies *Homo* tiveram no passado, linguagem.

De modo mais significativo, as gramáticas hierárquicas, aquelas cuja estrutura requer diagramas arbóreos, os tipos de gramática anunciados como sendo cruciais para a linguagem em muitas abordagens para a análise linguística e evolução da linguagem, são simplesmente o subproduto das tarefas de processamento de informação, independentes da gramática. O cientista Herbert Simon, ganhador do prêmio Nobel, escreveu sobre isso no início da década de 1960, em um dos artigos mais famosos do século XX, "A arquitetura da complexidade". Simon escreveu o seguinte:

> O tema central que perpassa minhas anotações é o de que a complexidade, muitas vezes, assume a forma de hierarquia e de que sistemas hierárquicos têm algumas propriedades comuns que são independentes de seu conteúdo específico. A hierarquia, conforme eu vou argumentar, é um dos esquemas estruturais centrais que o arquiteto da complexidade emprega.

E ainda:

> Eu já dei um exemplo de hierarquia que é frequentemente encontrado nas ciências sociais: uma organização formal, empresas, organizações governamentais, universidades, todas essas têm claramente uma estrutura visível de partes dentro de partes. Mas as organizações formais não são o único, nem mesmo o mais comum, tipo de hierarquia social. Quase todas as sociedades têm unidades elementares chamadas de "famílias", que podem ser agrupadas em aldeias ou tribos e estas em agrupamentos maiores, e assim por diante. Se nós fizermos um quadro de interações sociais, de quem fala com quem, os grupos de intensa interação no quadro vão identificar uma estrutura hierárquica muito bem definida. Os agrupamentos nessa estrutura podem ser bem definidos operacionalmente por alguma medida de frequência de interação nessa matriz sociométrica.

A hierarquia teria sido útil para as espécies *Homo* como uma forma de compreender e construir relações sociais, de organizar tarefas e até mesmo de estruturar a linguagem. E nós vemos tal hierarquia na organização dos assentamentos dos *Homo erectus* em Gesher Benot Ya'aqov. Mas a hierarquia é algo que seria necessário somente em proporção direta ao crescimento da complexidade do conteúdo da comunicação – sobre o que está sendo falado – à medida que o fluxo de informação foi ficando mais rápido e mais complexo. A comunicação rica em informação, especialmente quando vem em altos índices de velocidade, típicos das línguas humanas, será auxiliada por ser estruturada de maneiras particulares, assim como Simon tinha previsto.

Por exemplo, os três primeiros enunciados muito provavelmente serão mais difíceis de entender do que os três últimos, para a maioria dos ouvintes medianos.

A lua é feita de queijo. Ou assim diz o Pedro.
A lua é feita de queijo. Ou assim diz o Pedro, diz o João.
A lua é feita de queijo. Ou assim diz o Pedro, diz o João, diz a Maria, diz a Ana, diz o Carlos.

Pedro disse que a lua é feita de queijo.
João disse que Pedro disse que a lua é feita de queijo.
Carlos disse que Ana disse que Maria disse que João disse que Pedro disse que a lua é feita de queijo.

A razão é que falta recursividade no primeiro conjunto (as sentenças são todas independentes, lado a lado), mas o segundo conjunto tem recursividade (uma sentença dentro da outra). É fato que, devido à complexidade das múltiplas citações, a recursividade nos ajuda a processar as sentenças de maneira mais eficiente. Embora tais sentenças soem artificiais fora de contexto, elas existem em português. Entretanto, algumas línguas – as que não apresentam recursividade – podem gerar somente sentenças como as do primeiro conjunto. À medida que as exigências da complexidade da sociedade aumentam – tais como a de o falante ou o ouvinte interagir com cada vez mais pessoas que eles não conhecem –, aumentam também as exigências da gramática, muito embora cada pareamento entre língua e sociedade deva ser estudado individualmente. É possível que existam gramáticas complexas em sociedades simples ou vice-versa.

Alguém que advoga em favor da mutação para a linguagem teria que explicar por que não há especializações córticas bem estabelecidas para a linguagem ou para a fala, tirando as partes do cérebro que são reaproveitadas para uma variedade de tarefas, como muitos afirmaram.[10] O crescimento do córtex pré-frontal, e ele próprio associado à fabricação de ferramentas e ações sequenciadas, ajudou a preparar o cérebro para a linguagem, provendo a potência cognitiva necessária para as ações, em que procedimentos ou ações sequenciadas são requeridos. Isso é uma forma de exaptação, o reaproveitamento da evolução de algo que evoluiu para uma tarefa para desempenhar uma outra, como na utilização da língua – que evoluiu da ingestão de alimentos para articulação dos sons da fala.

As gramáticas não podem existir sem símbolos. Isso acarreta que, mesmo que as gramáticas refinem o significado dos símbolos, elas devem ser posteriores a eles na evolução da história da linguagem.

Criaturas não humanas parecem usar sintaxe. Portanto, a gramática não é exclusiva aos humanos. Considere Alex, o papagaio que, de acordo com anos de pesquisa de Irene Pepperberg, falava (um pouco de) inglês e conseguia entender até mesmo gramáticas com recursividade e estruturas arbóreas.

Os humanos evoluíram em direção oposta à rigidez cognitiva (um subproduto dos instintos), ao encontro de uma flexibilidade cognitiva e um aprendizado, baseados na cultura local e, até mesmo, nas restrições do meio ambiente. Com base nesses pressupostos, nenhuma das similaridades gramaticais encontradas entre as línguas do mundo existiria em virtude de a gramática ser inata. Ao invés disso, elas indicariam ou pressões funcionais para a comunicação efetiva que vão além da cultura, ou a simples eficiência da transferência de informações. Um exemplo de pressão funcional é o fato de que, na maioria das línguas, preposições com menos conteúdo semântico são mais curtas do que preposições com mais conteúdo, como no contraste entre, digamos, "de" e "a" *versus* "durante" e "desde". Um exemplo de eficiência na transferência de informações é visto no fato de que palavras menos frequentes são mais previsíveis em sua forma do que aquelas que os falantes usam com mais frequência. Então, "regurgitar", um verbo menos frequente, tem uma conjugação simples: "eu regurgito", "você regurgita", "ela regurgita", "nós regurgitamos", "todos regurgitam" (esse princípio geral é conhecido como "Lei de Zipf"). Mas um verbo comum como "ser" é irregular, como em "eu sou", "você é", "ele é", "nós somos", "eles são". Tanto a pressão funcional quanto os requerimentos para transferência de informações otimizam a língua para a melhor comunicação.

Portanto, ao passo que a gramática não foi nem a primeira nem a última na evolução da linguagem humana, ela necessariamente veio depois dos símbolos. Essa conclusão é prevista na evidência de que nas interações humanas o significado vem primeiro; a forma, depois. A gramática, de fato, facilita a transferência de significado, mas ela não é nem necessária nem suficiente para os significados linguísticos.

Então fica a pergunta: se as gramáticas vieram depois, o que veio antes? Basicamente dois avanços fundamentais foram necessários para que o gênero *Homo* se lançasse na rota da linguagem, ambos precedendo a gramática. Nós sabemos disso por causa dos registros fósseis. Os ícones, os índices e os símbolos aparecem nos registros paleoantropológicos *antes* das evidências para gramática, exatamente como a progressão dos signos preveria. Em segundo lugar, o pré-requisito para cultura é mostrado parcialmente na necessidade de intencionalidade e convencionalidade na ocorrência dos símbolos. Por fim, existem línguas sem gramáticas dependentes de estrutura. Ao invés disso, a evolução da linguagem seguiu o caminho da "progressão semiótica" mostrado na Figura 1 e repetido a seguir.

Figura 1 – A progressão semiótica

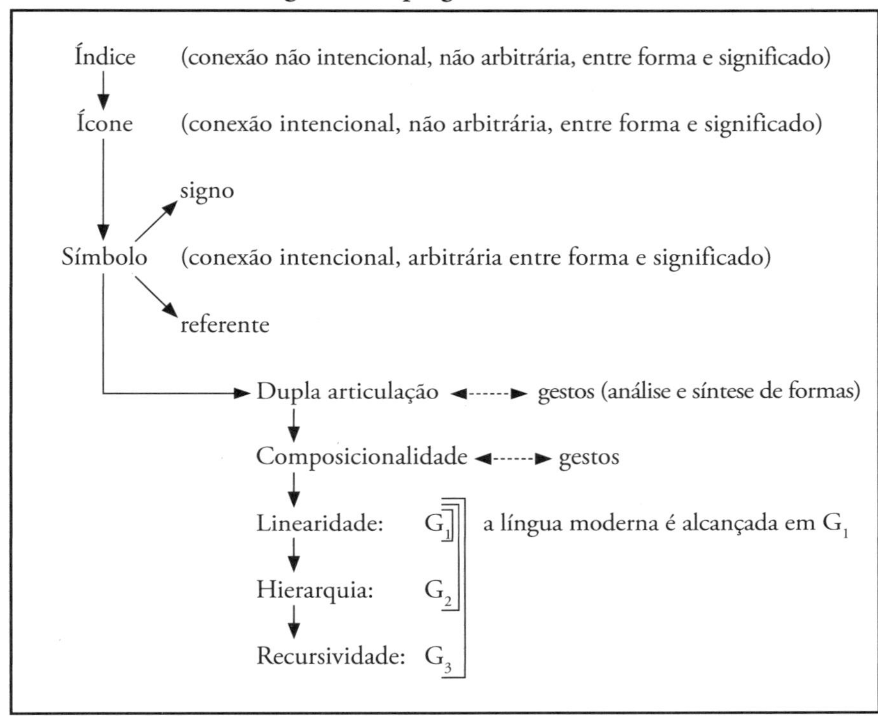

Vejamos com mais detalhe os componentes da semiótica de Peirce apresentados no diagrama, cruciais para a evolução da linguagem. Primeiramente, há os *índices*. Os índices são antigos, precedendo em muito os humanos. Toda espécie animal utiliza símbolos, que são conexões físicas com aquilo que eles representam, tais como cheiros, pegadas, galhos quebrados e fezes. Os índices são ligações não arbitrárias, em grande parte não intencionais, entre forma e significado. Se um animal não conseguisse interpretar índices, então, os leões nunca encontrariam presas, as hienas procurariam carniça em vão e os macacos teriam dificuldade de evitar cobras e *Accipitriformes* (aves de rapina). Pode-se inclusive *cultivar a habilidade* de detectar e reconhecer índices, assim como fazem americanos nativos, rastreadores treinados, caçadores e outros.[11]

É aconselhável desenvolver essa habilidade. Nas minhas primeiras andanças pelas selvas amazônica e mexicana com diferentes povos indígenas, ficou claro que eles usavam índices para saber onde estavam, quais flora e fauna poderiam estar nos seus arredores, onde a água estava localizada e qual direção seria melhor para a caça. As pessoas cheiram, escutam, saboreiam, veem e sentem o seu percurso pela floresta. Aqueles que não estão familiarizados com os índices comuns da selva, muitas vezes, estão alheios aos índices que encontram, tendo visões e sentindo cheiros aleatórios etc., sem identificar sua referência.

O conhecimento aprofundado do significado dos índices locais pode ser referido como conhecimento "êmico" – ou conhecimento interno.[12] Os índices são um degrau fundamental na escada da evolução da comunicação humana. Na medida em que foram enriquecidos pela cultura, sua relevância para a comunicação se tornou ainda maior. Em um certo sentido, os índices são uma forma de comunicação metonímica com a natureza, que é o uso das partes para perceber o todo (tais como as fezes de um veado como um substituto para o veado inteiro e as pegadas de um cavalo para o próprio cavalo). Mesmo se a capacidade de reconhecer e interpretar índices fosse culturalmente adquirida, isso não seria suficiente para construir uma língua. Os índices estão, de forma inseparável, fisicamente conectados com os objetos ou com as criaturas individuais e, por isso, não envolvem arbitrariedade e intencionalidade – dois componentes fundamentais para a linguagem simbólica. Esses índices primitivos têm um papel limitado na linguagem humana porque a conexão cultural entre forma e significado, mais do que necessária, é essencial para a cultura.

A conexão cultural, na ausência de uma conexão física direta ou de uma semelhança entre o significado e a forma associada a ele, aumenta radicalmente o número de formas que pode ser usado para relacionar significados. Em inglês, nós nos referimos a um canino como "*dog*"; em espanhol, como "*perro*"; em português, como "cão". Esses são apenas símbolos arbitrários para caninos, selecionados por essas línguas em particular. Não há nenhuma conexão profunda entre os sons ou as letras de "cão" e o canino doméstico. Essa é simplesmente a forma como ele é chamado em português. Assim, sua forma não é necessária, ela é culturalmente determinada pela convenção. A ausência de arbitrariedade significa, portanto, que os índices não são capazes de servir de base para a linguagem. Mas a arbitrariedade é um passo posterior na progressão semiótica. Ela é precedida pela intencionalidade (as línguas realmente apresentam índices, aos quais a arbitrariedade e a intencionalidade foram adicionadas, indo além dos índices mais primitivos compartilhados pela maioria das espécies; são palavras como "eu", "aqui", "isso" etc.).

A intencionalidade é a propriedade de ser direcionado mentalmente para (ou sobre) alguma coisa. Ela requer uma operação mental ou uma "posição" de atenção direcionada para alguma coisa. A intencionalidade é uma propriedade de todas as mentes animais. Signos icônicos, pinturas, seixos talhados que parecem rostos, ossos que parecem pênis etc. acarretam intencionalmente representações de significados, porque estes são interpretados de modo que se assemelham (em aparência, em som, em gosto, em cheiro etc.) às coisas que eles representam ou as caracterizam (e são normalmente projetados para isso). Esses ícones, tais como o seixo talhado de Makapansgat, o seixo de Arfoud ou a Vênus de Berekhat Ram, mostram alguns dos primeiros passos desde os índices não intencionais até a criação intencional de signos. O objeto é visto através de uma semelhança física. O ícone é "sobre" alguma coisa mesmo ainda que ele não tenha sido criado intencionalmente. Até a arte não icônica, como as esculturas de conchas geométricas de Java, mostradas a seguir, exibe a junção de intencionalidade e representação que é vital para todas as línguas humanas. Quando a intencionalidade e a representação se encontraram em ícones, os humanos foram capazes, pelo menos em princípio, de começar a se comunicar de maneira mais eficiente. Contudo, *emojis* dependem das gramáticas modernas das quais eles surgem, pela sua complexidade de interpretação e de sua organização.

Entre todos os signos, o próximo passo é o mais importante para a linguagem – o símbolo. Por ser *tanto* intencional *quanto* arbitrário, o símbolo representa um avanço muito maior em direção às línguas modernas do que o índice ou o ícone (embora ambos ainda sejam encontrados nas línguas). Ainda que os símbolos sejam, muitas vezes, vistos como palavras, eles podem ser também sentenças inteiras.

Por causa dessa progressão evolutiva, que é gradual e está disseminada pelas espécies *Homo*, ninguém acordou um belo dia falando uma língua moderna e complexa, assim como nenhum grande primata acordou sendo um homem ou uma mulher. Da mesma forma (eu acredito) que ninguém adquiriu instantaneamente a capacidade de realizar, na sua cabeça, operações construídas por uma gramática recursiva, na busca de palavras para alimentar tal operação.

Contudo, os ícones podem modelar as línguas de várias formas para além das meras imagens ou onomatopeias. Existem áreas em que as representações icônicas dos sons são não arbitrárias, componentes culturalmente significativos das línguas humanas. Elas sugerem que os ícones desempenharam um papel na transição para os símbolos que foi extremamente fundamental para a invenção da linguagem. Um exemplo da língua falada pela tribo indígena isolada dos pirahãs da Amazônia no Brasil, que envolve diferenças entre a fala dos homens e a fala das mulheres, ajuda a ilustrar esse ponto.

Em primeiro lugar, as mulheres pirahãs utilizam uma fala mais impressionantemente "gutural" do que os homens. Isso se dá por dois usos culturalmente motivados no trato vocal dos pirahãs. Um é que a maioria dos sons das mulheres pirahãs são articulados na parte mais posterior da boca em relação à fala dos homens. Quando um homem deve produzir um /n/, colocando a língua logo atrás dos dentes superiores, na pronúncia das mulheres, o /n/ leva a língua para a região mais posterior da boca, logo antes do rebordo alveolar no céu da boca (que pode ser sentido ao passar a língua logo atrás dos dentes superiores).

Além disso, as mulheres pirahãs têm um som a menos do que os homens. Enquanto os homens pirahãs têm as consoantes /p/, /t/, /h/, /s/, /b/, /g/ e /ʔ/ (uma oclusiva glotal), as mulheres usam /h/ em vez de /s/. Para os homens, a palavra para refeição feita de mandioca é "ʔágaísi", ao passo que para as mulheres é "ʔágaíhi". Esse uso de uma articulação diferente juntamente com um número diferente de fonemas é a maneira de representar iconicamente, por meio de sons, o estatuto social e o gênero dos falantes. O antropólogo Michael Silverstein, da Universidade de Chicago, estudou esses tipos de fenômeno linguístico, referindo-se a eles como marcadores "indexicais" das relações sociais.

Ao usar sons, os indexicais são parte de um fenômeno mais amplo conhecido como "simbolismo fonético", que também foi estudado por algum tempo. O Instituto Max Planck de Nimegue, na Holanda, dedicou um centro inteiro para o estudo desse fenômeno.

A relevância do simbolismo fonético dos indexicais, do contraste entre a fala dos homens *versus* das mulheres pirahãs etc. para a evolução da linguagem, é encontrada em, pelo menos, dois de seus estágios potenciais. O primeiro é a imitação de sons, que pode criar palavras. Em segundo lugar, o uso do simbolismo fonético pode construir relações sociais e a compreensão da natureza. Enquanto conduzia minha pesquisa entre os banawás, eu gravei alguns homens imitando (ou seja, usando o simbolismo fonético) os sons dos animais que eles caçavam. Semanas depois, mostrei as gravações para os pirahãs, um grupo de caçadores-coletores não relacionado. A resposta deles foi "os banawás conhecem a selva. Eles reproduzem os sons de maneira correta". Esse simbolismo fonético pode ser cultivado (bem como a identificação de todos os índices dos animais e outros componentes do nicho ecológico em que um grupo é encontrado). Mostrar o simbolismo fonético dos banawás para os pirahãs foi suficiente para que eles soubessem que os banawás são mais parecidos com eles do que os norte-americanos (de quem eles nunca ouviram uma imitação animal do seu ambiente com tanta precisão).

No entanto, de acordo com a teoria de Peirce, os índices, os ícones e os símbolos ainda são insuficientes para a linguagem sair do chão. É preciso mais, algo a que Peirce se referiu como "interpretante". É isso que, na essência, torna possível a utilização de um signo de modo a compreender o seu objeto. Para funcionar, a interpretação depende de certos aspectos do signo. Para dar um exemplo, considere o símbolo "boca"; esse símbolo vocabular escrito tem quatro componentes – as letras "b", "o", "c" e "a" – que podem ser usados separadamente, mas, nesse caso, são combinados em uma única palavra do português para se referir à nossa abertura anterior do tubo digestivo. As palavras escritas são restringidas por convenções culturais sobre a forma e sobre a ordem das letras – "b", "o", "c" e "a" – que as compõem. Por essa razão, se alguém girar o "a", para produzir sua imagem espelhada invertida, "ɐ", então, a interpretação da letra e, em última análise, da palavra de que ela faz parte, se perde. Mas escreva um "a" pequeno ou um "a" de três metros de altura e nada da interpretação será perdido. Então, o tamanho não faz parte da interpretação de "boca", embora a orientação da direção das letras faça. A partir disso, vê-se que o símbolo é ele próprio analisado em partes com significado que criam um interpretante.[13] Peirce estava certo mais uma vez.

Claro, a evolução da linguagem também diz respeito à Biologia, e não somente à semiótica ou à cultura. É a Biologia que subjaz às habilidades linguísticas humanas. Ao considerar esse fato óbvio, talvez seja, para alguns, surpreendente e contraintuitivo descobrir que não há nada no nosso corpo que seja dedicado à linguagem. Nem um único órgão. Nada no cérebro. E nada na boca (com exceção da posição da língua). Mas isso não deveria ser um choque. A evolução prefere sempre explorar ou reaproveitar aquilo que já existe em detrimento de criar algo novo. O que subjaz às nossas maravilhosas vozes humanas é uma junção improvisada de partes anatômicas que nós precisamos para outras coisas. Isso nos diz que a linguagem não é um objeto biológico, mas semiótico. Ela não se originou de um gene, mas de uma cultura.

Cada uma das partes do trato vocal tem uma função não relacionada à fala que é mais básica, sob uma perspectiva evolutiva, e que é encontrada em outras espécies de primatas. A linguagem e a fala vieram depois e exploraram os corpos humanos e os cérebros na medida em que a evolução as criou, modificando-as com o passar do tempo. Portanto, não é surpreendente que os mecanismos implicados na linguagem humana, tais como nossas línguas, dentes e o restante, não sejam apenas parte da dotação genética da biologia humana moderna, mas também sejam encontrados em outros animais. Há uma consequência simples da continuidade da evolução pela seleção natural do uniformitarismo. O único aspecto do trato vocal humano que parece, de fato, ter evoluído especificamente para a fala humana é, novamente, o seu *formato*, em virtude da posição e da forma da língua (assunto para o qual voltaremos, em detalhe, mais adiante).

As línguas de sinais também têm muito a nos ensinar a respeito de nossas plataformas cognitivo-cerebrais neuronais. Falantes nativos de línguas de sinais podem se comunicar tão rápida e efetivamente quanto os falantes que usam o trato vocal. Isso significa que o desenvolvimento do nosso cérebro não pode estar exclusivamente conectado aos sons da fala, ou, acima de tudo, todas as outras modalidades e canais de fala seriam inacessíveis ou não seriam tão bons para a linguagem. Parece improvável que cada ser humano venha equipado pela evolução com redes neurais separadas, uma para as línguas de sinais e outra para as línguas orais. Ao invés disso, é mais cauteloso supor que os cérebros humanos são equipados para processar sinais de diferentes modalidades e que as mãos e a boca propiciam as maneiras mais eficientes de expressar fisicamente a linguagem. As línguas de sinais, assim como as línguas faladas ou oral-auriculares, também mostram evidências de agrupamentos de gestos semelhantes às sílabas. Isso quer dizer que os humanos estão predispostos para tais agrupamentos, no sentido de que nossas mentes se prendem rapidamente a agrupamentos como formas mais eficientes de processamento. Isso acaba sendo muito importante para a compreensão dos elementos básicos de como a linguagem opera e como suas operações foram inventadas. Independentemente dessas outras modalidades, permanece o fato de que a fala vocalizada continua sendo o canal exclusivamente usado pela grande maioria das pessoas. E isso é interessante porque, nesse fato, nós vemos a evidência de que a evolução modificou a fisiologia humana para a fala. Embora os humanos possam produzir um conjunto rico de sons, eles não precisam fazer isso, na verdade. Somente pelo uso de uma pequena gama de consoantes (inclusive uma única), mesclada com uma ou mais vogais, todos os significados humanos podem ser comunicados (e, na verdade, poderiam ser comunicados com uma única vogal). Nós sabemos disso porque há línguas modernas que usam muito poucas das distinções entre os sons fornecidas pelo trato vocal moderno.

Os ícones têm uma longa trajetória na história da nossa espécie. Depois dos índices (tais como as pegadas fossilizadas), os ícones (como o seixo de Makapansgat) são os signos mais antigos de que nós temos notícia – *exatamente como Peirce havia previsto*. Eles existiram antes dos símbolos, seguindo as previsões da progressão semiótica. Por mais de três milhões de anos, os *Homini* acumularam ícones visuais, dos *Australopithecus* aos *Homo sapiens*. Esses ícones sugerem que seus possessores compreendiam, muito provavelmente, a conexão entre forma e significado – daquilo cujo ícone é uma representação visual. À luz disso, repare na pedra de 5,08cm por 7,62cm encontrada na caverna de Makapansgat no sul da África (Figura 9).

Figura 9 – Seixo/seixo talhado/godo de Makapansgat

Contudo, esse seixo talhado é muito mais antigo do que o gênero *Homo*. Ele não foi recolhido por nenhuma outra espécie, a não ser a dos *Australopithecus africanus*. Um seixo se destaca entre as ferramentas dentre as quais ele foi encontrado, porque claramente ele não é uma ferramenta, mas algo que foi trazido para a caverna, de outro lugar, quase certamente porque se parecia com um rosto humano. E esse é um tipo de pedra diferente daquelas encontradas na caverna onde ele foi achado. Esse seixo indica que há três milhões de anos os *Hominini* reconheceram as propriedades dos ícones nos objetos à sua volta. Exatamente da mesma maneira como se percebem as propriedades icônicas serpentinas das raízes das árvores na Amazônia, os australopitecíneos de Makapansgat viram a iconicidade em uma rocha com dois recuos circulares sobre o entalhe que passa transversalmente sobre eles.

Alguém pode sugerir que esse seixo, que se parece com um rosto humano, não foi percebido pelo coletor australopitecíneo original, mas que somente os homens modernos olhando para ele, com cérebros maiores e linguagem, reconheceram-no como um símbolo para o rosto humano. Todavia, essa proposição contribuiria para um problema muito mais complexo. Nós temos um seixo talhado entre as ferramentas de pedra em uma caverna ocupada pelos *Australopithecus africanus*, mas embora as ferramentas fossem fabricadas naquele lugar, o seixo talhado não foi. Então ou ele foi *intencionalmente* levado para a caverna ou não foi. E no caso de ele ter sido, por quê? Uma explicação é a seguinte – ele foi levado para aquele lugar porque se parecia com um rosto humano. A outra explicação seria a de que ele foi levado por algum motivo a mais. Mas a sua aparência parece ser a explicação mais simples. A proposição de que ele foi levado para a caverna não intencionalmente, talvez porque estava preso na lama entre os dedos dos pés de alguma criatura que estava voltando para caverna, parece muito menos possível. Então, embora não possa ser provado que o seixo talhado tenha sido levado para a caverna porque se parecia com um rosto, esta parece ser a melhor explicação disponível.

Há 300 mil anos, outro seixo aparece, este – um osso de choco em formato fálico (Figura 10) – foi recolhido pelos *Homo erectus* onde hoje é o Marrocos.

Figura 10 – Seixo de Arfoud

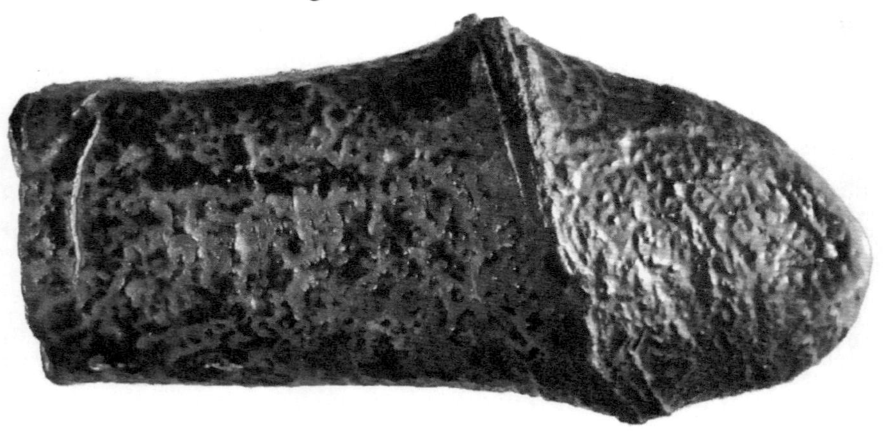

Novamente, o ícone foi intencionalmente apropriado, recolhido e identificado, embora não tenha sido criado intencionalmente. Mas alguém pode perguntar "e agora?". Qual é a relevância de tais objetos icônicos para o desenvolvimento da linguagem? Bem, a resposta depende de quem pergunta. A visão da linguagem de Chomsky como resultado de uma operação recursiva – a de "conectar"*– elimina qualquer relação significativa entre tais ícones ocasionais e o desenvolvimento da própria linguagem, que é meramente um tipo de gramática. Se a linguagem não é nada mais do que um sistema computacional, um conjunto de estruturas embelezado por palavras locais, então um osso fálico de choco claramente não dá conta de aproximar os humanos desse sistema. Por outro lado, se a linguagem tiver a ver com significados e símbolos, em que a computação é nada mais do que um auxílio para a comunicação, então, os ícones se tornaram fundamentais para a reconstrução da evolução da linguagem.

Portanto, as artes, as ferramentas e os símbolos contribuíram para a compreensão um do outro, da Psicologia (que também permite que cada um deles surja) e da "matéria escura" da cultura. A arte é uma forma visual com significado compartilhado; é a comunicação de emoções, de momentos culturais, de ideias etc. por meio do conhecimento cultural tácito compartilhado. É necessário aprender a ver a arte de várias maneiras diferentes para apreciá-la. Se a arte for uma pintura, as pessoas devem aprender a identificar imagens bidimensionais a partir de objetos tridimensionais. Se a arte for uma escultura, elas devem aprender a ver em objetos, que são icônicos ou não muito icônicos, o objeto do mundo real ou imaginário que o artista buscou representar.

As ferramentas, especialmente quando são genéricas e encontradas em diferentes lugares, tais como os "kits" dos humanos primitivos, indicam a existência de problemas, soluções e objetivos compartilhados. Por exemplo, as lanças de Schöningen de 300-400 mil anos de idade (Figura 11) são evidência de cultura entre os *Homo heidelbergensis*, talvez uma forma de *Homo erectus*, e mostram que esses humanos caçavam, usavam força bruta em vez de arremesso, e que eles se dedicavam ao

* N. T.: O autor emprega o termo em inglês "*merge*" ('conectar'), que também aparece usado em textos em português brasileiro. Alternativamente, há trabalhos que empregam o termo "concatenar" para nomear essa mesma operação.

planejamento da caça. Assim, as lanças representam objetivos, conhecimento e técnicas culturais. Portanto, para os membros das culturas que os utilizam, eles são símbolos dessas coisas, especialmente à luz de um conjunto maior de evidências para a cultura *erectus*.

Figura 11 – Uma lança de Schöningen

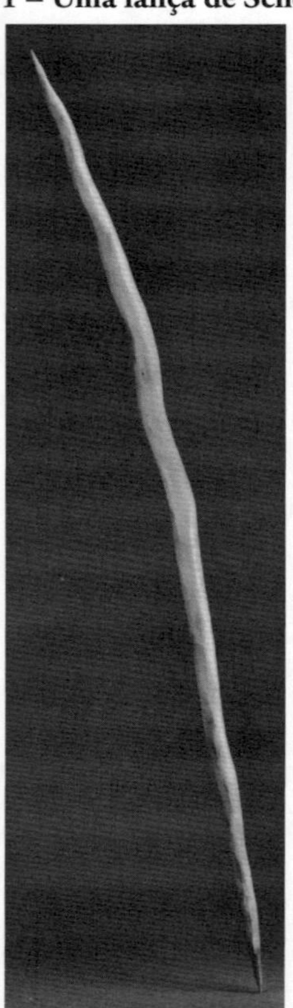

Já que as ferramentas são símbolos, elas também manifestam uma propriedade que os teóricos consideram crucial para a linguagem, conhecida como "deslocamento". Esse termo se refere ao sentido produzido quando o objeto ou o referente evocado não está presente, tal como uma música de que sua mãe gostava e que faz você se lembrar dela quando ela já não está mais por perto. As ferramentas também têm intencionalidade – elas foram o resultado do enfoque mental de seus criadores. Da mesma forma que os símbolos, elas também têm um significado cultural, que representa uma atividade, deslocada da forma e do significado da ferramenta. Uma lança quer dizer "caça", mesmo quando ela não está sendo usada, de fato, para caçar. Por fim, as ferramentas podem mostrar um aspecto dos signos de Peirce – criando o interpretante – no sentido de que somente certas partes das ferramentas estão, no que tange ao significado, conectadas às suas tarefas. A lâmina de uma faca é mais central para o seu significado do que a cor de seu cabo ou mesmo de que material ele é feito. Um machado pode ser oco ou de vários materiais. O que importa é a qualidade da borda para o corte. Essas ferramentas, quando examinadas com cuidado, exibem limites cognitivos de associação com significados que não são totalmente arbitrários (uma vez que a ferramenta não é arbitrária em uma larga medida, já que ela dispõe de um número limitado de opções de modelo para cumprir a tarefa para a qual ela foi projetada), mas ainda suficientemente arbitrária para valer como um símbolo.

Em filmes de faroeste, o vigia da cavalaria é capaz de dizer quais comunidades indígenas fabricaram a flecha que foi encontrada na vítima. "Essa é uma flecha comanche, meu amigo". Essa identificação cultural é, ao mesmo tempo, simbólica, arbitrária, intencional e convencional. Em outras palavras, ela é simbólica. A arbitrariedade é encontrada no estilo, na especificidade cultural de sua tarefa ou nas regulamentações culturais sobre o uso das ferramentas.

Considere agora uma das famosas lanças de Schöningen. Para seus donos originais, elas teriam suscitado pensamentos, então simbolizados, sobre caça, coragem, cuidado com suas famílias e morte. Algumas dessas lanças eram para espetar e não para serem arremessadas. Os homens *erectus* (ou, se preferir, os *heidelbergensis*) tinham que bombear sua testosterona para usá-la contra algum mamute coberto de lã. Corra até ele e enfie sua lança! Um espetador de elefantes. Tal lança está tão impregnada de significado e simbolismo quanto um retrato pintado em alguma caverna francesa.

Um outro exemplo de ferramentas que servem como símbolos vem das conchas esculpidas dos *erectus* em Java (Figura 12).[14] Essas conchas esculpidas são impressionantes não somente por causa da sua idade, mas também por sua localização e pelo artista *Homo erectus* que as criou. Diferentemente de Flores, Java não poderia ter sido alcançada a pé pelos esculpidores de conchas *erectus* através da terra pantanosa da Plataforma de Sunda, hoje submersa.

Figura 12 – Gravura da concha *erectus* de Java

O *design* geométrico das conchas de Java poderia representar simplesmente uma decoração agradável, modelada em parte pelas restrições perceptuais do cérebro que talvez favorecem os desenhos geométricos. Ou essas marcas poderiam ser símbolos cujo significado se perdeu para sempre. Elas podem inclusive representar alguma coisa intermediária entre os ícones e os símbolos, precursores das representações de significado. Eu suspeito que o primeiro palpite esteja correto. Não obstante, nós sabemos que o seu idealizador, um homem ou uma mulher *Homo erectus*, pegou o dente de um tubarão e o pressionou com muita força, de propósito, para gravar essas formas. Note que as linhas são sólidas e contínuas, sem interrupções. Para produzir tais marcas, esse humano ancestral teria que ter pressionado com força suficiente para que o corte atravessasse a camada marrom externa da concha (agora decomposta e ausente) dentro da própria concha branca dura. Ele ou ela teria tido que esculpir sem parar ou as linhas teriam algumas interrupções visíveis. Há intencionalidade nessas marcas.

Independentemente do que esses desenhos indicam, eles são, no mínimo, uma manifestação de atividade intencional, talvez icônica, talvez simbólica – talvez eles representem as ondas de uma viagem pelo mar. Impressionantemente, elas foram feitas cerca de 540 mil anos atrás. As próprias conchas foram usadas como ferramentas de raspagem e corte, talvez até mesmo como armas, da mesma maneira que alguns nativos americanos nos séculos XVII e XVIII as usaram.

Thomas Morgan e seus colegas, em um artigo de 2015, defendem uma forte conexão entre o desenvolvimento das ferramentas e a emergência da linguagem:

> Nossos resultados dão suporte à hipótese de que a confiança dos *Hominini* na fabricação de ferramentas de pedra gerou a seleção para o ensino e para a linguagem e implica que (i) a transmissão social de baixa fidelidade, tais como a imitação/simulação, pode ter contribuído para a estase de ~700 mil anos da tecnologia olduvaiense, e (ii) o ensino ou a protolinguagem podem ter sido pré-requisitos para o surgimento da tecnologia acheuliana. Esse trabalho dá suporte à evolução gradual da linguagem, com uma comunicação simbólica simples que precede a modernidade comportamental em centenas de milhares de anos.[15]

Essa é uma área crescente de pesquisa, conectando a fabricação de ferramentas à evolução da linguagem através do desenvolvimento cerebral. Assim, a presença de ferramentas em uma sociedade, em virtude de elas mesmas poderem ser interpretadas como símbolos, fornece evidências de que os fabricantes de ferramentas tinham alcançado uma forma de representação simbólica, embora ela, às vezes, intensifique o nível de proximidade entre complexidade das ferramentas e complexidade da linguagem.

Ao discutir as ferramentas em relação à linguagem, normalmente se olha para as qualidades culturais que tanto a linguagem quanto as ferramentas exibem, intenções compartilhadas e capacidade de combinar forma e função. Essa é a base conceitual dos símbolos. As ferramentas olduvaienses são as primeiras conhecidas. Elas foram usadas a partir de aproximadamente 2,6 milhões de anos atrás. Tais ferramentas, cujos usos incluíam o de picar, raspar e esmagar, foram provavelmente inventadas pelos *Homo habilis* (se esse nome for aceito como o de uma espécie diferente; uma espécie não *erectus* dentro do gênero *Homo*) ou possivelmente pelos australopitecíneos, mas as ferramentas na Garganta olduvaiense foram claramente transportadas e fabricadas pelos *erectus*. O kit de ferramentas olduvaienses na Figura 6 da página 85 mostra pedras modeladas, de forma rudimentar, para serem usadas como armas e ferramentas, como um martelo ou um biface. Eles não teriam sido instrumentos precisos comparados às ferramentas que vieram posteriormente, mas representam um passo em direção à tecnologia *Hominini*, servindo talvez como precursoras da cultura.

Para produzir uma ferramenta olduvaiense, uma "forma nuclear" é golpeada na sua borda por um "talhador" arredondando. Esse golpe produz uma lasca fina e afiada, deixando fraturas concoides no núcleo lítico, como visto na imagem. As lascas são, muitas vezes, retrabalhadas para outros propósitos.

A fabricação de ferramentas requer planejamento, imaginação (tendo uma imagem de como deve ser a ferramenta depois de terminada) e, pelo menos de vez em quando, comunicação de algum tipo para instruir os outros sobre como fabricar as ferramentas. As operações sequenciais recorrem ao córtex pré-frontal e produzem uma pressão de seleção *cultural* por maior potência do córtex e uma maior esperteza. Independentemente de como essa pressão tenha funcionado, o córtex pré-frontal mais acentuado dos primeiros fabricantes de ferramentas *Homo*, em relação aos australopitecíneos, pode ter sido uma resposta a tal pressão. Portanto, não surpreendentemente, há cerca de 1,76 milhão de anos, mais ou menos 300 mil anos depois do surgimento dos *Homo erectus*, as ferramentas olduvaienses juntaram-se a outras ferramentas fabricadas pelos *erectus*, em particular, um novo tipo de ferramentas, da cultura "acheuliana" (Figura 13). Muitas pessoas sugerem que esse longo e misterioso período sem inovação, muito mais longo do que (embora ainda evoque) a Idade das Trevas na Europa, se deve à "baixa fidelidade de transmissão social". Em outras palavras, em virtude de os *erectus* não possuírem linguagem. Mas essa não é uma inferência necessária. O conservadorismo cultural é uma força comum e poderosa. É sempre mais fácil imitar do que inovar, especialmente se uma cultura desencoraja inovação, como ainda é comum ao redor do mundo.

Figura 13 – Ferramentas acheulianas

Se os *erectus*, de fato, possuíssem linguagem, haveria um problema para minha teoria sobre as conquistas linguísticas dos *erectus* (qual seja, a de que levou centenas de milhares de anos para os *erectus* desenvolverem o avanço tecnológico das ferramentas acheulianas)? É possível que isso esteja correto; que, embora os *erectus* tenham inventado as ferramentas e os símbolos durante a primeira revolução cognitiva – e, muito provavelmente, linguística – cerca de 1,9 milhão de anos atrás, foi preciso mais 600 mil anos aproximadamente de evolução seguida de invenção para obter a linguagem. O respeitado paleontólogo Ian Tattersall faz a mesma sugestão em vários trabalhos. Não obstante, essa conclusão pessimista não procede.

Sabemos que as culturas humanas, mesmo no século XXI, são resistentes à mudança. A imitação é fortemente favorecida em detrimento da inovação, quando o que está sendo imitado ainda funciona bem, como muitos antropólogos afirmaram.[16] Esse atraso pode ser resultado da ausência de desenvolvimento linguístico ou cognitivo. Mas ele também pode ter sido resultado de um princípio quase universal de "satisfação". Em outras palavras, a natureza tende a se satisfazer com o que é "bom o suficiente", não se esforçando para aquilo que é melhor.[17] Ou o conservadorismo religioso. É surpreendentemente um período longo, de fato. Mas essa "lacuna de inovação" não torna óbvias essas explicações. E à luz de todas as outras evidências, ela não altera a hipótese de que os *Homo erectus* inventaram a linguagem.

Apesar do grande atraso, os *erectus*, finalmente, aprimoraram o seu kit de ferramentas olduvaienses. Embora as ferramentas olduvaienses e acheulianas se sobrepusessem no seu uso pelos *Hominini* precedentes, as ferramentas acheulianas eram mais avançadas. Elas foram levadas da África para a Europa pelos *Homo erectus*, sendo a Espanha o seu primeiro destino europeu, há cerca de 900 mil anos. As ferramentas acheulianas não foram criadas exclusivamente batendo uma pedra sobre a outra, assim como as ferramentas olduvaienses. Elas também envolviam um processo de modelagem depois de serem lascadas, usando ossos, chifres, madeira e outras ferramentas que proporcionavam ao fabricante maior controle. Além disso, os fabricantes de ferramentas acheulianas preferiam usar as partes centrais em vez das lascas como ferramentas primárias. Então, elas foram um avanço em relação às ferramentas olduvaienses, mas também um complemento delas.

Com base na tecnologia acheuliana, os *erectus* acrescentaram outras melhorias inovadoras para desenvolver a técnica *levallois* mais avançada (cerca de 500 mil anos atrás). Entretanto, na disseminação de todas essas ferramentas, nós vemos comunicação, se não na instrução explícita ou linguística, na apresentação das próprias ferramentas para os outros *Hominini*, na medida em que elas eram disseminadas e seu uso e seus modelos se tornavam conhecidos e copiados.

A técnica *levallois* demandava um trabalho refinado com as bordas da forma nuclear, seguido de uma batida final que fazia com que emergissem as lascas, pré-moldadas pelas primeiras batidas. Essas ferramentas eram, muitas vezes, feitas de sílex, um material mais fácil de trabalhar, e, então, tinham bordas mais precisas, como vemos na Figura 14.

Figura 14 – Ferramentas desenvolvidas com a técnica *levallois*

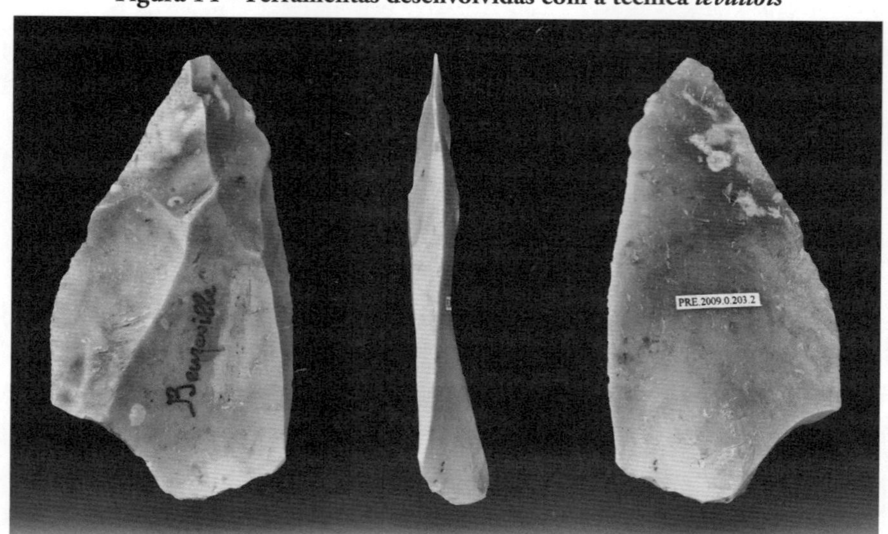

A complexidade e uniformidade das ferramentas desenvolvidas com a técnica *levallois* leva alguns a argumentarem que a linguagem está envolvida na sua fabricação, com vistas a explicar a correção dos erros, que se assumiu ter sido necessária. Mas falar não é absolutamente necessário. Às vezes, o aprendizado é uma questão de observação, seguido de tentativa e erro, de um olhar atento, com pouquíssima comunicação verbal requerida, mesmo nas sociedades modernas. Todavia, alguma forma de comunicação avançada parece realmente ser necessária para dar algum tipo de retorno, mesmo em um treinamento com o mínimo de linguagem. Além disso, não há dúvidas de que a fabricação de ferramentas, em conjunto, e a correção de técnicas errôneas por parte dos aprendizes teriam favorecido o desenvolvimento da linguagem por causa da instrução. E isso teria ocorrido com os primeiros *Hominini* para produzir, de fato, uma arte geométrica e intencionalmente icônica. A ideia de que os *erectus* eram capazes de algum tipo de comunicação sofisticada, tal como, pelo menos uma língua G_1, é corroborada não somente por sua arte e por suas ferramentas, mas também por suas viagens. Assim é difícil acreditar que eles tenham viajado pela terra e pelo mar e desenvolvido seus padrões de assentamento sem comunicação simbólica.

Alguns pesquisadores sugerem que os ícones, tais como o seixo talhado de Makapansgat e o seixo de Arfoud, podem ter levado a novos trajetos neurais para identificar que uma coisa pode representar outra. As evidências parecem muito escassas para justificar essa afirmação, embora eu concorde que novas maneiras de pensar possam levar a novas pressões evolutivas sobre o cérebro. Isso pode aumentar a capacidade para compreender representações mais complexas do que meros índices. Mais significativamente, os seixos icônicos podem ter levado a uma mudança cultural, muito antes de uma mudança cerebral.

Uma evidência adicional interessante na evolução da simbolização vem da arte primitiva, tal como a Vênus de Berekhat Ram, de 250 mil anos de idade (Figura 15). Alguns negam que isso seja arte, afirmando que ela não é nada mais do que uma pedra portadora de semelhança com os humanos, da mesma forma que o exemplo de Makapansgat. Contudo, para alguns especialistas, elas mostram evidências, sob um exame cuidadoso, de terem sido manualmente modificadas para ficarem mais parecidas com Vênus. E há alguma indicação de que ocre vermelho tenha sido adicionado à pedra como forma de decoração. Embora ela possa não ter sido, por completo, uma *obra de arte* espontânea nesse sentido, as evidências sugerem fortemente que ela é a obra de arte existente mais antiga do mundo, ou porque foi esculpida do zero, ou porque é uma formação natural modificada pelo homem.

Figura 15 – Vênus de Berekhat Ram

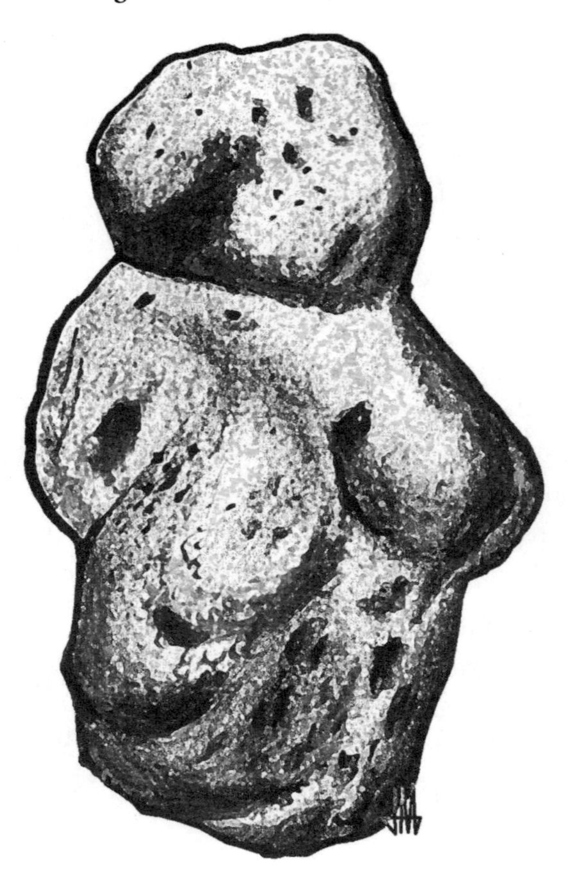

O salto de índice ou ícone para símbolo é um passo relativamente pequeno no que diz respeito ao desenvolvimento conceitual, embora gigante no que tange à evolução da linguagem. No meu primeiro contato com a floresta tropical, eu constantemente tomava cuidado com as cobras. Qualquer raiz tumescente que "cruzava" meu caminho, particularmente coberto por folhas, me parecia, no primeiro momento, uma ameaçadora serpente contorcida e somente depois alguma planta inerte. Talvez ao narrar experiências similares, dois amigos *erectus* poderiam ter passado a reinterpretar as raízes como ícones para cobras, e até

mesmo, por fim, como símbolos para cobras (uma evolução similar é vista na comparação dos hieróglifos egípcios antigos com os modernos ou no sistema de escrita do chinês – os ícones se tornaram símbolos, ou seja, mais arbitrários com o passar do tempo).

Os símbolos surgem naturalmente dentro de mentes imersas em culturas, capazes de aprender, reter e integrar conhecimento em um sentido de entidade pessoal e coletiva. Um exemplo, recém-dado, é como a mente faz uso dos erros talvez se deslocando de percepções errôneas de ícones para símbolos, uma imagem "correspondendo" à outra.

Mas elas também surgem da adaptação do natural ao convencional, na cultura. Um tratamento desse caminho em direção à simbolização é proposto pelo antropólogo Greg Urban. Em seu trabalho sobre lamentação ritualizada nas línguas jê do Brasil, Urban defende que o choro natural foi culturalmente transformado em choro ritualizado. Isso ilustraria uma transformação de sons naturais emocionalmente reativos em uma forma de "manipulação vocal estratégica", uma forma de representação icônica do estado emocional de tristeza. Além disso, ele afirma que "os artifícios vocais estratégicos em primatas não humanos são possíveis precursores dos verdadeiros metassinais, socialmente construídos e compartilhados, que, por sua vez, podem ser os ancestrais das línguas humanas modernas". Embora os ícones criados recentemente sejam insuficientes para a linguagem simbólica, eles parecem realmente oferecer uma fonte distinta e natural de desenvolvimento de representações e, assim, uma fonte para a invenção dos símbolos.[18]

Outra área em que os símbolos emergem é a de rastreamento das relações sociais. A maioria dos primatas, entre muitas outras criaturas, elaboraram princípios de organização social, por meio do parentesco, tais como poliandria, poligamia, relações de dominância, casamento entre primos cruzados e casamento entre primos paralelos. Esses conceitos são aprendidos por meio de interações, baseadas inicialmente na oposição física, tais como masculino *versus* feminino, forte *versus* fraco, maleável *versus* não maleável ou mãe *versus* filho. À medida que as pessoas usam conceitos, elas passam a entendê-los. Então, alguém pode dizer, com precisão, que mesmo sem linguagem, muitos animais usam algo como conceitos, na medida em que eles negociam a sua posição através de relações sociais. O monitoramento de tais relações teria aumentado as pressões culturais e de seleção cognitiva para os símbolos, conforme alguns antropólogos afirmam, na verdade.

Numerosos pesquisadores escreveram sobre a evolução simbólica. No entanto, embora esclarecedoras, essas discussões compartilham uma lacuna em comum, a conexão entre evolução dos símbolos e gramática para uma teoria bem desenvolvida de cultura. Tem sido afirmado que os símbolos de *status* (tais como os tênis esportivos caros) têm pouco a ver com símbolos linguísticos. Se correto, isso significaria que o uso dos símbolos de *status* pela cultura não está relacionado a se eles têm símbolos, tais como palavras. A interpretação mais parcimoniosa dos ornamentos personalizados encontrados nas zonas de sepultamento dos *erectus* é a de que eles não são nada mais do que marcadores de *status*. Parte do motivo pelo qual os pesquisadores rejeitam a relevância linguística potencial dos símbolos de *status* é porque eles afirmam que tais símbolos carecem de "deslocamento" – uma referência a algo ausente do contexto imediato. Já que nós normalmente falamos sobre coisas que podem ou não existir, em outras épocas ou lugares, o deslocamento é um aspecto fundamental da linguagem humana.

Em outras palavras, roupas e joias não representam nada além do gosto e do *status* de uma pessoa no contexto imediato. Mas uma reflexão rápida revela que essa informação está incorreta. Falta uma análise adequada da cultura. O *status* não é nem inerente aos ornamentos nem aos indivíduos, e os ornamentos não outorgam *status*. Se alguém encontra a coroa real, colocá-la na cabeça não só não faz dele um monarca como também o sujeita a um rebaixamento de seu *status* sob acusação de ser um impostor. O *status* provém da cultura. Os símbolos de *status* são signos sociais. Eles são signos dependentes do seu significado a respeito de valores abstratos, deslocados e culturais. Assim, embora seja correto dizer que símbolos de *status* não são símbolos linguísticos, tanto símbolos de *status* quanto linguísticos são arbitrários, socialmente indexicais e deslocados. Portanto, eles são parentes contextuais. Ter um está relacionado a ter o outro. Seria esperado que eles ocorressem juntos na mesma sociedade em um nível relevante de complexidade ou simplicidade conceitual.

O deslocamento, o elemento que alguns afirmam estar faltando nos símbolos de *status*, está, ele mesmo, sujeito a restrições culturais. O componente crucial para o desenvolvimento dos símbolos não é o deslocamento, pelo menos não mais do que são a arbitrariedade e a intencionalidade. Mas o deslocamento está presente tanto nos símbolos de *status* quanto nas ferramentas. Ambos os tipos de artefatos se referem a entidades abstratas que incluem os valores culturais, os papéis sociais e o conhecimento estruturado que estão presentes nas mentes de todos os membros de uma cultura.

Qual é o caminho evolutivo geral para o desenvolvimento dos símbolos? Para retomar o exemplo da raiz que cruza o chão da selva, quando eu via ramos ou raízes, nas vezes em que eu andava pela selva, preocupado que eles pudessem ser uma cobra, eu dava um pulo para trás se eu já não tivesse dado uma boa olhada neles. Essa associação errônea de uma coisa por outra pode levar, posteriormente, ao uso intencional do objeto da falsa impressão a representar a coisa a que ele estava incorretamente associado. Alguém poderia desenhar uma raiz, com o significado de uma cobra ou usar a palavra "raiz" para querer dizer "cobra". Como os primeiros sistemas de escrita em hieróglifos de diferentes partes do mundo mostram, esse uso de representações, baseado na semelhança, pode evoluir de tal forma que toda semelhança se perca, levando assim de um uso intencional a um símbolo intencionalmente arbitrário. E, exatamente da mesma forma como isso aconteceu com os sistemas de escrita, é possível que tenha acontecido com os sistemas de fala, com diferentes combinações de sons se tornando convenções associadas a um significado particular.

Na pesquisa de psicólogos e antropólogos evolutivos, encontram-se argumentos para o efeito de que o desenvolvimento das relações de parentesco teria criado conceitos que precisam de formas. Ou seja, as relações de parentesco exercem pressão sobre os humanos para irem além dos ícones, para inventarem símbolos. Os conceitos seguem procurando formas para servir como intercâmbio cultural. Eu tenho pai. Como eu comunicaria isso a você? Como eu diria "pai"? Mas e se, como muitos pesquisadores acreditam, animais não humanos também têm conceitos, então por que os animais não desenvolvem símbolos? Alguém poderia responder que os animais carecem do gene da linguagem, mas simplesmente deslocar a explicação para o nível da evolução do gene em detrimento da evolução dos símbolos não é muito esclarecedor.

Enquanto não houver evidência de um gene específico para a linguagem (o frequentemente citado gene FOXP2 com certeza não é, embora seja, muitas vezes, dito que seja), já se sabe muita coisa a respeito da evolução da inteligência humana e está claro que os humanos são mais inteligentes do que as criaturas que não usam símbolos.[19] Assim, tanto uma gama mais rica de conceitos que requerem símbolos quanto uma inteligência mais rica e mais inventiva teriam estado sob pressão para encontrarem, em conjunto, uma seleção para a comunicação por conceitos. Os símbolos linguísticos emergem para satisfazer necessidades à medida que as culturas se desenvolvem, e eles podem surgir de símbolos de *status*, símbolos de sepultamento e outros semelhantes.

O antropólogo Michael Silverstein analisa as propriedades recursivas do pensamento humano quando aplicadas ao uso da linguagem na representação do significado cultural, simultaneamente em múltiplos níveis. Um outro pesquisador que explora temas similares, explicitamente ligados ao pensamento recursivo (pensar sobre o processo de pensar ou pensamentos sobre pensamentos) que subjaz à cognição humana, é Stephen C. Levinson.

Entretanto, Peirce antecipou-se em relação tanto a Levinson quanto a Silverstein ao propor que símbolos são construídos a partir de outros símbolos. Nos escritos de Peirce, o termo "semiose infinita" quer dizer que não há limite para o número de símbolos disponíveis às línguas humanas. Por sua vez, isso está baseado na visão de que os signos são multifuncionais. Cada signo determina um interpretante, mas um interpretante é também um signo, então, cada signo incorpora um segundo signo. Esse é um tipo de recursividade conceitual, conceitos dentro de conceitos, e representa um passo gigante em direção à comunicação humana. Isso quer dizer que uma cadeia de signos sempre contém outros signos. De acordo com Peirce, isso pode ser entendido quando nós vemos o infinito, mesmo em uma simples sequência como:

$$\text{signo}_1 \text{ / interpretante}_1 \rightarrow \text{signo}_2 \text{ / interpretante}_2\ldots \rightarrow \text{signo}_n$$

Essa representação parece finita até que nós percebamos que signo_n não pode ser o fim, porque se carece de um interpretante, ele não é um signo. Da mesma forma, signo_1 não pode realmente ser o início porque, por definição, ele está conectado a um interpretante de um signo anterior. Então, não há início nem fim para símbolos e signos. O processo que os cria é infinito porque é recursivo. Qualquer signo aleatório é sempre parcialmente composto por outro signo.

A origem e a composição dos símbolos que nós estivemos discutindo destaca o fato de que, assim como quaisquer outras funções biológicas, a linguagem humana não é simples. A linguagem surge da interação entre significado (semântica), condições sobre como ela é usada (pragmática), propriedades físicas do seu inventário de sons (fonética), gramática, fonologia (a estrutura de sons), morfologia (a maneira como a língua cria palavras, usando prefixos e sufixos ou mesmo sem usar nenhum elemento) e organização de suas histórias e conversas. Ainda assim, mesmo depois de tudo isso, existe algo a mais. A linguagem como um todo é maior do que a soma de suas partes. Quando nós ouvimos nossa língua materna, não ouvimos gramática nem sons particulares, nem significados, nós escutamos e instantaneamente entendemos o que está sendo dito, como um todo, individualmente e em conjunto em uma conversa ou em uma história.

A gramática não só é importante para a linguagem cumprir sua função de construção de cultura, como também nos ajuda a pensar claramente. Ainda assim, apesar de muitos linguistas entenderem a gramática como um sinônimo de linguagem, a própria gramática não é mais importante do que qualquer outro componente da linguagem.

Há várias razões para rejeitar a ideia de que a gramática é central na linguagem. Primeira: línguas como o pirahã e o riau (Indonésia) são línguas faladas atualmente que parecem não possuir qualquer gramática hierárquica. Suas "gramáticas" são pouco mais do que palavras arranjadas como grânulos em uma cadeia, e não estruturadas como agrupamentos dentro de agrupamentos.[20] Segunda: há um bom número de evidências de que os símbolos evoluíram muito antes da gramática na história da linguagem humana. Terceira: gramáticas hierárquicas, quando são encontradas, são pouco mais do que subprodutos. Há vantagens de processamento independentes de uma hierarquia, bastante conhecidas na comunidade da ciência da computação, como Herbert Simon disse. A organização hierárquica ajuda imensamente no processamento e na recuperação de qualquer tipo de informação, e não simplesmente as informações encontradas nas línguas humanas. Uma quarta razão para rejeitar a ideia de que qualquer tipo de estrutura é central para a linguagem é a de que as criaturas não humanas parecem usar sintaxe. Os animais que usam alguma forma de estrutura linguística incluem Alex, o papagaio, e Koko, a gorila.[21] Sua sintaxe não é nem claramente hierárquica nem recursiva; não obstante, eles utilizam uma compreensão baseada na estrutura. Quinta: os humanos evoluíram muito além da rigidez cognitiva. Os animais precisam de instintos, porque eles não têm flexibilidade cognitiva. Mas esse é o oposto da direção que a evolução humana tomou, em direção à linguagem e à flexibilidade cognitiva em detrimento de um comportamento guiado pelo instinto, como encontramos em outros animais. O que os humanos sabem e aquilo que aprendem estão baseados na cultural local e mesmo nas restrições do meio ambiente.[22] Eles são livres para desenvolver estruturas muito diferentes não programadas geneticamente. As similaridades encontradas nas línguas do mundo nos diriam algo sobre como funciona a comunicação humana, e não sobre a evolução humana ou sobre a programação dos instintos da linguagem humana.

Então, o que os *Homo erectus* inventaram? Símbolos. E eles estão apenas a um salto de distância da linguagem. Com o passar do tempo, as unidades de forma e significado dos *erectus* teriam sido ordenadas, talvez estruturadas e, por fim, estariam produzindo as estruturas mais avançadas de todas, como nas línguas modernas. Mas como os humanos fizeram isso quando outras criaturas não conseguiram? A resposta é fácil. Todas as invenções humanas e a linguagem estão subscritas no cérebro humano e são modeladas e aprimoradas por ele. Em um tratamento imparcial, a linguagem quitou sua dívida com o cérebro, ajudando-o a ficar mais inteligente, colocando pressões culturais e de seleção sexual sobre os humanos para se comunicarem melhor.

Assim, as evidências dão suporte considerável à afirmação de que os *Homo erectus* possuíam linguagem: evidências de cultura – valores, estruturas de conhecimento e organização social –; o uso de ferramentas e melhorias (ainda que lentamente, se comparado aos *Homo sapiens*); exploração da terra e do mar, indo para além do que poderia ser visto até o que poderia ser imaginado; e símbolos – nas formas de decoração e ferramentas. Somente a linguagem é capaz de explicar a revolução cognitiva dos *Homo erectus*.

A linguagem evoluiu relativamente rápido depois do aparecimento dos primeiros símbolos. Mas os benefícios da comunicação dos *Hominini* cresceram, da mesma forma que os processos evolutivos para produzir sons mais claros, discursos mais longos e conversas mais envolventes. A história da evolução da linguagem humana não pode ser contada completamente sem a compreensão de como os *Hominini* evoluíram, do ponto de vista psicológico, para dar suporte a uma comunicação mais complexa e mais eficiente.

Por essa razão, nós precisamos falar um pouco mais sobre a evolução dos nossos cérebros e das nossas capacidades vocais.

NOTAS

[1] Se os estudiosos de Peirce discordam da minha interpretação, então, é nesse ponto em que eu divirjo ligeiramente dele.

[2] Essa última frase, na verdade, é uma expressão que significa que alguém partiu apressado. Durante o período da ditadura militar no Brasil (1964-1984), foi também uma frase ousada, porque, se algum cidadão fosse pego sem documento, ele poderia ser preso, e até mesmo torturado, caso tivesse os antecedentes políticos inadequados.

[3] Retirado do meu livro *Dark Matter of the Mind: The Culturally Articulated Unconscious*, University of Chicago Press, 2016.

[4] A resenha da revolução de Chomsky, feita por Searle (1972), no *New York Review of Books* está disponível em www.nybooks.com/articles/1972/06/29/a-special-supplement-chomskysrevolution-in-lingui/.

[5] No *Stone Tools in Human Evolution: Behavioral Differences among Technologic Primates* (Cambridge University Press, 2016), por exemplo, o paleoantropólogo John Shea discute as conexões entre ferramentas e linguagem.

[6] Esse trecho foi retirado de *Birdsong, Speech and Language: Exploring the Evolution of Mind and Brain*, de Johan J. Bolhuis e Martin Everaert (eds.), Cambridge: MIT Press, 2015, p. 729.

[7] S. T. Piantadosi, H. Tily e E. Gibson, "The Communicative Function of Ambiguity in Language", *Cognition* 122(3), 2012: 280–291; doi: 10.1016/j.cognition.2011.10.004.

[8] Supondo que existissem *Homo sapiens* sem linguagem há 50 mil anos, o período do salto evolutivo para adquirirmos a operação de conectar, hipotetizado por Berwick e Chomsky, que é mais ou menos quando a capacidade para a recursividade entrou nos cérebros e nas línguas humanas, então não haveria razão para que não houvesse ainda grupos de humanos sem linguagem, isto é, sem pensamento ou expressão recursivos. Esta parece uma previsão estranha, mas deveria ser fácil de verificar. Encontrar humanos que não só carecem de linguagem recursiva, mas que também sejam completamente incapazes de compreendê-la ou produzi-la seria de uma ajuda impressionante em favor da teoria da recursividade/GU para a origem da linguagem.

[9] Cf., por exemplo, *Why Only Us? Language and Evolution* (Cambridge, MA: MIT Press, 2016; edição brasileira: *Por que apenas nós? – Linguagem e evolução*. Trads. Gabriel de Ávila Othero e Luisandro Mendes Souza. São Paulo: Ed. Unesp, 2017), de Robert C. Berwick e Noam Chomsky; *Structures Not Strings: Linguistics as Part of the Cognitive Sciences*, de Martin B. Everaert et al., em *Trends in Cognitive Sciences*, 19(12), 2015, pp. 729-743, um prolegômeno, eu espero, que complementa outros trabalhos empíricos; cf. também *The Oxford Handbook of Language Evolution*, de Maggie Tallerman e Kethleen R. Gibson (eds.) (Oxford University Press, 2012); "Culture Shapes the Evolution of Cognition", de B. Thompson, S. Kirby e K. Smith em *Proceedings of the National Academy of Sciences of the United States of America* 113(16), 2016, pp. 4.530-4.535; e *The Origins of Meaning: Language in the Light of Evolution*, de James R. Hurford (Oxford University Press, 2011).

[10] Tal como Michael Anderson em seu livro *After Phrenology: Neural Reuse and the Interactive Brain* (Cambridge, MIT Press), e Stanislas Dehaene em *Reading in the Brain* (New York: Viking, 2009).

[11] Não há língua que tenha significado sem convenção. Contudo, convenções implicam culturas (cf. meu livro *Dark Matter of the Mind: The Culturally Articulated Unconscious*), uma vez que são acordos culturais gerais, tais como os significados das palavras. Por fim, há o pensamento animal – se nós dizemos que a linguagem é dependente de estrutura e que é uma condição necessária para o pensamento (em oposição a

ser meramente o aprimoramento do pensamento), então, não estamos só afirmando que outros *Hominini* não pensavam, mas também que nenhuma outra criatura pensa, já que estas não dispõem da operação que constrói estruturas, a qual Chomsky propõe como sendo uma das bases da linguagem que ele chama de "operação de conectar".

[12] Esses termos vêm do trabalho do linguista antropológico americano Kenneth L. Pike, *Language in Relation to a Unified Theory of the Structure of Human Behavior*, 2. ed. rev., The Hague/Paris, Mouton & Co., 1967.

[13] Assim como muitos dos termos de Peirce, "interpretante" tem muitos significados potencialmente diferentes, incluindo os conceitos de como o termo seria traduzido e de como ele poderia ser interpretado. Eu me refiro apenas a um pequeno aspecto da rede complexa de significados que Peirce pretendia designar com esse termo. O termo significa muito mais do que eu discuto neste livro.

[14] www.zmescience.com/science/archaeology/homo-erectus-shell-04122014/.

[15] T. J. H. Morgan et al., "Experimental Evidence for the Co-evolution of Hominini Tool-making, Teaching and Language", *Nature Communications* 6, 2015: 6029; doi: 10.1038/ncomms7029.

[16] Robert Boyd e Peter Richerson são os principais nomes da discussão sobre os papéis da imitação *versus* inovação na evolução cultural e são autores de muitos livros sobre esse debate. Por exemplo, cf. *The Origin and Evolution of Cultures* (Oxford University Press, 2005) ou *Culture and Evolutionary Process* (University of Chicago Press, 1988), ambos de sua autoria.

[17] O termo "satisfação" vem do trabalho do economista, ganhador do prêmio de Nobel em 1962, Herbert Simon. Cf., por exemplo, "The Architecture of Complexity", *Proceedings of the American Philosophical Society* 106(6), pp. 467-482, e seu livro de 1947 *Administrative Behavior: A Study of Decision-Making Processes in Administrative Organization* (New York: Macmillan).

[18] Greg Urban, "Metasigniling and Language Origins", *American Anthropologist*, New Series, 104(1), 2002, pp. 233-246.

[19] "Não é possível que houvesse qualquer mutação causando a origem da linguagem, ou mesmo da fala, como visto na relação complexa entre FOXP2 e CNTNAP2 e no fato de que FOXP2 regula várias centenas de genes, incluindo muitos que têm funções não relacionadas à linguagem [...]", Karl C. Diller e Rebecca L. Cann, "The Innateness of Language: A View from Genetics", em Andrew D. M. Smith, Marieke Schouwstra, Bart de Boer and Kenny Smith (eds.), *Proceedings of the 8th International Conference on the Evolution of Language*, Singapore, World Scientific, 2010, pp. 107-115.

[20] Aqueles que se interessam por uma análise do pirahã, com ausência de gramática, devem consultar Richard Frutrell et al., "A Corpus Investigation of Syntactic Embedding in Pirahã", disponível em: http://journals.plos.org/plosone/article?id=10.1371/journal.pone.0145289.

[21] Koko era uma gorila da planície ocidental que aprendeu muito da língua de sinais americana. Sua cuidadora, Francine Patterson, afirma que Koko podia usar, com precisão, mil sinais, e que ela conseguia compreender duas mil palavras do inglês. Alex era um papagaio-cinzento africano estudado por mais de trinta anos pela psicóloga animal Irene Pepperberg. Afirmava-se que Alex tinha raciocínio e habilidades linguísticas semelhantes aos golfinhos e aos grandes símios. Pepperberg afirmou que Alex poderia entender, de fato, a língua recursiva G_3, o inglês.

[22] Caleb Everett fundamentou essa conclusão em uma pesquisa extensiva sobre a interação entre clima, altitude e umidade nos sistemas de sons dos humanos – e suas fonologias. Cf. "Leituras sugeridas" neste livro.

PARTE DOIS

ADAPTAÇÕES BIOLÓGICAS HUMANAS PARA A LINGUAGEM

Os humanos desenvolvem um cérebro melhor

Espantalho: Você acha que, se eu fosse com você, esse mago me daria um cérebro?
Dorothy: Não sei dizer. Mas mesmo se você não fosse, não ficaria pior do que está agora.
Espantalho: Sim, verdade.

O mágico de Oz

Se o Espantalho não fosse um personagem fictício, ele não poderia ter sido, ao mesmo tempo, acéfalo e capaz de falar. Os humanos, com certeza, não seriam capazes de participar de conversas se não tivessem um cérebro. Mas é de se questionar se o pobre e fictício Espantalho sabia o que estava pedindo. Se pudesse falar sem um cérebro, ele provavelmente estaria melhor sem ele. Isso porque, ao passo que os cérebros são, de fato, a fonte do amor, do compartilhamento, da música, da beleza, da ciência e da arte, eles também são a origem do terrorismo, da intolerância, da guerra e do machismo. O cérebro é, ao mesmo tempo, a razão de nossas maiores conquistas e a fonte de nossos maiores fracassos enquanto espécie. Mas a evolução não se importa com sucesso ou fracasso no sentido cultural e certamente não se importa diretamente com o mal ou com a beleza. A evolução diz respeito à sobrevivência física do mais apto.

O cérebro *Hominini* cresceu e se desenvolveu por mais de sete milhões de anos, dos *Sahelanthropus tchadensis* aos *Homo sapiens*, cerca de

200 mil anos atrás. Aí o crescimento e o desenvolvimento do cérebro parecem ter se interrompido. Não há evidências claras da evolução no tamanho do cérebro *Homo* desde que os primeiros *sapiens* saíram da África. Se os *Homo sapiens* fossem mais espertos do que os *Homo erectus* e os *Homo neanderthalensis*, 200 mil anos atrás, por que os humanos de hoje não são mais espertos do que os primeiros *sapiens* que saíram da África, como as evidências sugerem? Isso pode ser devido a um certo número de fatores. Pode ser que não tenha havido tempo suficiente para o cérebro ter se desenvolvido depois que os primeiros *sapiens* apareceram; 200 mil anos é um período curto de tempo em uma varredura da história evolutiva. Por outro lado, de acordo com algumas teorias, os *Homo neanderthalensis* surgiram dos *Homo heidelbergensis* em somente 100 mil anos.

Uma teoria alternativa, a teoria do "Grande Salto", sugere que a mudança ocorreu nos últimos 50 mil anos, devido ao surgimento da arte e aos saltos na evolução cultural. Mas não há nenhuma razão convincente para supor que essa mudança nos registros arqueológicos seja resultado da evolução biológica. O desenvolvimento cultural e as novas experiências poderiam ter se construído lentamente, levando, por fim, a avanços que teriam parecido milagrosos para as gerações anteriores (assim como a Revolução Industrial do século XIX). Esse é um período de tempo longo o suficiente para ter produzido, a princípio, pelo menos, dois ou três "grandes saltos". Então, por que não parece haver mudança significativa no cérebro nos últimos 200 mil anos?

A aparente interrupção no desenvolvimento do cérebro humano não é motivo para se envergonhar. Ela parece ser causada simplesmente pelo fato de que a vida está boa para a nossa espécie. Os *Homo sapiens* têm explorado bastante o planeta, através da agricultura e da tecnologia, desfrutando das taxas de sobrevivência e da qualidade de vida que nenhuma outra espécie jamais conheceu. Nenhuma outra criatura desde o início dos tempos tem vivenciado com tanto êxito a onda evolutiva como os *sapiens*, nem mesmo nossos humanos precedentes. Os *erectus* e os *neanderthalensis* nunca atingiram níveis culturais em que eles poderiam se beneficiar de odontologia, ciência, medicina relativamente avançada. Eles não tinham os recursos culturais para viver com uma boa saúde mental e física e bem-estar. Eles não tiveram a inovação intensa dos *sapiens*. Por que isso é resultado da linguagem? Os *Homo sapiens* tinham habilidades linguísticas melhores e, portanto, melhores realizações culturais? A resposta é: "é complicado".

A linguagem, como nós temos visto, não é tão difícil assim, apesar de uma longa tradição, que remete aos anos 1950, que nos diz que ela é extremamente complicada, um verdadeiro mistério. O que nós vimos, pelo contrário, é que linguagem (em seu centro) são símbolos e ordenamento, e que estes não são ingredientes essenciais para o desenvolvimento de um cérebro como o nosso. Por outro lado, pode ser difícil ter algo sobre o que falar. Isso depende tanto da cultura quanto da inteligência individual. À medida que os cérebros *Homo* se desenvolveram e nossa inteligência, enquanto espécie, cresceu, a linguagem não melhorou muito além do que a nossa capacidade de usá-la. Pessoas mais espertas podem fazer um melhor uso da mesma ferramenta. E, sim, elas podem aprimorá-la. Mas o elemento fundamental, nesse caso, é a inteligência que nossos cérebros maiores nos deram, em relação aos *erectus*, para raciocinar de forma ainda mais abstrata e tomar o simbolismo que nossos ancestrais *erectus* nos deram para projetá-lo na arte, nas histórias, na tecnologia. A combinação da linguagem com maior inteligência, que nos possibilita acumular conhecimento com o passar do tempo, teria sido tudo o que era necessário para resultar, finalmente, na segunda revolução cognitiva de milhares de séculos atrás, quando os *sapiens* surgiram na África.

Essa inteligência maior, assim como o relativamente crescente enraizamento geográfico encontrado na anatomia dos humanos modernos, tais como o Cro-Magnon – os primeiros *sapiens* da Europa –, teria lhes permitido construir culturas mais elaboradas por meio de maior especialização social. As sociedades de caçadores-coletores são, muitas vezes, perfeitos exemplos de anarquia política, no sentido de que não têm nenhuma estrutura política além do consenso do grupo. Esse sistema tem seus benefícios. Tais sociedades não têm padres, nem músicos em tempo integral, nem carpinteiros e nem outras profissões especializadas. Isso porque os desafios culturais assumidos pelos caçadores-coletores (o que eles consideram vantajoso, o que seu habitat lhes permite fazer, como eles escolheram viver suas vidas) simplesmente lhes oferece pouca oportunidade para especialização. A especialização requer uma sociedade para prover alimentos ou bens aos membros que oferecem serviços não relacionados à alimentação ou aos bens da sociedade. Se alguém passa o dia inteiro tocando um instrumento musical para deixar alguém feliz, vai precisar de alimentos depois que terminar. Mas se ninguém lhe der nenhum alimento, ele vai precisar interromper sua música para arar a terra. A cultura fomentada pela linguagem é a cola que mantém unida a colônia cognitiva humana.

Portanto, mais uma vez, é simplista supor que (como muitos pesquisadores parecem fazer) os artefatos culturais radicalmente mais complexos e a organização social dos *Homo sapiens* em relação aos *erectus* ou aos *neanderthalensis* são resultado unicamente da linguagem. Muito possivelmente, os *sapiens* têm vocabulários melhores e uma gramática mais complexa do que tinham outras espécies *Homo*. O cérebro dos *sapiens* é melhor, mas, mais significativamente, as culturas e as histórias dos *sapiens* são mais ricas. Eles herdaram muitas coisas das outras espécies *Homo*. Incorporaram a sabedoria, a língua e o pensamento dos antigos nas culturas *sapiens*. Esses acréscimos, adicionalmente a todos os desenvolvimentos originais – físicos e culturais –, são feitos pelos *sapiens*, uma vez que eles surgiram de outras espécies. Claro, a linguagem mudou no gênero *Homo* com o passar dos últimos 1,9 milhão de anos. Mas muito da biologia dos *Homo* também mudou. Os *erectus* e outros se desenvolveram de formas diferentes da que nós nos desenvolvemos.

Antropólogos-biólogos escreveram sobre as diferentes "histórias de vida" das espécies *Homo*. Os *sapiens* se desenvolvem mais lentamente do que seus ancestrais *Homo*. Algumas das distinções entre as histórias de vida das espécies *Homo* e de outros primatas incluem gestações mais longas, períodos mais longos de crescimento (a infância, a adolescência e a vida adulta dos *sapiens* são mais demoradas do que a de qualquer outro primata, incluindo aparentemente os *neanderthalensis* e os *erectus*). Os humanos precisam viver mais lentamente para que consigam viver mais. Isso é comum no reino animal – um crescimento mais lento normalmente significa uma vida mais longa. A biologia humana confunde um pouco esse cenário, porque os humanos têm períodos muito mais curtos entre os nascimentos, que é normalmente característica de criaturas de vidas mais curtas. Nesse aspecto, os humanos estão entre baleias e coelhos.

Se a história de vida, o crescimento do cérebro e uma melhor alimentação por causa dos progenitores, de outros parentes e da cultura em geral caracterizaram, da mesma forma, parte do contraste entre os *sapiens* e, digamos, os *erectus*, então esses fatos não linguísticos, já independentemente estabelecidos por estudos de antropólogos-biólogos, poderiam explicar muito da cultura mais expressiva e do desenvolvimento linguístico dos *sapiens*, além da linguagem. Se, por um lado, não há nada nos registros arqueológicos que sugira que os *erectus* não tinham linguagem, por outro, há evidências de que os *erectus* não eram tão inteligentes quanto os *sapiens* e que eles se desenvolveram de formas diferentes. Mas esses pontos não devem ser confundidos. As espécies *Homo*, incluindo a dos *erectus*, demonstram vários estágios de evolução cerebral. Ao imaginar esses estágios, nós obtemos uma boa ideia das vantagens que as espécies subsequentes desfrutaram em relação às suas espécies precedentes.

O paleoantropólogo Ralph Holloway e seus colegas propuseram quatro grandes estágios para a evolução do cérebro *Hominini*, com base em anos de pesquisa e de estudo dos registros fósseis.[1]

O estágio zero é o fundacional, começando com a separação dos chimpanzés dos *Hominini*. Esse estágio remete ao passado longínquo dos *Sahelanthropus*, dos *Ardipithecus* e dos *Orrorin*, aproximadamente de 6 a 8 milhões de anos atrás, quando os cérebros foram identificados por três características que os distinguem dos seus descendentes.

Primeiro: o sulco semilunar (sulco crescente ou em formato de lua no cérebro) dessas criaturas é encontrado mais adiante em direção à parte (anterior) frontal do cérebro. Esse sulco separa o córtex visual do córtex frontal. Uma vez que se sabe que o córtex frontal do cérebro é requerido para o pensamento, aceitando as mesmas condições, quanto maior for essa parte do córtex, melhor será o raciocínio. A posição do sulco semilunar é indicativa do pensamento relativamente sofisticado do cérebro em que ele é encontrado. Portanto, quanto mais para trás o sulco semilunar for encontrado, seguindo o raciocínio, mais inteligente é o animal.

Segundo: os *Sahelanthropus* muito provavelmente tinham uma parte do cérebro – dedicada à conexão de múltiplos componentes cerebrais – menos desenvolvida. Essa parte é chamada de "córtex de associação posterior". Ela conecta simultaneamente múltiplas regiões, possibilitando um pensamento mais rápido. O córtex de associação posterior nos permite mobilizar, ao mesmo tempo, várias partes do nosso cérebro para incidirem sobre um único problema.

Por fim, os cérebros dos primeiros *Hominini* eram muito pequenos: 350-450cm^3 em média. Isso provavelmente significa que seus cérebros menores e organizados de maneira mais simples teriam sido incapazes de qualquer coisa semelhante ao pensamento humano moderno.

A próxima fase da evolução do cérebro *Hominini*, o estágio 1 de Holloway, começou cerca de 3,5 milhões de anos atrás, com o aparecimento dos *Australopithecus africanus* e *afarensis*. O sulco semilunar nessas criaturas se moveu um pouco mais para trás em relação à sua posição nos primeiros *Hominini*. Sabemos disso por causa das impressões no interior dos fósseis de seus crânios (moldes internos da caixa craniana). O córtex visual dos australopitecíneos tinha afundado, enquanto seu córtex frontal estava agora maior. A cognição estava adquirindo contornos.

O córtex de associação posterior também é maior nos australopitecíneos. Seus cérebros, em geral, mostram sinais de reorganização, e áreas mais especializadas estão ficando evidentes, juntamente com uma expansão no tamanho, por volta de 500cm^3.

Os telencéfalos dos *Australopithecus* (a parte do cérebro abaixo do córtex) mostram sinais de assimetria, com os hemisférios direito e esquerdo assumindo diferentes especializações. Nos humanos modernos, isso é bastante acentuado, o que leva a algumas afirmações, de certa forma romantizadas, de personalidades ligadas ao hemisfério esquerdo (*left-brained*) *versus* personalidades ligadas ao hemisfério direito (*right-brained*).

O próximo salto evolutivo do cérebro dos *Hominini* ocorreu cerca de 1,9 milhão de anos atrás, com o aparecimento dos *Homo erectus*. Nessa época, o cérebro *Hominini* tinha ficado muito maior e especializado – uma combinação inigualável de potência cognitiva. Nada assim tinha sido visto em quatro bilhões de anos de evolução antes do surgimento dos *Homo*.

Isso coincide com o estágio 2 no esquema de Holloway, marcado pelo aumento geral no volume do cérebro e pela encefalização, acompanhado pelas assimetrias semelhantes às dos *sapiens* modernos (tais como entre o hemisfério esquerdo para a linguagem e para a audição do ouvido direito *versus* o hemisfério direito para a audição do ouvido esquerdo etc.). Nesse estágio, os cérebros começaram a exibir uma região proeminente nos entornos da área de Broca,[2] importante para as ações sequenciais. Eles provavelmente também tinham habilidades linguísticas melhores. Teria havido também um aumento do desenvolvimento depois do nascimento de cada um dos *sapiens* e um aprendizado social aprimorado em áreas, como fabricação de ferramentas, caça etc.

No estágio 3, o estágio final de Holloway, que ocorreu cerca de 500 mil anos atrás, o cérebro atingiu seu tamanho máximo e o refinamento para especialização de cada hemisfério.

Portanto, os *Homo erectus* entraram em cena com assimetrias cerebrais típicas dos humanos modernos, tais como uma área de Broca bem desenvolvida. Isso implica a existência de alguma forma de linguagem, ou pelo menos de alguma possibilidade para ela. Claro, isso não é surpreendente, uma vez que, tirando a atenção voltada diretamente para o cérebro dos *erectus*, há evidências, oriundas de suas realizações culturais, que eles tinham linguagem. Essas características do cérebro *Homo* primitivo também significam que as crianças *Homo* levavam mais tempo para atingir a maturidade plena, uma vez que as células cerebrais requerem o máximo de tempo para amadurecerem. Portanto, pode-se inferir dessas mudanças que os *erectus* eram capazes de aprendizado social na caça, na coleta, na limpeza e nas estratégias de reprodução.

Contudo, é importante evitar passar a impressão errada. Os *erectus* não eram iguais aos *Homo sapiens*. Na verdade, comparados aos *sapiens*, eles tinham muitas deficiências. É importante discutir algumas das maneiras pelas quais os *erectus*, apesar de todo o seu brilhantismo, eram inferiores aos *sapiens*.

Primeiramente, sua fala pode não ter sido propagável a longas distâncias. Isso é resultado de sua incapacidade de formar o mesmo conjunto de vogais que os *sapiens* podem produzir; muito provavelmente, suas vogais teriam sido difíceis de captar a longas distâncias. Por outro lado, assim como os pirahãs e outros grupos, é possível que os *erectus* tenham sido capazes de superar essa deficiência usando grupos simples combinados com padrões de altura distintivos. Em qualquer um dos casos, o fato de que sua fala não se propaga a longas distâncias não significa que eles não tivessem linguagem.

A fala dos *erectus* talvez tenha soado mais truncada em relação à dos *sapiens*, tornando mais difícil ouvir as diferenças entre as palavras. Isso poderia ter acarretado uma comunicação menos eficiente do que a que os humanos modernos apreciam, mas isso não significa que eles não tivessem linguagem. A existência de ambiguidade, homonímia, confusão, bem como a importância do contexto para interpretar o que alguém disse, continua sendo crucial para a fala moderna. Parte do motivo para a fala provavelmente pouco precisa dos *erectus* é que eles não tinham o osso hioide (em grego, "em formato de U") moderno, o pequeno osso na faringe que ancora a laringe. Os músculos que ligam o osso hioide à laringe usam sua âncora hioide para levantar e baixar a laringe para produzir uma maior variedade de sons da fala. O osso hioide dos *erectus* tinha um formato mais semelhante aos ossos hioides dos outros grandes símios e ainda não tinha assumido a forma dos ossos hioides dos *sapiens* ou dos *neanderthalensis* (sendo os desses dois praticamente idênticos). O osso hioide dos *erectus* não modernos traz profundas implicações para a evolução da fala e da linguagem, como veremos.

Essas não eram as únicas diferenças entre os *erectus* e as outras espécies *Homo*. Os rostos dos *erectus* eram mais distinguíveis pelo prognatismo do que os humanos modernos, o que teria impedido a fala tal como conhecemos (embora o prognatismo não tivesse bloqueado sua fala).

Por trás dessas diferenças físicas entre os *erectus* e os *sapiens* estavam as diferenças genéticas. O gene FOXP2, embora não seja um gene para a linguagem, tem consequências importantes para a cognição humana e para o controle dos músculos usados na fala. Esse gene parece ter se desenvolvido nos humanos desde a época dos *erectus*. O FOXP2 proporciona maior controle da fala. Na posse de um gene FOXP2 mais primitivo, os *erectus* teriam tido menos controle da laringe e, portanto, menos controle emocional de sua fala. O FOXP2 também aumenta o comprimento dos neurônios e deixa a cognição mais rápida e eficiente. Sem isso, os *erectus*, com certeza, teriam sido mais "lentos mentalmente" do que os humanos modernos. Mas isso não é surpreendente.

Essa diferença no FOXP2 poderia ter resultado em uma falta de processamento em paralelo da linguagem pelos *erectus*, outra razão pela qual eles teriam pensamento mais lento. O FOXP2 nos humanos modernos também aumenta o comprimento e a plasticidade sináptica dos núcleos da base, auxiliando o aprendizado motor e o desempenho de tarefas complexas.

Portanto, também não está claro se os *erectus* desfrutavam do mesmo nível de plasticidade cognitiva que nós desfrutamos. É provável que os *erectus* fossem lentos mentalmente, criaturas não criativas comparadas aos humanos modernos. O que não significa que eram criaturas sem linguagem. Como nós já vimos, os *erectus* eram, na sua época, as entidades mais espertas que já haviam existido. Só não tão espertas quanto os *sapiens* acabariam se tornando. A diferença em inteligência pode ter sido grande ou ela pode ter sido menor do que o tamanho do seu cérebro indicaria. Há muito sobre esse aspecto que nós não sabemos.

Uma evidência de que os *erectus* tinham um intelecto menos desenvolvido é que suas ferramentas mais comuns eram muitos similares, em alguns aspectos, às ferramentas dos seus antecessores, os primatas não *Homo*. As ferramentas mais simples dos *erectus* podem ter sido mais homogêneas e não combinatórias (não construídas de múltiplas partes – machados sem cabo *versus* machados com cabo, por exemplo). Por outro lado, as primeiras evidências de ferramentas complexas são anteriores aos *sapiens*. Eram lanças com cabo e foram criadas pelos *Homo erectus* (ou por um de seus descendentes se se preferir uma divisão mais refinada das espécies *Homo*). E, claro, há também a embarcação que os *erectus* usavam para atravessar distâncias significativas no oceano, que só pode ser classificada como uma ferramenta complexa. Assim, os registros arqueológicos, ao passo que não mostram nenhuma ferramenta lítica complexa, fornecem evidência indireta de que os *erectus* fabricavam ferramentas complexas a partir de outros materiais.

Não custa repetir: as teorias baseadas em ferramentas líticas, muitas vezes, omitem evidências de ferramentas não líticas. O paleoantropólogo John Shea defende uma conexão mais estreita entre tecnologia e linguagem, explicando que elas são estruturadas da mesma forma, em um certo sentido – embora seu trabalho seja quase exclusivamente baseado em ferramentas líticas. Claro, isso é compreensível em um certo nível porque as ferramentas líticas são as únicas ainda disponíveis para um estudo direto. E pode muito bem ser verdade que, se os *erectus* tivessem uma tecnologia mais simples, eles também teriam tido uma linguagem mais simples. Porém, isso não está absolutamente claro. Olhar exclusivamente para as ferramentas líticas é insuficiente. Isso não significa que ferramentas mais simples implicam ausência de linguagem ou mesmo um tipo qualitativamente distinto de linguagem. Alguns paleoantropólogos parecem associar a fabricação de ferramentas complexas a uma sintaxe complexa, não estando totalmente cientes da imensa variação entre as línguas modernas com relação a isso – algumas com ferramentas etimológicas complexas, mas com uma sintaxe talvez menos complexa do que essas ferramentas sugeririam.

Juntas, cultura e biologia explicam a aparente ausência de uma evolução cerebral extensiva em andamento entre os *Homo sapiens*. Os *sapiens* parecem ter ultrapassado um limite de complexidade tal que lhes permite tomar conta de si mesmos tão bem que eles simplesmente não precisam mais de um auxílio evolutivo, como já precisaram. Como já discutimos, isso poderia vir de diferentes histórias de vida nos *sapiens*, conhecimento cultural acumulado, linguagem desenvolvida com o passar do tempo e cérebros alimentados diferentemente. Os humanos modernos vivem, sobrevivem e geram uma prole mais viável por causa da cultura.

Isso não quer dizer que não haja microevolução em progresso nos humanos modernos. Poderiam existir humanos com cérebros diferentes dos de outros humanos de forma que resultem na produção de uma prole maior. Mas não há evidências de que os cérebros estão ficando maiores ou mais especializados entre os *sapiens* nem atualmente, nem desde o começo da espécie. Ninguém argumenta que os cérebros dos *sapiens* não possam evoluir para tornar, algum dia, os homens incomparavelmente mais espertos do que são hoje. Podem-se imaginar criaturas com uma inteligência média muito maior da que os *Homo sapiens* possuem hoje. Mas a evolução não está tentando construir um ser superinteligente. Ela está simplesmente preocupada com o desenvolvimento de uma criatura que seja boa o suficiente para ter uma prole viável.

E há uma outra coisa. A única maneira pela qual a seleção natural pode deixar as pessoas mais espertas é se pessoas mais inteligentes tiverem uma descendência maior. Mas a cultura muda tudo. Ao redor do mundo, as culturas cuidam de seus membros de maneira mais eficiente do que em qualquer época da história dos humanos. O bem-estar cultural veio para competir com as pressões físicas da evolução na definição de nicho evolutivo dos humanos. A cultura também criou um nicho que não é mais puramente biológico, alterando o curso da evolução, na medida em que novas pressões culturais emergem e pressões biológicas tradicionais se tornam proporcionalmente menos significativas. Os indivíduos que talvez não tivessem conseguido sobreviver sem o nível de suporte cultural disponível aos humanos modernos são agora capazes de transmitir seus genes para uma prole viável. Pode ser que indivíduos fisicamente mais fracos ou congenitamente enfermos não tenham nenhuma desvantagem evolutiva no ambiente de uma cultura acolhedora. Isso é bom para os humanos, porque os nichos culturais mudam, o que favorece o aumento da diversidade na espécie, gerando culturas ainda mais acolhedoras, acelerando a mudança e a capacidade de sobrevivência daqueles que um dia poderiam não ter sobrevivido. A eugenia defendeu o aprimoramento da herança genética humana, mas, ao não conseguir reconhecer o poder da cultura na modelagem da nossa evolução, ela estava equivocada. A cultura não só é a chave para o aprimoramento da espécie e de sua capacidade de sobrevivência, mas também nos liberta do estritamente biológico.

Os humanos atingiram esse nível de estabilidade cortical através de mudanças que podem surpreender alguns. Eles responderam de maneira criativa e usando sua cultura frente aos desafios como segurança, viagens, clima, abrigo e alimentação. Assim, como vimos anteriormente, os humanos aprenderam a cozinhar os alimentos, o que, por sua vez, os ajudou a comer carne, o que os auxiliou a reduzir o tamanho do seu tubo digestivo. As calorias que eram usadas para a digestão foram, então, liberadas para os cérebros dos *Homo*.

O resultado são corpos e cérebros modernos, um raciocínio humano aprimorado, controle moral e emocional. Essa progressão evolutiva se revela tão claramente quanto a inter-relação dos órgãos e a incorporação do cérebro ao corpo como um aparato holístico. Os cérebros humanos são mais espertos quando nossos intestinos são menores. Dos *erectus* aos *sapiens*, os humanos são, em um certo sentido, empreendedores, impulsionando-se a si mesmos tanto para a trilha evolutiva quanto para a trilha linguística, por meio de um processo autônomo, sem ajuda externa (*bootstraps*). Os *erectus* deram início ao longo processo para que os humanos tomassem consciência do seu caminho em direção ao mundo moderno.

Olhando para o percurso do cérebro humano e da evolução cultural, há grandes descobertas, evolução cultural acelerada e longos períodos de estagnação entre os humanos primitivos.

Seguindo o surgimento dos *Homo sapiens*, aparecem inovações profundas, junto a uma frequência muito mais rápida de evolução cultural. Esse é o motivo pelo qual é apropriado se referir à era *Homo sapiens*, relativamente às outras espécies *Homo*, como a "Era da Inovação". A inovação dos *Homo sapiens*, maior do que a de qualquer outra espécie, aumentou exponencialmente com o início das economias de agricultura, por volta de 10 mil anos atrás, em lados (possivelmente) opostos do globo, tanto na Suméria quanto na Guatemala. No entanto, mesmo antes do surgimento da agricultura, as inovações pareciam ocorrer depois que as espécies atingiam os limites tanto cerebral quanto cultural. Mas uma "Era", se de invenção, imitação, ou de ferramentas férreas, não caracteriza sua população inteira. Na Idade do Ferro, as pessoas ainda usavam ferramentas de madeira e, no nosso presente, a Era da Inovação, a maioria dos *Homo sapiens* não inova de maneira significativa.

Para aprender sobre os cérebros dos humanos e como eles subscrevem a linguagem a partir de várias fontes, deve-se voltar para as áreas da Neurologia, Paleoneurologia, Arqueologia, Linguística e Antropologia. Deve-se aprender através de estudos clínicos e neurocientíficos sobre neurodiversidade, de pessoas com distúrbios, tais como Distúrbio Específico da Linguagem (DEL), afasia, Transtorno do Espectro Autista (TEA). E os humanos precisam comparar seus cérebros com aqueles dos primeiros grandes símios.

Como os *erectus* logo descobriram, nenhum cérebro é uma ilha. Os cérebros humanos estão interligados. Primeiramente, estão interligados com seus corpos, conectados psicológica e evolutivamente aos outros órgãos. Mas, igualmente importante, seus cérebros estão conectados a outros cérebros. Como o filósofo Andy Clark afirmou por anos, a cultura "superdimensiona" os nossos cérebros. Um cérebro é um órgão conectado a outros órgãos encefálicos no mar da cultura. Esse é um ponto que vale a pena enfatizar. Na verdade, não se pode compreender o papel do cérebro na linguagem e na evolução sem essa concepção. Essa é a razão pela qual é preciso ser cauteloso diante da ideia popular, mas muito enganosa, de que o cérebro é um computador. Um computador é um artefato muito diferente de um órgão. Os computadores, de fato, carecem de cultura.

Ao invés disso, a pergunta a se fazer é a de como a anatomia, o funcionamento e a arquitetura geral do cérebro nos ajudam a entender seu papel no corpo, um órgão dentre muitos? E como a cultura nos ajuda a compreender o cérebro como parte da nossa rede social de associações de cérebros? E, finalmente, a pergunta de um milhão de dólares para os nossos propósitos: como um cérebro deve ser para que seu portador tenha linguagem? A melhor conclusão é a de que o cérebro é um órgão, com um propósito geral, que evoluiu com vistas a um raciocínio mais rápido e flexível. Ele deve estar preparado para qualquer coisa. E, exatamente por esse motivo, ele é mais livre de instintos ou de qualquer outra forma de conhecimento pré-especificado do que qualquer outra espécie.

Os humanos têm sorte no sentido de que a seleção natural expandiu – em vez de restringir – suas opções cognitivas. Essa liberdade ilumina nosso uso e nossa posse da linguagem e de outras habilidades cognitivas avançadas. No entanto, quando perdemos alguma parte dessa liberdade, através de distúrbios de fala e de cognição, a natureza de nossos cérebros se revela mais claramente. Esse é o motivo pelo qual é necessário examinar com cuidado os colapsos das habilidades que estão envolvidas na atividade linguística normal. Os déficits de linguagem podem interferir na participação normal de uma conversa, seja na composição e na compreensão de sentenças, seja na capacidade de usar as palavras corretas no contexto adequado. Surpreendentemente, o que emerge de tais estudos é que há pouca evidência de que os cérebros humanos tenham algum tecido geneticamente especializado para a linguagem. Essa afirmação, talvez surpreendente, é corroborada pelo fato de que não há evidência convincente até o presente de que existam déficits especificamente linguísticos que sejam hereditários. Os déficits de linguagem estão enraizados em outros problemas físicos ou mentais.

Isso pode parecer inesperado (ainda que talvez fosse mais inesperado descobrir que *houvesse*, de fato, tecidos ou redes neuronais especializados para a linguagem, uma vez que ela resulta da neuroplasticidade humana – que é, em parte, a habilidade de os neurônios se modificarem para melhor acomodarem as necessidades do organismo que o contém). E há também, com certeza, a plasticidade sináptica – a habilidade de conectar neurônios (sinapses) para se modificarem quando os humanos aprendem, crescem ou sofrem algum dano cerebral.

E não apenas os humanos. Foi descoberto que, se o terceiro dedo de um macaco-da-noite for amputado (um experimento horrível, que eu espero que tenha sido interrompido), ocorrem mudanças no cérebro do macaco. O cérebro do macaco-da-noite tem áreas distintas para cada dedo. Depois da amputação, a área associada ao dedo amputado será preenchida por outras funções cerebrais. Em outras palavras, o cérebro do macaco-da-noite é flexível. Os cérebros dos humanos são ainda mais. Os cérebros não deixam neurônios perfeitamente bons ficarem inativos se eles forem necessários para alguma outra coisa. Assim como Arnold Schwarzenegger em *O exterminador do futuro*, os cérebros humanos se renovam em torno de áreas danificadas e reutilizam as áreas não danificadas, que não são mais necessárias para suas funções originais.

Os cérebros humanos também se submetem a uma grande quantidade de mudanças sinápticas durante a vida. Os cérebros literalmente se transformam – adicionando mais conexões e, assim, mais substância branca,[3] em resposta ao aprendizado – para se adaptar aos novos ambientes culturais ou às patologias, tais como os danos cerebrais. A poda sináptica e o estabelecimento de novas conexões sinápticas no cérebro são características particularmente robustas do desenvolvimento do cérebro humano antes da puberdade, levando à designação desse período de desenvolvimento e aprendizado humanos como "período crítico". Não está claro se esse estágio é crucial em teorias da cognição (tais como o aprendizado de uma língua), como se afirma às vezes, mas ele é certamente um segmento importante do desenvolvimento cognitivo humano e da plasticidade neural.

Como mencionamos anteriormente, o cérebro não é um computador. É importante destacar isso novamente no presente contexto porque essa é uma crença de base para muitos linguistas, cientistas cognitivistas e cientistas da computação. O desejo de conceber o cérebro como uma máquina remete diretamente à analogia de Galileu do universo como um relógio.

O apelo dessa analogia é óbvio, já que tanto o computador quanto o cérebro lidam com informações. Mas a concepção de órgão biológico como computador – seja o cérebro, seja o coração – é um obstáculo para a compreensão de ambos. Para dar um exemplo, o cérebro não parece estar organizado em módulos separados (ou unidades de funcionamento) para diferentes funções da maneira como os computadores estão. Além disso, o cérebro evoluiu sem intervenção. Ele é biológico. Uma reposta comum para isso é que não importa do que o computador seja feito, importa apenas o que ele faz e como faz. E ainda: a substância biológica de que o cérebro é feito não pode ficar longe da interação com seu tecido biológico e os líquidos que o conectam como parte de um sistema com suas funções vitais não computacionais (como o amor). Alguém poderia construir um computador a partir de neurônios humanos, mas o resultado ainda não seria um cérebro. Diferentemente de um computador, importa, *sim*, a substância da qual o cérebro é feito e onde ele está alocado. Contudo, alguém pode argumentar que um computador também é parte de uma rede, ligado a uma matriz de energia e conectado a outros computadores etc. Mas a neurologia, em última análise, não é o mesmo tipo de coisa que a eletrônica. Os computadores não têm funções biológicas, emoções ou cultura.

Outra diferença: os computadores não fazem nada a menos que eles estejam executando um programa. Ainda que os cérebros literalmente não tenham *software*, há quem atribua algo como um "*software*", um bioprograma, na explicação da aprendizagem de uma língua. Mas essa metáfora não dá conta de produzir respostas às questões e aos fatos encontrados na história da evolução humana. Não há nenhuma fonte de conteúdo conceitual congênito a todos os humanos. Os conceitos nunca são inatos, eles são aprendidos.[4] Como Aristóteles afirmou, parafraseado por Tomás de Aquino, "*nihil est in intellectu quod non sit prius in sensu*" ('não há nada no intelecto que não esteve antes nos sentidos').

Por outro lado, as capacidades perceptuais (sentir, ver, ouvir, sentir o gosto e ter certas emoções, tais como ter medo) parecem ser inatas. Esse tipo de predisposição física inata é utilizado na aquisição da linguagem e na evolução cultural. Algumas pessoas usam a visão mais do que a audição para reunir informações. A necessidade emocional mútua dos humanos e o desejo de interação social favorecem o desenvolvimento da linguagem. Então, o cérebro definitivamente tem propriedades específicas e individuais. Mas ainda é importante evitar conceber o cérebro como uma blástula de regiões conceituais específicas, ou como um computador, ou como um dispositivo pré-programado para o conhecimento efetivo de qualquer coisa.

Uma das razões pelas quais alguns ignoram a hipótese evolutiva do cérebro é o consumo de energia. Os cérebros são caloricamente custosos. O cérebro humano mediano queima cerca de 325-350 calorias por dia. Isso é aproximadamente um quinto da média de consumo diário de calorias dos humanos em repouso (1.300), e cerca de um oitavo da exigência de 2.400 calorias por dia, para uma pessoa ativa. Em outras palavras, o cérebro é um equipamento de alta manutenção. Como os especialistas sobre evolução do consumo de gordura dos humanos observaram:

> Comparados aos outros primatas e aos mamíferos do nosso tamanho, os humanos atribuem uma porcentagem muito maior do seu montante de energia diária para "alimentar o cérebro". A atribuição desproporcionalmente grande do nosso montante de energia para o metabolismo do cérebro traz importantes implicações para nossas necessidades alimentares. Para acomodar a alta demanda de energia dos nossos cérebros, com tamanho acentuado, os humanos seguem dietas que são de uma qualidade muito mais alta (isto é, mais densa em energia e gordura) do que os nossos parentes primatas [...]. Em média, nós consumimos níveis mais altos de gorduras alimentares do que os outros primatas e níveis muito mais altos de ácidos graxos poli-insaturados de cadeia longa (AGPICL), que são fundamentais para o desenvolvimento do cérebro.[5]

Para além do consumo calórico, outra razão para não dispor de um cérebro é a redundância. Os parasitas podem viver no tubo digestivo dos humanos sem necessidade de pensar, ingerindo o que vier em virtude das decisões, guiadas pelos cérebros de seus hospedeiros. Eles não precisam de um cérebro, porque usam os nossos. Por que desperdiçar recursos? Uma última razão para não dispor de um cérebro é a ausência da história evolutiva correta. Para os humanos, essa história foi mais complexa do que para qualquer outro animal. Os cérebros, as culturas e os corpos humanos desenvolveram-se nos últimos dois milhões de anos em uma grande simbiose. O corpo (incluindo o cérebro) está conectado à cultura como os beija-flores estão à polinização das flores. Os corpos e os cérebros humanos são aprimorados pela cultura, assim como a própria cultura é aprimorada pelo nosso raciocínio e pela linguagem. Desde Franz Boas, uma das figuras fundadoras da Antropologia norte-americana, sabemos que a cultura pode afetar o tamanho do corpo, o uso da linguagem, o que nós identificamos como "talento", juntamente com outros aspectos dos fenótipos humanos. Como observado no primeiro capítulo, a teoria da dupla herança, também conhecida como efeito Baldwin, se refere à descoberta de que a cultura indiretamente afeta o próprio genótipo. A seleção natural favorece as mudanças nos nossos alelos que produzem componentes culturalmente desejáveis de nossos fenótipos.

Para resumir o que aprendemos, os cérebros dos humanos, com um tamanho mais acentuado, puderam evoluir somente pela superação de três grandes desvantagens.[6] Já foi visto que o tecido cerebral está entre os mais custosos do corpo humano, do ponto de vista metabólico. O segundo problema é que cérebros maiores levam mais tempo para amadurecer. As crianças humanas não são capazes de se defender, se alimentar, se vestir e se abrigar, pelo menos por 12 anos e, às vezes, por muito mais tempo, dependendo da cultura. Finalmente, a terceira grande desvantagem de cérebros com tamanho mais acentuado é a de que há um conflito, no que diz respeito aos bípedes, entre os benefícios de quadris estreitos para auxiliar o deslocamento e a necessidade de um canal vaginal suficientemente grande para acomodar os bebês com cérebros cada vez maiores. Cérebros grandes podem matar as mães durante o parto, porque o canal vaginal é pequeno. O quadril é pequeno para que a mãe possa andar, mas o cérebro é grande para que a criança possa pensar.

Isso levanta a questão de quão grandes os cérebros precisam ser para darem suporte à inteligência humana. Muitos paleoneurologistas utilizam o que é chamado de QE ou Quociente de Encefalização. O QE é a proporção do tamanho cerebral de uma espécie em relação ao tamanho de um cérebro mediano de um mamífero com o mesmo tamanho corporal. A teoria por trás do QE é a de que a inteligência não cresce tanto com o tamanho absoluto do cérebro (o cérebro da baleia cachalote mede cerca de 8000cm^3), mas com a proporção do tamanho cerebral da espécie em relação ao seu tamanho corporal. E essa ideia parece, de fato, fazer previsões bastante confiáveis. Tom Schoenemann, da Universidade de Indiana, defendeu que o tamanho do cérebro absoluto também faz diferença porque leva a uma especialização cerebral que cérebros menores não são capazes de atingir. Schoenemann lista várias vantagens de ter cérebros maiores para os *Homo erectus*, para outros membros do gênero *Homo* e para outras criaturas.

Primeira: "espécies altamente encefalizadas [...] tendem a procurar alimentos (ou caça) de forma estratégica, levando em consideração os hábitos de seus alimentos (ou presas), ao passo que espécies menos encefalizadas tendem a pastar (ou caçar) de forma oportunista". Além disso, "à medida que o cérebro aumenta, diferentes áreas do córtex se tornam menos diretamente conectadas umas com as outras". A consequência dessa conectividade modificada é que "na medida em que os cérebros aumentam de tamanho, as áreas são cada vez mais capazes de executar processamentos independentes de outras regiões [...]. Tal independência torna o processamento em paralelo cada vez mais possível, e isso traz consequências significativas, porque leva à maior sofisticação na resposta do comportamento".[7]

Suzana Herculano-Houzel, em seu livro de 2006, *A vantagem humana: como nosso cérebro se tornou superpoderoso*, defende que os cérebros humanos são superiores em parte devido a uma densidade neuronal muito maior – nós temos mais neurônios por centímetro cúbico, de maneira geral, e mais conexões entre eles.

A ideia de que a cultura afeta o comportamento, a aparência, a inteligência e outros aspectos dos fenótipos de algum indivíduo leva à conclusão de que as questões mais importantes sobre os nossos cérebros não devem ser "o que há no cérebro que torna a linguagem possível?". A questão correta é "como o cérebro, a cultura e sua interação cooperam para produzir linguagem?". A resposta é que, com o passar do tempo, um ajudou o outro a se aprimorar. Portanto, não se pode compreender a evolução da linguagem sem entender a evolução do cérebro. Da mesma forma, o cérebro não pode ser compreendido sem o entendimento da evolução da cultura.

O desafio da compreensão da evolução do cérebro dos *Hominini*, já que os *Hominini* divergiram dos outros primatas há mais ou menos seis milhões de anos (seja através dos *Ardipithecus*, dos *Sahelanthropus* ou dos *Orrorin*) não é o de como o cérebro humano ficou maior, mas por quê. Sabe-se que o cérebro cresceu, da época dos *Australopithecus*, de aproximadamente 500cm^3 para quase 1.300cm^3, em um espaço relativamente curto de 125 mil gerações, ou três milhões de anos. Para compreender o porquê desse crescimento, é necessário compreender os cérebros dos *Homo sapiens* contemporâneos e desenvolver métodos para a compreensão da evolução do cérebro à luz de evidências fósseis e culturais. Houve várias mudanças no meio ambiente que pressionaram os cérebros humanos para se expandirem com o intuito de dar suporte a uma inteligência maior. Felizmente, nós sabemos que o ponto inicial dessas mudanças foram os *Australopithecus*, e muito se sabe sobre o ponto final da evolução dos *Hominini* – os *Homo sapiens*. Só resta determinar como nós evoluímos de um para o outro. Isso acarreta descobrir os estágios desse percurso. Portanto, é necessário examinar as evidências para a evolução do cérebro nos registros fósseis e nas mudanças no meio ambiente que podem ter exercido uma pressão seletiva sobre a evolução do cérebro humano.

Um aspecto do crescimento do cérebro e de seu desenvolvimento (sua encefalização) é fácil de entender. Criaturas com corpos maiores tendem a ter cérebros maiores. Assim como os fósseis indicam um aumento no tamanho geral dos *Hominini*, eles também exibem aumento no tamanho do cérebro. A fórmula parece suficientemente simples – cresce o corpo, cresce o cérebro. Então, o cérebro simplesmente acompanhou o trajeto de crescimento do corpo? Talvez não. Na verdade, a relação entre a encefalização e o crescimento do corpo pode ter sido inversa. É possível que as pressões externas que levam ao crescimento do cérebro também fizeram os *Hominini* ter corpos maiores. O tamanho do cérebro e o tamanho do corpo são controlados por alguns dos mesmos genes. Como Mark Grabowski observa:

> Os resultados sugerem que uma seleção rígida para aumentar o tamanho do cérebro desempenhou sozinha um grande papel tanto para o aumento do tamanho do corpo quanto do cérebro ao longo da evolução humana e pode ter sido a única responsável pelo principal crescimento de ambos os atributos que ocorreram durante a transição [dos *Australopithecus*] para os *Homo erectus*. Essa inversão na ênfase traz implicações para as hipóteses de adaptação sobre as origens do nosso gênero.

E continua:

> Pode ser simplesmente que um cérebro maior requeira um corpo maior para satisfazer as suas demandas de aumento energético, e que restrições evolutivas devido à covariação cérebro-corpo sejam uma forma de manter essa relação.[8]

Tudo isso quer dizer que a evolução do cérebro e o tamanho do corpo é uma questão de quem veio primeiro: o ovo ou a galinha. Ou o cérebro evoluiu e o corpo o acompanhou ou vice-versa. Mas independentemente de qual dos dois tenha vindo primeiro, a questão que perdura é a da compreensão das pressões que levaram ao crescimento da inteligência humana. Eu acho que a melhor maneira de olhar para esse problema é, assim como muitos aspectos do desenvolvimento biológico e da existência, como um caso de simbiose – em que duas ou mais criaturas, ou partes de criaturas (como os cérebros), se desenvolveram em conjunto, uma precisando da outra, uma afetando a outra.

Considerando, então, as implicações da anatomia cerebral e do seu funcionamento como parte de um corpo humano e de uma cultura para a compreensão do cérebro e da evolução da linguagem, vale a pena retornar para a discussão contínua da Paleoneurologia. O que é necessário considerar seriamente é o que representou e ainda representa para o entendimento da evolução dos *Hominini*: o fato de o cérebro humano ter crescido tão rapidamente e ter atingido um tamanho tão grande em relação ao restante do seu corpo. Como o neurolinguista John Ingram afirmou, isso representa, em um período evolutivo, "um crescimento desenfreado do cérebro".

Uma discussão fascinante sobre o tamanho do cérebro e seu crescimento é feita pelo paleoantropólogo Dean Falk, que compara o fóssil do Bebê de Taung, encontrado por Raymond Dart, à descoberta de um "hobbit", uma pequena variedade de *Homo erectus* cujos fósseis foram descobertos na Ilha de Flores pelos paleoantropólogos australianos Peter Brown e Michael Morwood.[9] Já sabemos há algum tempo que os *Homo erectus* chegaram a Flores e desenvolveram um posto avançado robusto de cultura, há cerca de 900 mil anos. Mas os hobbits foram inesperados. A primeira questão sobre eles foi: "por que eles eram tão pequenos?". Outra foi: "como eles sobreviveram tanto tempo coexistindo com os *Homo sapiens*?". Aparentemente, os hobbits viveram até 18 mil anos atrás, talvez até 14 mil anos atrás. Uma vez que a maioria dos pesquisadores acreditou que todas as espécies não *sapiens* do gênero *Homo*, à parte dos *neanderthalensis*, tinha sido extinta cerca de 200 mil anos atrás, isso foi um choque.[10]

O cérebro desses habitantes, agora conhecidos como *Homo floresiensis*, era muito menor do que o de seus ancestrais *erectus*. Na verdade, o cérebro dos *florensis* era menor do que o tamanho do cérebro de muitos australopitecíneos, chegando em torno de 426cm³. O que essa redução surpreendente no tamanho do cérebro na linhagem dos *erectus* significa para a compreensão do desenvolvimento da inteligência humana? O cérebro de menor tamanho das criaturas hobbit indica que eles perderam inteligência? Isso representaria um passo fascinante na direção contrária à evolução. Ambos tinham cérebro de tamanho similar, os dois mediam cerca de 1,19m de altura, mas um hobbit era tão esperto quanto um australopitecíneo? Ou era mais esperto? Ou não era tão esperto? A inteligência dos *florensis* era a mesma de que a de outros *Homo erectus*, apesar de terem um cérebro com menos da metade do tamanho do cérebro dos *Homo erectus* que saíram da África centenas de milhares de anos antes?

Com base no uso de ferramentas e de outras evidências arqueológicas, parece que os *florensis* eram mais espertos do que os *australopithecus*. Há evidência de que eles tinham cultura, pelo menos no que diz respeito ao uso e à fabricação de ferramentas, assim como à viagem inicial de seus ancestrais até Flores, discutida anteriormente. É possível que os hobbits tenham perdido a cultura de seus ancestrais, mas essa é uma especulação não convincente, porque nós sabemos que eles utilizavam fogo e ferramentas líticas que eram polidas e modeladas para trabalharem com materiais mais maleáveis, tais como madeira e ossos. Contudo, isso implica que a inteligência não é e nem pode ser uma mera função do tamanho do cérebro. Não há evidências, além do tamanho do crânio, para supor que os *Homo floresiensis* eram, em alguma medida, menos inteligentes do que os *Homo erectus*. Na verdade, se eles fossem igualmente espertos, então, surge a questão de se os *erectus*, com seus cérebros de aproximadamente dois terços do tamanho do de um homem moderno, podem ter sido inclusive tão inteligentes quanto os *Homo sapiens*. O objetivo de se fazer essa pergunta é que, se alguém está olhando para as evidências que dizem respeito à inteligência de um fóssil humano, a evidência cultural pode ser mais importante do que a física. E o fato de o insucesso do tamanho do cérebro, por si só, refletir a inteligência significa que, para compreender os cérebros dos nossos *Hominini* precedentes, necessitamos de informações mais precisas sobre sua citoarquitetura, sua densidade neural, suas culturas e suas línguas. Mas não é possível obter nenhuma delas com base nos dados e métodos atuais.

Resumindo até este momento, os registros arqueológicos dão suporte à tese de que a inteligência geral suporta a linguagem, não alguma língua específica hipotetizada, uma porção inata do cérebro. E nenhuma área inata do cérebro dedicada à linguagem foi encontrada. Se essa tese estiver correta, então, poderíamos garantir que conexões neurológicas especializadas não inatas e de larga escala são responsáveis por maior plasticidade cerebral. A especialização das regiões cerebrais se deve amplamente à citoarquitetura das áreas relevantes do cérebro, pareadas com o desenvolvimento ontológico do indivíduo (sua trajetória de vida), incluindo sua biologia, sua cultura e sua psicologia pessoal. Mas, acima de tudo, o cérebro emprega todas as suas forças extensivamente, ao mesmo tempo, à medida que o seu portador se desloca pelo mundo.

Portanto, uma lição a ser aprendida no que tange aos hobbits de Flores é a de que inferir inteligência a partir do tamanho dos moldes internos da caixa craniana é algo arriscado. Certamente, existem sinais que podem ser interpretados, tais como as evidências do desenvolvimento de diferentes áreas do cérebro que nós *sabemos* que estão associadas à inteligência, à linguagem, ao planejamento e à solução de problemas dos humanos modernos, mas o conhecimento que nós derivamos a partir dos crânios ainda é inadequado para a compreensão do crescimento da inteligência humana e deve assumir um lugar secundário em relação às evidências culturais. Teria sido fácil, na ausência de evidências de aldeias, navegação, ferramentas etc., afirmar que os *erectus* eram brutamontes tolos em relação aos humanos modernos por causa de seu cérebro de 950cm^3. Mas as evidências culturais, pelo contrário, sugerem que tal especulação é infundada. O que nós vemos a partir das evidências culturais é que os *Homo erectus* eram inteligentes, capazes de dominar uma linguagem humana e senhores do seu habitat.

Robin Dunbar, um antropólogo britânico, afirma que o principal vetor que levou os *Hominini* a desenvolverem uma maior inteligência foi o aumento da complexidade social. Dunbar defende que não foi tanto a solução de problemas exigida pela mudança ecológica que favoreceu o crescimento da inteligência humana, mas, em vez disso, que a pressão para a inteligência e a encefalização vieram do aumento do tamanho das sociedades humanas. Os humanos foram se assentando em grupos cada vez maiores e mais complexos. Eles superaram em tamanho e complexidade os assentamentos de quaisquer outros primatas. O argumento de Dunbar, então, tem a ver com o crescimento exponencial no número das relações sociais que surgem a partir de aumentos modestos no tamanho do grupo como um todo. Enquanto os parentes vivos mais próximos aos humanos, os chimpanzés, vivem em grupos sociais de mais ou menos 50 indivíduos, as sociedades humanas de caçadores-coletores viviam em grupos com 150 indivíduos em média, adicionando uma enorme tensão sobre o cérebro no que concerne ao monitoramento de um número muito maior de relações sociais que esse grupo 300% maior acarreta. Os membros individuais de uma sociedade são como os neurônios no cérebro. Quanto mais neurônios existem, maior a conexão entre eles. Em outras palavras, assim como são as relações entre os neurônios que fazem o cérebro ser tão complexo, do mesmo modo é o crescimento exponencial nas relações sociais à medida que o número dos indivíduos de uma sociedade aumenta aritmeticamente, o que exige maior potência intelectual com vistas a monitorar as relações, pelo menos de acordo com Dunbar. Dito de outro modo, como os grupos cresceram, cresceu também o córtex dos humanos.

Para dar suporte a essa hipótese, Dunbar observou que o tamanho do córtex varia junto com o tamanho do grupo entre várias espécies. Claro, alguém poderia dizer que Dunbar talvez tenha se antecipado com relação a essa questão. Talvez tenha sido o crescimento do cérebro e uma inteligência maior que permitiram o crescimento das relações sociais entre os humanos, e não o contrário? Mas a casualidade parece estar provavelmente mais na direção de Dunbar: tamanho das relações sociais → tamanho do cérebro, em vez de tamanho do cérebro → tamanho das relações sociais. Se alguém tivesse um cérebro maior primeiro, antes da mudança social, poderia ter preferido se tornar um ermitão. Ou seja, um cérebro que cresce primeiro poderia ter levado a um número qualquer de modelos sociais. Mas se a sociedade crescesse primeiro, então, ela teria, de fato, pressionado o cérebro para ser capaz de monitorar as novas dimensões das relações.

Outra pressão para o crescimento da inteligência, induzida socialmente, é o crescimento da cooperação. À medida que os humanos se agrupavam, eles começaram a trabalhar juntos. Os primeiros grupos humanos foram possíveis por meio do trabalho cooperativo. Claro, em qualquer esforço coletivo haverá normalmente um aproveitador ou dois, que estarão satisfeitos em colher os frutos dos esforços alheios enquanto não darão conta de plantar, eles mesmos, as sementes. Portanto, para que as relações em grupo funcionem de maneira mais eficiente, a seleção natural teria favorecido a inteligência aprimorada com vistas a detectar trapaceiros.

Como nós vimos, a seleção sexual foi primeiramente observada por Darwin como o principal vetor da mudança evolutiva, responsável pela beleza (tais como as penas do pavão macho), atributos físicos como bustos maiores nas fêmeas humanas em relação aos outros primatas (aparentemente até mesmo os *Hominini* primitivos preferiam que suas mulheres tivessem seios fartos) e pênis maiores para os machos humanos.[11]

Uma consideração adicional que favorece o aumento da inteligência poderia ser a de que seus possessores são possivelmente mais capazes de sobreviver a doenças da mente ou do sistema nervoso (tais como a meningite) que têm como efeito colateral a redução da inteligência nos sobreviventes. Por sua vez, isso poderia ter alimentado a seleção sexual no sentido de que machos e fêmeas teriam preferido companheiros que sobreviveram a doenças com menos debilitação ou efeitos de longo prazo.

É ainda mais provável que todas as razões anteriores tenham contribuído para as pressões de seleção natural na direção de uma maior inteligência humana. E, ainda assim, parece que nenhuma delas foi a mais importante para os grandes saltos nas nossas capacidades cognitivas. Na verdade, não parece prudente supor que as "inteligências" possam ser compreendias exclusivamente por meio do tamanho da caixa encefálica dos fósseis ou do tamanho global do cérebro, ou mesmo com base na evidência de que esta ou aquela área do cérebro era menor ou menos desenvolvida. A inteligência não é simplesmente uma função do tamanho do cérebro ou do tamanho do componente cerebral. Se fosse, então, entre os humanos modernos, os homens seriam quase sempre mais inteligentes do que as mulheres, porque seus cérebros são quase sempre maiores, frequentemente muito maiores. Algumas mulheres europeias modernas têm cérebros de cerca de somente 950cm^3, quase idênticos em tamanho ao cérebro dos *Homo erectus*. Ainda assim, elas certamente parecem tão inteligentes quanto os humanos modernos do sexo masculino, que têm cérebros maiores.

Então, o que pode ter selecionado os humanos para uma inteligência maior? Uma função com relação ao tamanho do cérebro, a citoarquitetura, a complexidade sináptica, a substância branca, as neuroglias[12] etc.? O vetor mais forte para a inteligência humana foi muito provavelmente uma combinação entre linguagem e cultura, tal como é manifestada através do uso de símbolos, de gramática, de altura da voz e de gestos. Na medida em que as pessoas começaram a usar esses métodos de comunicação, elas foram capazes de pensar de maneira mais conjunta, aprimorando mutuamente a habilidade de conhecer o mundo à sua volta e prevendo suas formas futuras. Perguntas começam a ocupar as mentes dos ancestrais *sapiens*: "onde aquele animal estará daqui a alguns segundos?", "em que direção aquele fogo vai queimar?", "quando vai chover de novo?", "para onde esse rio corre e o que eu vou encontrar se eu subir/descer por ele?". Ao fazerem essas perguntas, os humanos precisavam usar a linguagem para dar ordem aos seus pares das interações sociais, como parentes e outras relações, levando a um aprimoramento geral da sua dotação cognitiva.

Agora que temos alguma ideia de como o cérebro evoluiu em termos gerais, precisamos fazer a próxima pergunta. Quais são os aspectos *específicos* do cérebro humano que garantem nossa capacidade linguística? Esses aspectos são exclusivos para a linguagem ou eles desempenham outros papéis para além dela? Esse é o cerne de um longo debate, de várias décadas, nas ciências cognitivas e na Paleoantropologia.

NOTAS

1 Ralph L. Holloway, D. Broadfield e M. Yun, *The Human Fossil Record,* vol. 3, *Brain Endocasts: The Paleoneurological Evidence*, Hoboken, John Wiley & Sons, 2004.

2 Essa é uma área do cérebro normalmente identificada para a linguagem. Nós vamos discuti-la em detalhe nos capítulos "Como o cérebro torna a linguagem possível" e "Quando o cérebro está com problemas".

3 A substância branca recebe esse nome por causa do material branco (devido à gordura) – tecnicamente, bainhas de mielina – que cercam as fibras nervosas que conectam as partes do cérebro usadas para funções cognitivas mais elevadas. Timothy A. Keller e Marcel Adam Just, "Altering Cortical Connectivity: Remediation-induced Changes in the White Matter of Poor Readers", *Neuron* 64 (5), 2009, pp. 624-631; doi:10.1016/j.neuron.2009.10.018.

4 O filósofo Robert Brandom defendeu sua posição em seu próprio trabalho, em livros tais como *Making it Explicit* (Cambridge, Harvard University Press, 1998), em que ele oferece algumas razões convincentes

de que somente adquirimos conceitos quando os usamos para fazer inferências – ou seja, alguém pode dizer que os humanos têm conceitos somente depois que eles os entenderam o suficiente para usá-los em seu raciocínio. Eu tenho defendido uma posição similar, sob uma perspectiva bem diferente em *Dark Matter of the Mind.*

[5] William R. Leonard, J. Josh Snodgrass e Marcia L. Robertson, "Evolutionary Perspectives on Fat Ingestion and Metabolism in Humans", em J. P. Montmayeur and J. le Coutre (eds.), *Fat Detection: Taste, Texture, and Post Ingestive Effects*, Boca Raton, CRC Press/Taylor & Francis, 2010, chapter 1; www.ncbi.nlm.nih.gov/books/NBK53561/.

[6] De acordo com o paleoneurologista da Universidade de Indiana, Thomas Schoenemann, em "Evolution of the Size and Functional Areas of the Human Brain", *Annual Review of Anthropology* 35, 2006, pp. 379-406; www.indiana.edu/~brainevo/publications/annurev.anthro.35.pdf.

[7] P. Tom Shoenemann, "The Meaning of Brain Size: The Evolution of Conceptual Complexity", em Kathy Schick, Douglas Broadfield, Nicholas Toth e Michael Yuan (eds.), *The Human Brain Evolving: Paleoneurological Studies in Honor of Ralph L. Holloway*, Gosport, Stone Age Institute Press, 2010, pp. 37-50.

[8] Mark Grabowski, "Bigger Brains Lead to Bigger Bodies? The Correlated Evolution of Human Brain and Body Size", *Current Anthropology* 57(2), 2016, p. 174; doi: 10.1086/685655.

[9] Em um livro bastante interessante, Falk fornece a explicação mais popular da Paleoneurologia, *The Fossil Chronicles: How Two Controversial Discoveries Changed Our View of Human Evolution*, Berkeley, University of California Press, 2012.

[10] David Gil, um pesquisador do Instituto Max Planck na Alemanha, me contou que, no folclore das comunidades indonésias locais contemporâneas, ouve-se a respeito de aparições de pequenas criaturas, semelhantes aos humanos, na floresta. É fascinante pensar ou que os hobbits ainda possam existir ou que as histórias sobre eles possam ter adentrado as culturas das áreas indonésias mais de 18 mil anos atrás e ainda são narradas hoje em dia. Embora menos empolgante, é mais possível que a criatura de que Gill ouviu falar seja totalmente fictícia, uma invenção das culturas locais. Sua similaridade com a descrição de pequenos *Homo erectus* é provavelmente uma coincidência.

[11] Os machos humanos têm os maiores pênis em relação ao tamanho do corpo no mundo primata. Isso pode ser resultado do fato de que os humanos são os únicos primatas a se envolverem habitualmente em uma copulação face a face. Isso, por sua vez, pode ter fortalecido a formação de casais macho-fêmea. Alternativamente, e por qualquer razão que seja, as fêmeas humanas podem ter se sentido mais atraídas por machos mais bem-dotados.

[12] As neuroglias e os mastócitos são parte do sistema neuroimunológico do cérebro, independente do sistema imunológico que protege o resto do corpo.

Como o cérebro torna a linguagem possível

A complexidade do sistema nervoso é tão grande, seus vários sistemas de associação e massas de células são tão numerosos, complexos e desafiadores, que a compreensão repousará para sempre muito além de nossos esforços mais engajados.

Santiago Ramón y Cajal (1909)

Independentemente de como o cérebro humano atingiu seu estado atual, os *Homo sapiens* são agora os orgulhosos detentores do melhor dispositivo de cognição da história do planeta. Portanto, é hora de se perguntar como esse dispositivo funciona e como ele é "montado".[1] Em particular, como o cérebro o humano possibilita a linguagem humana? Parte da resposta para essa questão é que o cérebro humano compartilha uma característica organizacional com o trato vocal (as partes que ajudam a criar a fala, incluindo nossos pulmões, a língua, os dentes e as vias nasais). Assim como o trato vocal, o cérebro reutiliza sistemas preexistentes e os explora para outros propósitos que não aqueles para os quais eles originalmente evoluíram – ou, pelo menos, para os quais eles eram usados antes de serem mobilizados para o uso da língua. Essa é uma observação feita nos escritos de muitos neurocientistas e filósofos. Nem o cérebro nem o trato vocal evoluíram exclusivamente para a linguagem. No entanto, eles têm sofrido uma quantia relativamente grande de microevoluções para dar maior suporte à linguagem humana. Com frequência se afirma que existem áreas específicas para a linguagem, tais como a área de Wernicke e a área de Broca. Não existem. Por outro lado, apesar da ausência de regiões do cérebro dedicadas à linguagem, muitos pesquisadores mostraram a importância, para a linguagem, da região subcortical conhecida como "núcleos da base". Os núcleos da base são um grupo de tecidos cerebrais que parecem funcionar como uma unidade e estão associados à grande variedade de funções gerais, tais como controle dos movimentos voluntários, aprendizado procedural (rotinas e hábitos), os movimentos oculares e as funções emocionais. Essa área está fortemente conectada ao córtex e ao tálamo, juntamente com outras áreas cerebrais. Essas áreas estão implicadas na fala e na linguagem como um todo. Philip Lieberman se refere às diferentes partes do cérebro que produzem linguagem como "Sistema de Linguagem Funcional".[2]

A natureza geral dos núcleos da base (às vezes referidos como "cérebro reptiliano"), seu papel na fala e sua responsabilidade para a formação dos hábitos nos ensinam muitas coisas. Primeira: essa região é um componente fundamental da função linguística, muito embora não tenha evoluído especificamente para a linguagem. Sabe-se que os gânglios são fundamentais para a linguagem, porque uma lesão neles produz um certo número de condições de afasia. No entanto, se essas porções vestigiais do cerebelo e do cérebro reptiliano forem parte do Sistema de Linguagem Funcional, isso indica que a responsabilidade pela linguagem repousa em várias regiões do cérebro que contribuem de múltiplas formas para um nível mais alto de organização na nossa vida mental ou cortical do que meramente a linguagem. Isso nos diz que a linguagem é, pelo menos parcialmente, uma série de rotinas e hábitos adquiridos, juntamente com outros, tais como andar de esqui ou de bicicleta, digitar etc., já que os hábitos e as rotinas são da alçada dos núcleos da base.

Uma outra razão pela qual os núcleos da base são importantes é que o seu papel na linguagem ilustra a importância da teoria da microgenética. Essa teoria afirma que o pensamento humano envolve todo o cérebro, começando primeiro com suas partes mais antigas. Ou como aparece em um estudo recente:

> A implicação da teoria microgenética é que os processos cognitivos, como a compreensão da linguagem, permanecem integralmente conectados às funções mais elementares do cérebro, tais como a motivação e a emoção [...] funções linguísticas e não linguísticas deveriam estar estritamente integradas, particularmente na medida em que refletem caminhos comuns do processamento.[3]

Muitos pesquisadores ressaltam por que não se deveria pular direto para as conclusões sobre a relevância do fato de que alguns tipos de conhecimento são encontrados em regiões específicas do cérebro.

> Tudo o que os humanos sabem e fazem é executado pelo cérebro e está representado nele [...]. O número de telefone do nosso melhor amigo e o número do sapato da nossa esposa devem estar armazenados no cérebro e provavelmente estão armazenados de formas não idênticas, que poderiam [...] aparecer algum dia na máquina de imagens cerebrais de alguém do futuro. A existência de uma correlação entre fatos psicológicos e neurais não diz nada em si mesma sobre propriedades inatas, especificidade de domínios ou qualquer outra divisão controversa do espaço epistemológico.

Os autores acrescentam:

> Regiões bem definidas do cérebro podem se tornar especializadas para uma função particular como resultado da experiência. Em outras palavras, o próprio aprendizado pode servir para configurar os sistemas neurais que estão localizados *e* são específicos a um domínio, mas *não* inatos.[4]

Portanto, é muito importante tomar cuidado antes de fazer especulações de que qualquer conhecimento humano é congênito. O cérebro é construído para o aprendizado. É sempre melhor considerar o aprendizado como motivo para qualquer informação em qualquer parte do cérebro, pelo menos antes de afirmar que se trata de um conhecimento geneticamente determinado.

Claro, é possível que existam conceitos inatos nos humanos. Mas essa é uma ideia problemática. Para implantar, de forma inata, uma informação no cérebro, o genótipo humano precisaria vir pré-especificado como sendo responsável por diferentes conceitos, conhecimento proposicional efetivo. Ou seja, seria necessário haver um gene ou uma rede de genes para cada conceito supostamente inato, talvez algo como "grandes alturas são apavorantes", "não se junte com trapaceiros", "nomes se referem a coisas" ou "você não pode formular uma pergunta sobre o sujeito de uma oração subordinada". Por outro lado, é possível que a citoarquitetura do cérebro torne algumas coisas mais fáceis ao aprendizado em diferentes regiões devido aos tipos de células ou às configurações celulares nessas regiões, ou em conexões de algumas regiões com outras. Na verdade, não há evidência incontestável de que os cérebros tenham ou não redes especializadas, geneticamente determinadas ou módulos independentes de aprendizado, para além de suas propriedades puramente físicas.

Apesar da ausência de evidência, existem muitos pesquisadores que insistem que conceitos são inatos. Relacionado a isso, alguns acreditam que existem regiões do cérebro inatas, especializadas para a linguagem. Uma dessas regiões mais conhecidas é a área de Broca, uma região hipotética do lado esquerdo do cérebro (mas, tecnicamente, ela é uma parte do cérebro localizada nas seções operculares e triangulares do giro frontal inferior).

A suposta especialização da área de Broca foi primeiramente sugerida no século XIX. A afirmação surgiu no trabalho do pesquisador e físico francês Pierre Paul Broca, que trabalhava com um paciente que ele apelidou de "Tan", porque essa era a única palavra que ele era capaz de proferir.

Para muitos neurocientistas modernos, a hipótese não é mais tão convincente como foi quando proposta por Broca.[5] Na verdade, para a maioria dos pesquisadores, a área de Broca não existe como uma parte claramente demarcada do cérebro. Além disso, como uma autora esclarece:

> [...] definições anatômicas são, muitas vezes, bastante imprecisas com relação às funções específicas da linguagem que são processadas nas áreas corticais. Assim, a localização da região de Broca no contexto de um estudo funcional de imagens que analisa algum material linguístico ou de um estudo de uma lesão de um afásico de Broca pode se referir a áreas completamente distintas, com diferente citoarquitetura, conectividade e, em última instância, função.[6]

Apesar do ceticismo crescente, por parte dos especialistas, sobre os estudos da área de Broca, muitas pessoas ainda pensam na região do cérebro do indivíduo Tan, que foi afetada, como sendo uma área especial para a linguagem. Ned Sahin e coautores afirmaram:

> A aproximação de sondas da área de Broca revelou atividades neuronais distintas para processamento lexical (~200 milissegundos), gramatical (~320 milissegundos) e fonológico (~450 milissegundos), de maneira idêntica para verbos e nomes, em uma região ativada nos mesmos pacientes e capturada por imagem de ressonância magnética funcional. Isso sugere que uma sequência de processamento linguístico prevista em condições computacionais é implementada no cérebro em uma atividade padronizada, refinada espaço-temporalmente.[7]

No entanto, o problema com esse tipo de metodologia de pesquisa é que a área de Broca – supondo que alguém poderia definir sua localização de alguma maneira válida – é mais geral em suas funções do que a linguagem. Há, de fato, algumas partes do cérebro que estão conectadas à linguagem. Na verdade, deve haver. Mas elas não são, no geral, exclusivamente dedicadas à linguagem. Focalizar a linguagem ou a gramática em uma região do cérebro, tal como a área de Broca, é como afirmar que os garfos só têm função dentro da cozinha.

Mais precisamente, no entanto, hoje alguém diria que há regiões do cérebro que participam de muitas tarefas cognitivas e que elas podem adentrar diferentes redes neurais para diferentes tarefas. Com relação à linguagem, a região de que se fala frequentemente de maneira livre como área de Broca é uma parte do já mencionado Sistema de Linguagem Funcional, que conecta várias partes multifuncionais do cérebro, como é necessário, para a linguagem. Corroborando a afirmação de que a área de Broca não é "a região da linguagem" do cérebro está o fato irônico de que a área de Broca pode ser danificada sem que a linguagem seja afetada se o indivíduo for suficientemente jovem. Em outras palavras, a área de Broca não só não é exclusivamente dedicada à linguagem, como também está regularmente envolvida em uma série de tarefas cognitivas, tais como a coordenação das atividades relacionadas ao sistema motor.

Para dar um exemplo de outra tarefa desempenhada por essa suposta região, considere o que acontece quando se mostra para alguém sombras de animais em movimento feitas com as mãos – a região próxima à clássica área de Broca é ativada. A região também é ativada se alguém ouve ou toca alguma música. Mas claramente não há tarefas específicas à linguagem. Ao invés disso, o que elas indicam é que a "área" de Broca tem uma função mais geral do que a linguagem. Ela parece ser uma "parte de coordenação de atividades" do cérebro. A produção da linguagem é uma atividade entre muitas outras. Isso não é dizer que a área de Broca está plenamente compreendida ou que se sabe, com certeza, que não há nenhuma região do cérebro específica para a linguagem que seja hereditária. A afirmação é somente a de que tais regiões ainda não foram descobertas.

Além disso, novas evidências sugerem que tais áreas possam nunca ser descobertas. Pesquisas apontam que os cérebros são compostos de redes polivalentes (que executam mais de uma função), na mesma linha do Sistema de Linguagem Funcional, que podem renovar (ou serem reutilizadas para) uma variedade de funções diversas.[8] Descobertas recentes em pesquisas no MIT defendem que o "córtex visual" – a região do cérebro normalmente associada à visão – em indivíduos que enxergam pode ser usada para tarefas não relacionadas à visão.[9]

Mais uma vez, esse trabalho é extremamente importante para qualquer tentativa de conectar funções cognitivas a regiões específicas do cérebro. É importante também para qualquer um que esteja tentado a misturar afirmações como "essa região do cérebro faz X, entre outras coisas" a "essa região do cérebro está geneticamente especificada para fazer X e somente X". Essas são questões completamente diferentes. Encontrar alguma coisa no cérebro não é descobrir que uma habilidade cognitiva está especificada, de forma inata, para estar localizada especificamente naquela porção do cérebro.

A pesquisa conduzida pelo MIT não é, de forma alguma, a única a mostrar o quão impressionante é a plasticidade cerebral. Os fatores de transcrição genética responsáveis pela localização ou especificação das diferentes regiões do cérebro para diferentes funções cognitivas não parecem ser o resultado de conexões geneticamente determinadas entre as diferentes funções cognitivas e a topografia cerebral. Os pulmões, a laringe, os dentes, a língua, o nariz etc. são todos vitais para línguas faladas, assim como as mãos são cruciais para as línguas de sinais, mas nenhuma delas é nem individualmente nem coletivamente um órgão da linguagem. Do mesmo modo, seria bizarro afirmar que as mãos são órgãos da linguagem.

Os mesmos problemas emergem para qualquer afirmação sobre a especialização neuroanatômica da linguagem. Outra área desse tipo, que comumente se afirma que é uma área específica da linguagem, é a região conhecida como área de Wernicke. Ela está localizada na parte posterior do giro temporal superior no hemisfério cerebral dominante de um dado indivíduo. Isso quer dizer que, para pessoas destras, ela se encontra no hemisfério esquerdo. Nos canhotos, a linguagem parece mais distribuída. Embora ela ainda seja encontrada no hemisfério esquerdo, os canhotos têm uma capacidade maior de se recuperar de derrames que afetam a linguagem justamente por causa dessa localização menos limitada. Uma vez, acreditava-se que essa região do lobo temporal posterior do cérebro era especializada para compreender língua falada e escrita.[10]

Infelizmente para qualquer um interessado em mobilizar evidências anatômicas para o inatismo da linguagem, a área de Wernicke não é exclusivamente, nem mesmo majoritariamente, dedicada a ela. A área de Wernicke, assim como a área de Broca, é um pouco fictícia, uma vez que não há definições consensuais nem de sua localização, nem de sua existência. Isso torna difícil até mesmo dizer com precisão que tal área *exista*. Em segundo lugar, pesquisas recentes mostram que essa região está conectada a outras áreas do cérebro que são, como no caso da área de Broca, muito mais gerais em suas funções do que a linguagem, tais como controle dos movimentos, incluindo a organização pré-motora das atividades em potencial – coisas como deixar os dedos prontos para tocar violão antes de você começar a tocar. Em terceiro lugar, como a pesquisa mencionada anteriormente indica, mesmo se alguém encontrasse uma área especializada para uma função particular em um indivíduo ou até mesmo em um milhão de indivíduos, o próximo indivíduo que fosse encontrado poderia, em muitos casos, estar usando aquela área do cérebro de maneira diferente, a depender da sua história de desenvolvimento individual. A lição a ser aprendida disso é a de que as partes do cérebro se desenvolvem em cada indivíduo como um ponto de apoio para múltiplas tarefas – embora relacionadas.

Mas se a organização do cérebro humano for plástica dessa forma, como o cérebro dos *sapiens* assume a forma e o formato que tem? A resposta é que o crescimento e o desenvolvimento cerebral não é guiado somente por genes, mas também por histonas que controlam os "fatores de transcrição". Um fator de transcrição é simplesmente uma proteína que se conecta a sequências específicas de DNA. Ao fazer isso, esses fatores são capazes de determinar a taxa de transcrição. Esse é o modo como a informação oriunda dos genes é passada do DNA para o RNA mensageiro. Esses fatores de transcrição são cruciais para o desenvolvimento. Eles regulam como os genes são manifestados ou "expressos". Os fatores de transcrição desempenham um papel no desenvolvimento de todos os organismos. Quanto maior o tamanho do genoma, maior o número de fatores de transcrição necessários para regular a expressão do maior número de genes. Não somente isso, os organismos com genomas maiores tendem a ter ainda mais fatores de transcrição por gene.

Agora também se sabe que a especialização e a anatomia cerebral podem ser influenciadas pela cultura. Isso torna muito mais difícil definir as evidências para a biologia "pura" das propriedades biológicas influenciadas ou suplantadas pelo aprendizado ou pelo ambiente. Os psicólogos mostraram que as crianças com dificuldades em leitura que passaram por seis meses de instrução de leitura corretiva intensiva desenvolveram novas conexões de substância branca no cérebro. Outros estudos mostraram que as conexões entre as porções do cérebro podem enfraquecer ou se fortalecer com o passar do tempo, com base nas experiências culturais do indivíduo.

Uma vez que a cultura pode modificar a forma do cérebro e já que não há conhecimento de qualquer função cognitiva que seja inato a uma localização específica em todos os cérebros, a dificuldade de usar argumentos oriundos da organização ou da anatomia cerebral em favor da ideia de que a linguagem é inata é clara. E é igualmente implausível afirmar que regiões específicas do cérebro sejam geneticamente determinadas para tarefas específicas. O cérebro utiliza e reutiliza suas várias áreas com vistas a cumprir todos os desafios que os humanos modernos enfrentam. A evolução preparou os humanos para pensar de forma mais livre do que qualquer outra criatura, ao dar-lhes um cérebro capaz de aprender culturalmente, ao invés de um cérebro que se vale de instintos cognitivos. De um ponto de vista, a localização no cérebro é trivial. Tudo o que nós conhecemos está em algum lugar do nosso cérebro. Portanto, descobrir que esse ou aquele tipo de conhecimento está localizado em uma parte específica do cérebro não é evidência para algum tipo de conhecimento inato. Eu nasci no sul da Califórnia. Isso não significa que eu estava predestinado a estar naquele lugar. Todos têm que nascer em algum lugar.

Ocasionalmente leem-se pesquisas linguísticas que afirmam que a linguagem está armazenada no cérebro e subscrita por genes específicos da mesma maneira que a visão, o crescimento dos braços, a audição e quaisquer outras habilidades naturais parecem estar. Mas a linguagem não é como a visão. A visão é um sistema biológico. A linguagem talvez seja como o uso da visão na percepção, no sentido de que requer cultura para sua interpretação e seu uso (como na arte e na literatura). Mas nós sabemos que a linguagem é a interseção das limitações com as imposições sociais, computacionais, psicológicas e culturais. Com a experiência, na medida em que envelhecemos e aprendemos, partes do cérebro passam a se especializar para a linguagem, armazenando seus componentes. Mas isso vale para tudo aquilo que sabemos. Eu sei ferver água. Esse conhecimento está em algum lugar do meu cérebro. Mas nem ferver água, nem linguagem são coisas inatas simplesmente porque são encontradas em uma parte específica do cérebro – nem mesmo se forem encontradas praticamente na mesma parte de todos os cérebros de todos os indivíduos.

Alguns também afirmam – como o filósofo de Rutgers, Jerry Fodor e outros – que a linguagem é um módulo mental encapsulado (o que quer dizer que ela opera independentemente do resto do cérebro). Mas Evelina Fedorenko, uma neurocientista do MIT, mostrou que quando nós usamos a linguagem, sempre utilizamos tanto um conhecimento específico quanto um geral.[11] Primeiramente, um indivíduo pode acessar o significado de uma palavra em particular, armazenado no seu cérebro, mas também vai acessar subsequentemente o conhecimento da cultura geral que ele possui com vistas a interpretar aquela palavra nas suas circunstâncias presentes. Portanto, a linguagem não está encapsulada, nem é uma habilidade autônoma. E não tem uma localização própria geneticamente determinada no cérebro. Mas a autonomia e a localização inatas são, muitas vezes, um apelo com o intuito de afirmar que a própria linguagem é inata, um módulo encapsulado.

Qualquer neurocientista se preocupa se o seu próprio cérebro está à altura da tarefa de compreender o cérebro humano, de modo mais geral. Alguns como Ramón y Cajal, na citação do início deste capítulo, acham que não. Outros acreditam que tal pessimismo é injustificado e que se deve persistir, fazendo um progresso gradual, como com qualquer objeto de estudo difícil. Os mais otimistas acreditam que a compreensão total do cérebro pode ser atingida homeopaticamente – um pouco por vez, aprendendo um pouquinho mais sobre o cérebro, experimento a experimento, da mesma forma que tudo na ciência é aprendido. O fato banal de que o cérebro é necessário para a linguagem não esclarece como o cérebro funciona em relação à linguagem.

Por algumas dessas razões, o interesse pelo cérebro cresceu imensamente nos últimos cinquenta anos. Em 1970, formou-se a Sociedade de Neurociência, com 500 membros fundadores. No momento de produção deste livro, a sociedade tinha mais de 35 mil membros ao redor do mundo realizando conferências com uma média de público de 14 mil pessoas por apresentação, com um total de 30 mil participantes. A Filosofia da Neurociência é outra área popular recém-criada que, de acordo com a maioria dos seus praticantes, teve origem a partir do livro *Neurophilosophy* de Patricia Churchland, de 1986. Há uma imensa variação em relação às crenças, às teorias e aos interesses de pesquisa nesses dois campos de estudo, mas um dos pontos emergentes de consenso entre muitos (embora, de forma alguma, entre todos) é o de que o cérebro é simplesmente um órgão da fisiologia de todo indivíduo e que a cognição, a atividade, as atribuições das habilidades etc. são propriedades do indivíduo como um todo, assim como da cultura em que o indivíduo se encontra.

Parte dos motivos para o neuroceticismo (a crença de que a humanidade nunca vai entender o cérebro humano) é expressa no seguinte trecho:

> Grama a grama, o cérebro é, de longe, o objeto mais complexo que nós conhecemos no universo, e nós simplesmente ainda não compreendemos o seu plano básico – apesar de sua extrema importância e da grande quantidade de esforços [...]. Nenhum Mendeleyev, Einstein, Darwin teve êxito em compreender e articular os princípios gerais de sua arquitetura, nem ninguém apresentou uma teoria coerente de sua organização funcional [...]. Não há nem mesmo uma lista das partes básicas [do cérebro] que seja consenso entre os neurocientistas.[12]

O que evoluiu no crânio, desde os primeiros primatas até os *Homo sapiens*, é um órgão do corpo. O cérebro não é, e não contém, uma entidade etérea tal como a mente ou a alma. O cérebro é nada mais nada menos do que o principal órgão do sistema nervoso, assim como o coração é o principal órgão do sistema circulatório e os pulmões são os principais órgãos da oxigenação, ou o nariz é o principal órgão do olfato, ou os olhos são os principais órgãos da visão. O cérebro não consegue viver ou se desenvolver sozinho. Ele é, assim como qualquer órgão corpóreo, modelado e restringido por todos os outros sistemas fisiológicos do corpo, em cooperação com as experiências culturais, as apercepções individuais, o alimento que ingerimos, os exercícios que fazemos e, de modo mais geral, a maneira como vivemos. O cérebro é encontrado na cabeça, que sozinha evoluiu para acomodá-lo e protegê-lo, mudando à medida que o cérebro foi mudando e se tornando essencial para seu funcionamento adequado.[13]

Muito do que se sabe sobre o cérebro humano foi aprendido a partir de experimentos com cérebros de animais vivos. Quanto aos cérebros humanos, métodos menos cruéis são usados, tais como a neuroimagem funcional de diferentes tipos e registros de eletroencefalograma (EEG). Esses métodos mais humanos de estudo do cérebro promoveram uma imensidade de descobertas sobre como o cérebro dá suporte à linguagem humana.

Os 1,360 kg do cérebro consistem de neurônios, núcleos da base e vasos sanguíneos. Cada um desempenha um papel fundamental no funcionamento do cérebro, na inteligência e em outras habilidades cognitivas da espécie. Existem, em média, 100 bilhões de neurônios no cérebro. Há também células não neuronais praticamente na mesma quantidade. Quase 20% de todos os neurônios do cérebro residem no córtex cerebral, incluindo a substância branca encontrada abaixo do córtex – ou "substância branca subcortical".

A maior parte do cérebro é o telencéfalo, que se situa abaixo na parte de trás do córtex (literalmente a "casca" do cérebro). O cérebro está dividido em dois hemisférios. Quando alguém fala sobre ser "do hemisfério esquerdo" ou "do hemisfério direito" do cérebro, está se referindo aos dois hemisférios do telencéfalo.

Como podemos ver a partir de uma perspectiva ventral (da parte de baixo) do cérebro, que aparece na Figura 17, o que fica abaixo do telencéfalo é o tronco cerebral. Atrás do tronco cerebral está o cerebelo. Quase 69 bilhões de nossos neurônios cerebrais, 80% de número total, estão localizados no cerebelo (ou "cerebrozinho"), que se situa logo abaixo do córtex.

O córtex cerebral é complexo (muitas cristas e vales); uma característica comum de cérebros maiores, independentemente da espécie. O cérebro é mole e, se não fosse pelo crânio armazenando-o, poderia facilmente ser danificado. Muitos componentes do cérebro humano são encontrados nos cérebros de todos os demais vertebrados. Entre esses componentes estão o bulbo raquidiano, a ponte, o colículo superior, o tálamo, o hipotálamo, os núcleos da base e o bulbo olfactório.

As principais divisões do cérebro humano em prosencéfalo, mesencéfalo e rombencéfalo são igualmente comuns no reino animal. Contudo, os cérebros dos mamíferos são mais avançados do que os dos vertebrados medianos. Todos os mamíferos têm um córtex cerebral dividido em seis camadas. Como os primatas, os humanos têm córtices mais largos do que os cérebros dos não primatas, e o formato do seu cérebro foi levemente modificado pelo fato de que eles mantêm suas cabeças eretas.

Mas os humanos não são meramente vertebrados, mamíferos ou primatas – eles são *Hominini*, detentores do maior cérebro em relação ao tamanho do corpo provavelmente em todo o reino animal. Em particular, eles possuem o empacotamento de neurônios mais denso do que qualquer criatura. Os cérebros humanos são formados através das interações entre genes e meio ambiente. Existem barreiras (algumas de sangue e outras de líquido cefalorraquidiano) em volta do cérebro e células especializadas (neuroglias e mastócitos) que oferecem um sistema neuroimune independente, distinto do sistema imunológico do restante do corpo. Os humanos compartilham muito da estrutura cerebral com outros *Hominini*, tais como os *Australopithecus* e os *Homo erectus*, ainda que os cérebros dos *sapiens* sejam maiores, mais especializados e mais complexos do que os dos outros *Hominini*.

Se alguém fosse estender no chão as dobras de um córtex anatomicamente inteiro de um humano moderno veria que elas ocupam uma área de superfície de aproximadamente 0,24m^2. As dobras dos córtices cerebrais humanos elevaram e baixaram regiões, cristas e sulcos, e cada uma delas designou um *giro* (uma porção elevada, da palavra grega para "anel") ou um *sulco* (uma região recuada, da palavra latina para "ruga").

Cada um dos hemisférios cerebrais está divido em quatro lobos (palavra grega para "módulo"): frontal (do latim, "da frente"), parietal (do latim, "paredes da casa"), occipital (do latim, "parte de trás da cabeça"), e temporal (do latim, "que dura por um certo período").

Figura 16 – Visão médio-sagital do cérebro

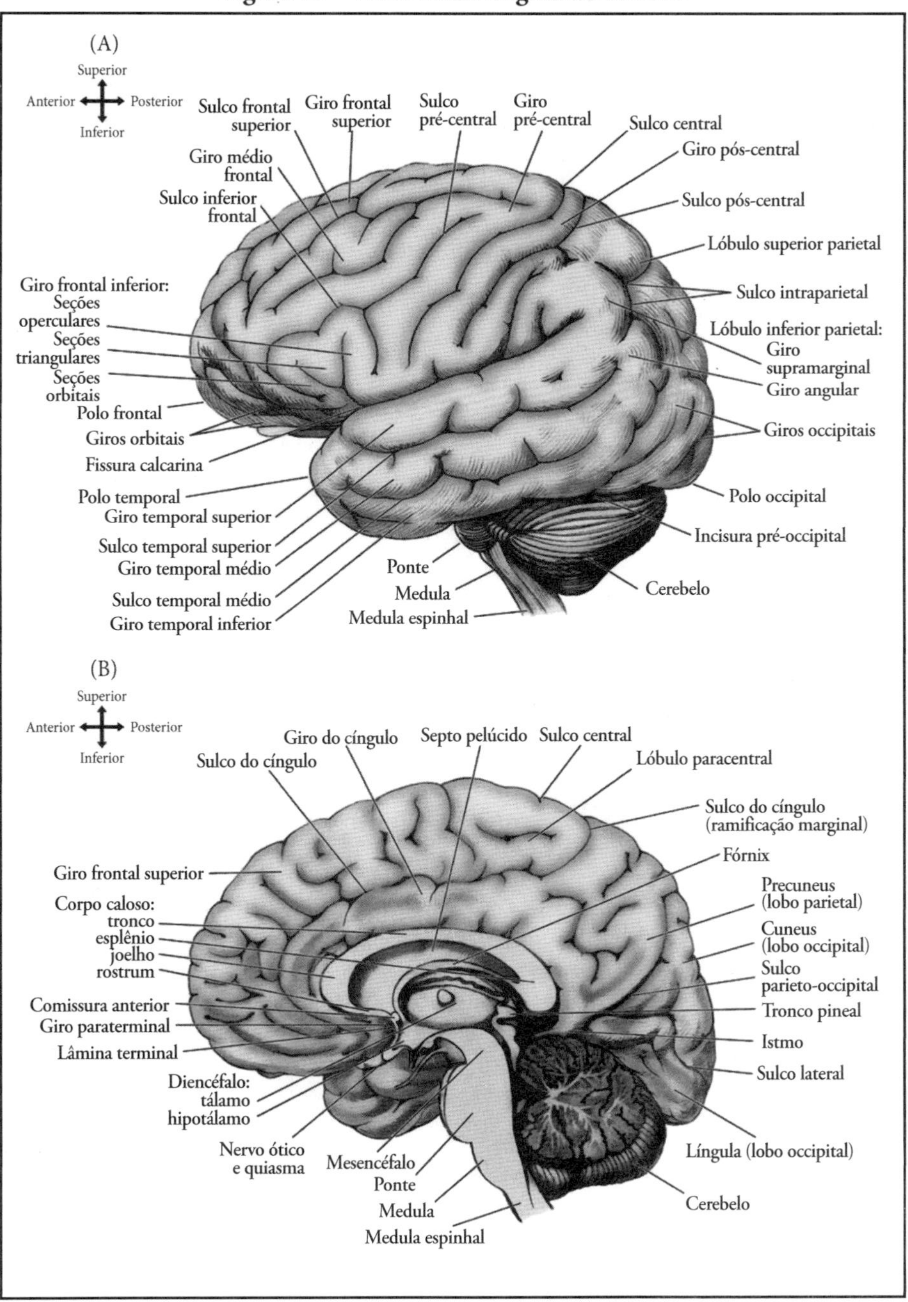

Figuras 17 e 18 – Visões ventral e dorsal do cérebro

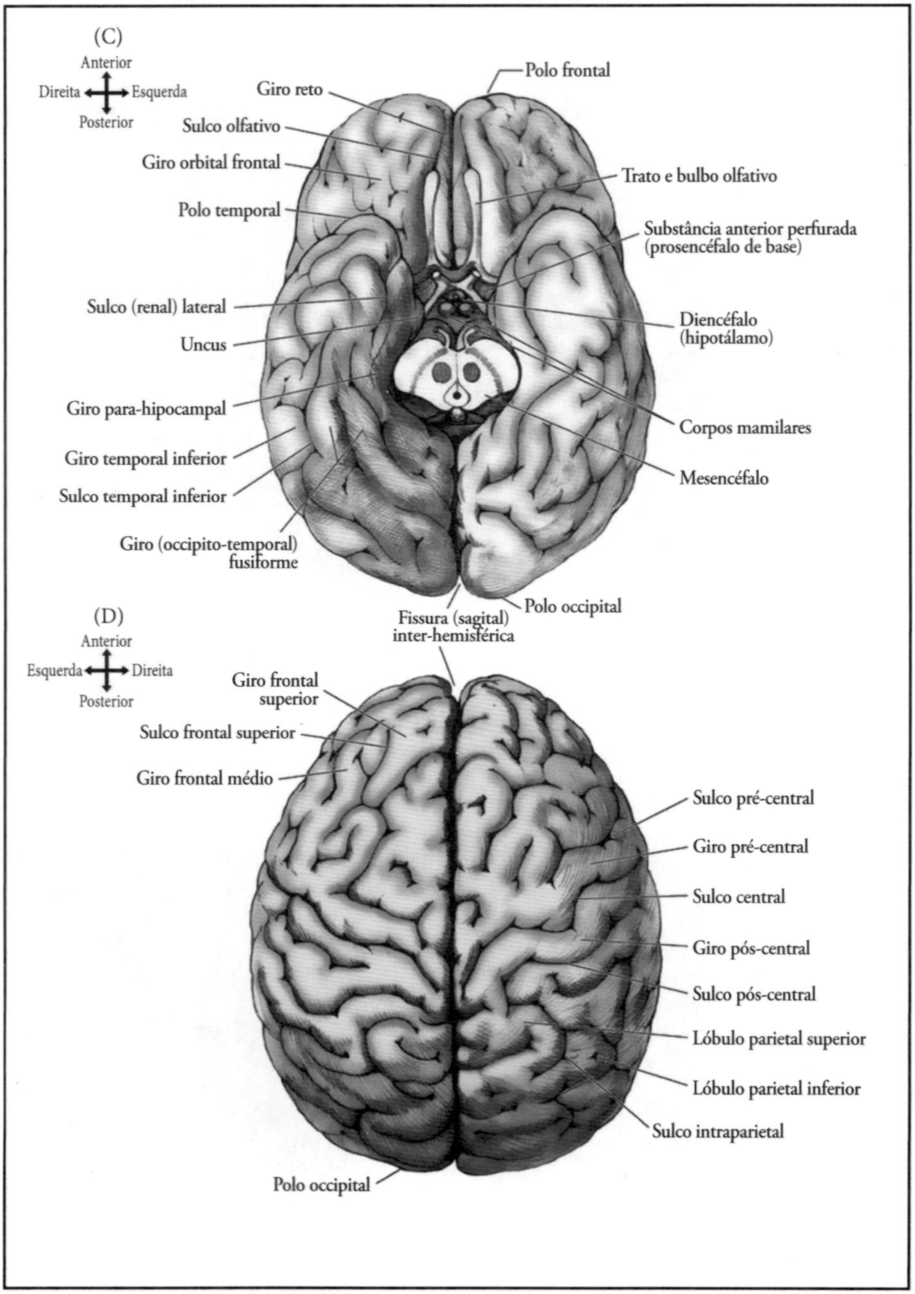

(C)

Anterior
Direita Esquerda
Posterior

Polo frontal
Giro reto
Sulco olfativo
Giro orbital frontal
Trato e bulbo olfativo
Polo temporal
Substância anterior perfurada (prosencéfalo de base)
Sulco (renal) lateral
Diencéfalo (hipotálamo)
Uncus
Giro para-hipocampal
Corpos mamilares
Giro temporal inferior
Mesencéfalo
Sulco temporal inferior
Giro (occipito-temporal) fusiforme
Polo occipital
Fissura (sagital) inter-hemisférica

(D)

Anterior
Esquerda Direita
Posterior

Giro frontal superior
Sulco frontal superior
Giro frontal médio
Sulco pré-central
Giro pré-central
Sulco central
Giro pós-central
Sulco pós-central
Lóbulo parietal superior
Lóbulo parietal inferior
Sulco intraparietal
Polo occipital

Essas regiões receberam seus nomes basicamente devido à porção correspondente do crânio imediatamente acima delas. Frequentemente, veem-se as referências a esses lobos na literatura neurocientífica, mas seu propósito básico é se referir a uma região geral. Elas são entendidas e demarcadas de maneira muito precária para que se atribua a elas qualquer função significativa no comportamento global do cérebro. Na verdade, as diferentes funções cerebrais são comumente distribuídas por entre as supostas fronteiras dos diferentes lobos. Uma complicação adicional é que cada cérebro é único – não existem dois cérebros que tenham exatamente o mesmo padrão de giros ou de sulcos. Ainda assim, todos os cérebros humanos funcionam de maneira similar, a despeito dos padrões de giros e de sulcos. Isso indica que as funções das dobras do cérebro não estão plenamente compreendidas, ou que as dobras do cérebro fazem pouca diferença para o funcionamento do cérebro, ou que há características cerebrais que distinguem os indivíduos de formas que nós ainda não identificamos. Todas essas opções são muito provavelmente verdadeiras em algum sentido.

Independentemente de quão primitiva seja a nossa compreensão atual do cérebro, está claro que a arquitetura anatômica cerebral é muito importante para a linguagem e para outras funções cognitivas da nossa espécie. Mas há um outro tipo de arquitetura, para além da anatomia bruta, que é igualmente importante – se não mais – para as funções cerebrais: sua citoarquitetura.

Na visão médio-sagital do cérebro (Figura 16), o tronco cerebral, o cerebelo e o telencéfalo estão todos visíveis. No entanto, o que vale a pena notar nessa figura em particular é que a "topografia do lugar" e o fato de que as regiões específicas do cérebro estão onde nós encontramos, de maneira mais geral, os centros de controle de certas capacidades físicas. O fato de que essas capacidades são encontradas na maioria dos indivíduos não significa necessariamente que elas não possam ser reaproveitadas para outros usos. Na verdade, a cientista cognitivista Elizabeth Bates e seus colegas desenvolveram um modelo de especialização cerebral que se vale da ordem e da maneira como as coisas foram aprendidas primeiro e da natureza física da citoarquitetura relevante, que evita, em muitos casos, a necessidade de se recorrer a genes não identificados. Isso não quer dizer que os genes não desempenham um papel na arquitetura do cérebro. Com certeza, eles desempenham. Mas eles não deveriam ser evocados sem a compreensão do seu papel. As outras duas visões do cérebro que ilustram sua complexidade global são a ventral (da parte de baixo) e a dorsal (da parte de cima) (Figuras 17 e 18).

Uma representação mais detalhada das funções cognitivas das áreas do cérebro vem da "citoarquitetura". Esse é o termo para rotular as diferenças na construção das células individuais encontradas em regiões particulares do cérebro. A divisão das regiões do cérebro com base em sua citoarquitetura é dada na classificação de Brodmann das áreas do córtex distinguidas pelas formas celulares (Figura 19). A organização se manifesta de várias formas distintas – conexões entre células, formato das células ou de parte das células, espessura do córtex em uma região celular particular, de acordo com qual região do cérebro estamos vendo e que função essa região tem. Essa classificação recebeu seu nome em homenagem a Korbinian Brodmann, o primeiro a propor esse tipo de divisão para o cérebro. A maioria das divisões que ele propôs está relacionada às partes do corpo ou a funções cognitivas superiores.

Figura 19 – Citoarquitetura/áreas de Brodmann

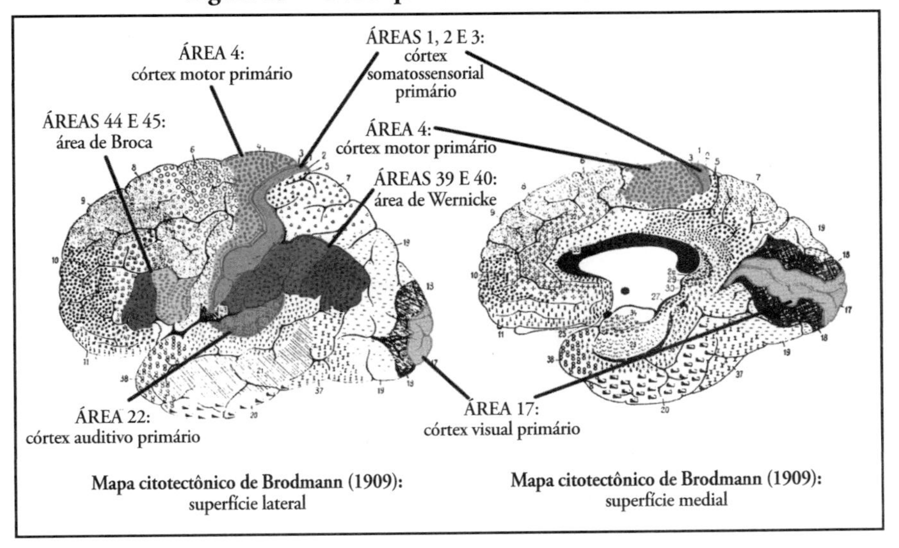

Com base na divisão da citoarquitetura do cérebro nas áreas de Brodmann, propostas recentes buscaram regiões que fossem específicas para a linguagem e que pudessem explicar a singularidade da linguagem nos humanos. Algumas adotam uma visão da base neurológica para a linguagem dos *sapiens*, algo que é um tanto problemático. Com todas as propostas sobre a anatomia ou sobre a evolução do cérebro, nós deveríamos suspeitar das tentativas de interpretar a neurologia como sendo ou prevista ou corroborada por teorias altamente específicas de linguagem. Em particular, as áreas de Brodmann não oferecem nenhum suporte direto para a abordagem "X-Men", que considera que a linguagem seja especial, uma mudança saltacionista que resulta de uma mutação.[14] Ao considerar essa hipótese e rejeitá-la, prepara-se o caminho para uma discussão de propriedades mais gerais do cérebro necessárias para a linguagem.

Essa proposta se constrói parcialmente tendo como base o fato de que houve múltiplas inovações evolutivas no cérebro humano. Assim, alguns pesquisadores afirmaram que existem diferenças nos cérebros dos *sapiens* que resultam de uma mutação para a gramática. Os proponentes da mutação também afirmam que nenhuma outra espécie, do passado ou do presente, tais como os *Homo erectus*, poderiam ter tido linguagem. Isso porque tais pesquisadores defendem que não há evidência para as representações simbólicas entre os *Homo erectus* ou, provavelmente, até mesmo, entre os *Homo neanderthalensis*. Portanto, somente os *sapiens* poderiam ter tido linguagem. Essa é uma ideia duplamente errada. Primeiramente, os *erectus* tinham representações simbólicas – ferramentas, símbolos de *status* e gravuras. Em segundo lugar, o método está errado. Ele implica uma afirmação baseada na ausência de evidência, a saber, que a arte simbólica não é encontrada nas espécies *Homo*, que não sejam *sapiens*. Mas a ausência de evidência é um argumento fraco. E, nesse caso, há evidência. Em terceiro lugar, essa ideia de que os *erectus* não tinham linguagem ignora os seus feitos. Lembre-se de que os *erectus* navegavam. Essa atividade por si só demonstra que os *erectus* eram capazes de planejar, de imaginar e de se comunicar. Mesmo se a linguagem dos *erectus* não dispusesse de um sistema hierárquico, ela diferiria somente em grau, e não em tipo, das línguas modernas. Em outras palavras, a língua dos *erectus*, que pode ser chamada de uma língua "G_1" (gramática primitiva), poderia perfeitamente evoluir para uma língua "G_3" (gramática tardia) contemporânea – uma com recursividade e hierarquia. E depois que a língua G_1 foi inventada pelos *erectus* – e muito possivelmente adotada, na sequência, pelos *neanderthalensis* e pelos *sapiens* –, a língua G_3 surgiu em pouco mais de alguns anos de ajustes (poderiam ser milhares de anos, dezenas de anos ou apenas alguns anos). Alguns pesquisadores demonstraram corretamente que as evidências para a linguagem remetem a um passado de, pelo menos, 500 mil anos. Mas não há razão para que a linguagem não possa ter sido alcançada ainda antes disso. Assim como os *sapiens*, os *neanderthalensis* perderam a corrida na busca pela invenção da linguagem para seus ancestrais, os *Homo erectus*.

Alguns problemas que acompanham a proposta de que o cérebro tem módulos específicos encapsulados dedicados à linguagem podem ser vistos em uma breve revisão da pesquisa relatada pela neurocientista Angela Friederici, do Instituto de Ciências Cognitivas Humanas e Cerebrais, do Max Planck, em Leipzig. Friederici escreveu extensivamente, em sua pesquisa, sobre mecanismos cerebrais hipotéticos que subjazem à linguagem. Ela adota pressupostos sobre a natureza da linguagem como um tipo específico de gramática complexa. A afirmação da autora que vale a pena examinar neste momento é a proposta de que a Área 44 de Bordmann (BA 44) é uma série funcionalmente específica (que é dedicada a uma tarefa específica) de tecidos (a BA 44 pode ser vista na Figura 19). Friederici afirma que essa área está conectada ao córtex temporal e que ela é a diferença neural que desencadeia ou permite a capacidade dos *Homo sapiens* para a sintaxe. Antes de examinar essa ousada afirmação, convém fazer uma simples pergunta: o que a pesquisadora pensava sobre o assunto antes de dar início à sua pesquisa? Essa questão pode ser útil para detectar os primeiros sinais de "viés de conformação" (obter resultados experimentais que confirmam as crenças preexistentes de alguém).

Essa pesquisa particular começa adotando uma visão estrita de que a linguagem é uma gramática com recursividade. Nenhum sistema de comunicação que carece dessa propriedade pode ser uma língua, de acordo com essa perspectiva. Esse pressuposto é adotado em muitos experimentos sobre o suporte cerebral para a linguagem. Em muitos casos, os pesquisadores supõem que uma regra gramatical, uma "operação de conectar", como é chamada, serve de base para toda linguagem humana. A operação de conectar é simplesmente uma operação que combina dois objetos para formar um objeto maior. Suponha que alguém deseja proferir ou interpretar o sintagma "o menino grande". Esse sintagma não é formado simplesmente pela justaposição das palavras "o", "menino" e "grande". Nessa teoria de gramática que parte da operação de conectar, toma-se "menino", que é, então, combinado com a palavra "grande". Em seguida, "menino grande" é combinado com "o". Da maneira como é formulada, a regra para conectar não pode operar com mais de duas palavras ou sintagmas ao mesmo tempo. Isso quer dizer que ela – e, portanto, toda a linguagem – é um processo "binário". Esse é um conceito de linguagem como estrutura, em vez de linguagem como significado ou interação.

Ao adotar o pressuposto de que linguagem humana = operação de conectar, os pesquisadores provavelmente estão superestimando a importância da sintaxe, que desempenha somente um papel minoritário na linguagem humana como forma de organizar o fluxo de informações. Como tal, ela age como um filtro, que ajuda a guiar o ouvinte para as interpretações pretendidas de um enunciado.[15] A gramática são símbolos usados em conjunto. Entretanto, comparada à invenção dos símbolos e à base cultural do seu significado, juntamente com o conhecimento sobre como utilizar os símbolos de maneira apropriada para contar histórias, conversar e usar a língua em suas muitas formas, a sintaxe é uma ferramenta útil, mas seguramente não essencial. O problema é que a operação de conectar não é encontrada em todas as línguas humanas. Em várias línguas modernas não há evidências que deem suporte a uma operação sintática binária.[16] Portanto, a operação de conectar não é um pré-requisito para linguagem humana. Além disso, mesmo se fosse, tal operação não é específica à linguagem. Ela é um exemplo do processo bastante conhecido de aprendizagem associativa, do tipo que tornou famoso o cachorro de Pavlov. O cachorro de Pavlov aprendeu a associar o toque de um sino à comida. O sino era tocado apenas quando a comida estava servida. No fim, o cachorro "fazia a conexão" entre esses dois conceitos, sino e comida, e salivava quando o sino soava.

Além disso, se a operação de conectar for simplesmente uma forma de aprendizagem associativa, ela não pode ser única à linguagem. A aprendizagem associativa é encontrada comumente tanto fora da sintaxe e da língua quanto entre a maioria das espécies. Seguramente, todos os animais possuem uma capacidade para aprendizagem associativa.

Então, esse é o primeiro problema com as afirmações de Friederici. Ela tem um conceito errado de sintaxe.

Mas os problemas neurolinguísticos conceituais não param por aí. Não é apenas o conceito errado de sintaxe que prejudica as tentativas de mostrar a especificidade da linguagem no cérebro. O principal problema não é somente a ideia de que há uma linguagem inata que é uma simples operação sintática, mas a ideia de que se poderia localizar um lugar inato biologicamente determinado para a linguagem no cérebro. É como se pudéssemos perguntar ao cérebro: "onde está a sintaxe?". Bom, claro, a sintaxe está em algum lugar (ou em alguns lugares) do cérebro; ainda assim, só porque a sintaxe é encontrada no cérebro não quer dizer que ela seja geneticamente pré-especificada para estar lá. Além disso, é possível que algumas áreas da citoarquitetura do cérebro sejam, de fato, propícias para armazenar a sintaxe e operar com ela. Mas isso não é o mesmo que dizer que a BA 44 e sua conexão com o lobo temporal são desenvolvimentos evolutivos que fizeram surgir a linguagem do cérebro primata. A BA 44, assim como qualquer outra região do cérebro, tem uma série ampla de funções e não está exclusivamente associada à sintaxe. A BA 44 tem, pelo menos, seis funções distintas, incluindo processamento do som ou fonológico, processamento sintático, compreensão do significado ou processamento semântico e percepção musical. Ela também é utilizada no processo de análise e tomada de decisão. Além disso, ela é usada no movimento das mãos. Ela pode ser necessária para a sintaxe, mas isso é como dizer que a mão é necessária para o lápis. Os diferentes papéis da BA 44 demonstram que precisamos de um entendimento mais geral e mais refinado a respeito do que essa área faz. Não podemos simplesmente chamá-la de órgão da linguagem.

Trabalhos como o de Friederici pecam não somente porque supõem que a sintaxe seja mais importante para a linguagem do que ela, na verdade, é, mas também porque as regiões do cérebro não são especializadas, como esse trabalho defende. Os pesquisadores que têm essa convicção também parecem sugerir que a linguagem seja mais simples e mais recente do que as evidências indicam. A linguagem não só é muito mais complexa do que pesquisas como a de Friederici supõem ser, mas também – se eu estiver correto – ela é significativamente mais antiga. Talvez ela tenha surgido antes da evolução das partes relevantes do cérebro que a autora afirma serem cruciais para a linguagem.

No entanto, isso realmente suscita uma questão interessante acerca da relação entre cérebro e linguagem. Se a linguagem for, de fato, tão antiga quanto parece ser, então, os *Homo erectus* ou os *Homo nenaderthalensis* tinham a BA 44? Isto é, a linguagem pode existir sem a área do cérebro moderno conhecida como BA 44? Ninguém sabe. Mas, então, se é incerto que essa área era encontrada em outras espécies *Homo*, ninguém também tem ideia alguma a respeito de quais partes do cérebro deram suporte à sintaxe dos *erectus* ou dos *neanderthalensis*. Isso quer dizer que não se sabe se a BA 44 é necessária para a sintaxe. Suspeita-se que, em virtude de o cérebro humano ser flexível, diferentes partes dele serão exploradas em diferentes momentos da história evolutiva do nosso gênero, depois dos *erectus*. A porção do cérebro utilizada pelos humanos modernos pode ser simplesmente a neurobiologia que beneficia o cérebro dos *Homo* contemporâneos. As espécies anteriores podem ter usado diferentes estruturas cerebrais para a sintaxe.

Outro problema com a análise de Friederici da BA 44 tem a ver com o fato de que ela foi inspirada por experimentos bastante famosos com saguis-cabeça-de-algodão, que foram conduzidos por Tecumseh Fitch e Marc Hauser, na primeira metade dos anos 2000. Os experimentos foram problemáticos por, pelo menos, duas razões.

A primeira razão é que eles podem ser não confiáveis. Eu assisti a uma tentativa malsucedida de rodar uma versão desses experimentos entre os pirahãs, feita por Fitch em 2007, quando ele foi meu convidado na Amazônia. Mas se esses experimentos falharam com cobaias humanas, é possível que eles também não tenham corrido tão bem entre os saguis como se acreditava. Talvez eles não sejam tão sensíveis à sintaxe da maneira que se afirma que eles sejam.

Entretanto, o problema mais sério com esses experimentos é que a cientificidade por trás deles é falha. No *Psychonomic Bulletin and Review*, essa resposta foi publicada por Pierre Perruchet e Arnaud Rey:

> Em um artigo científico recente, Fitch e Hauser [...] afirmaram ter demonstrado que os saguis-cabeça-de-algodão não conseguem aprender uma língua artificial produzida por uma Gramática de Estrutura Sintagmática [...] que gera sentenças com encaixamento central [...] ao passo que humanos adultos aprendem facilmente essa língua. Nós reportamos um experimento que replica os resultados de Fitch e Hauser em humanos, mas que mostra que os participantes aprenderam a língua sem explorar, de nenhuma forma, estruturas com encaixamento central. Quando o procedimento foi modificado de modo a tornar determinante o processamento dessa estrutura, os participantes não mostraram mais evidências de aprendizado. Nós propomos uma interpretação simples para a diferença de desempenho observada na tarefa de Fitch e Hauser entre humanos e saguis e defendemos que, para além dos inconvenientes do estudo de Fitch e Hauser, pesquisar a fonte da incapacidade de os não humanos dominarem a linguagem dentro de um quadro construído com base na hierarquia de Chomsky [sic] para a gramática é um beco sem saída conceitual.[17]

Em adição ao ceticismo sobre os resultados de Ficth e Hauser, o professor Mark Liebermann ofereceu sua própria resposta, no seu blog (amplamente lido) *Language Log*, concluindo que as descobertas de Fitch e Hauser muito provavelmente diziam respeito à memória, e não à gramática em si.[18] Mas se isso estiver correto, então esses estudos não oferecem nenhum suporte para as afirmações de Friederici, e não servem de apoio nem para a sua metodologia, nem para as suas conclusões.

O que esse ceticismo mostra é que a ideia popular de que os cérebros humanos são geneticamente programados para a linguagem não é confirmada pela ciência, muito embora isso seja frequentemente afirmado. Não obstante, uma vez que os estudos sobre o cérebro começaram a ser levados a sério, sempre foi tentador associar a estrutura do cérebro –

seus lobos, camadas, regiões e outras características anatômicas brutas – aos diferentes tipos de inteligência ou a tarefas distintas. A ultrapassada "ciência" da frenologia ou da localização foi uma consequência de tentar associar características físicas do nosso crânio a propriedades cognitivas, emocionais e morais do cérebro, armazenadas dentro dele. Esse é um outro erro da utilização excessiva da metáfora de Galileu do universo ou do cérebro como um relógio.

O cérebro humano deve ser capaz de acompanhar conversas, usar palavras de maneira apropriada, lembrar e reproduzir pronúncias, decodificar pronúncias ouvidas dos outros, acompanhar as histórias nas conversas, lembrar sobre quem está sendo falado e seguir alguns tópicos ao longo das discussões. E essa é apenas uma pequena lista das formas para as quais a linguagem requer memória. Se não há memória, não há linguagem. Se não há memória, não há cultura. Mas a linguagem requer um conjunto especial de memórias, e não qualquer memória. As diferentes variedades de memória que subjazem à linguagem são a memória sensorial, a memória de curto prazo (ou "memória de trabalho") e a memória de longo prazo.

A memória sensorial mantém informações dos cinco sentidos no cérebro por curtos períodos de tempo. Ela é capaz de capturar informações visuais, auditivas ou táteis em menos de um segundo. Dessa forma, a memória sensorial permite que se olhe para uma pintura ou, digamos, que se ouça uma música, ou que se sinta o toque de alguém e se lembre de como foi aquela experiência. Esse tipo de memória é vital para o aprendizado de novas experiências. E ela é particularmente importante para o aprendizado de uma língua – devemos lembrar o som das novas palavras para repeti-las e acomodá-las na memória a longo prazo. A informação sensorial é como um reflexo e parece que simplesmente acontece, mas, sozinha, ela não é suficiente para dar suporte à linguagem. Ela se degrada muito rapidamente. Se alguém examinar uma sequência de números, ela pode ser lembrada (embora a memória sensorial seja limitada a um máximo de cerca de 20 itens), mas muito provavelmente não por tempo suficiente para atravessar o quarto e anotá-las. Há três variedades de memória sensorial: *ecoica* (para sons), *icônica* (para a visão), *háptica* (para sensações táteis).

Um outro tipo de memória, a de curto prazo ou de trabalho, também é crucial no uso da língua. Em uma conferência no MIT, em 11 de setembro de 1956, que é lembrada por uma série de palestras brilhantes que alguns chamam agora de "revolução cognitiva", o psicólogo George A. Miller – dos Laboratórios Bell na época; depois, de Princeton – apresentou um artigo intitulado "The Magical Number 7 +/– 2". A pesquisa de Miller concluiu que, sem exercício, as pessoas podem se lembrar de até nove (normalmente mais do que cinco) itens, por um período de aproximadamente um minuto. Alguns vieram a discordar de Miller e acreditavam que a memória de trabalho é, na verdade, inferior a isso, por volta de quatro itens para esse período de tempo. Contudo, Miller descobriu que, se os itens forem "agrupados", as pessoas são capazes de lembrar números maiores de itens. Isso acabou sendo um ótimo resultado para a ciência, mas também para os Laboratórios Bell. Estes descobriram que uma pessoa pode ter dificuldades para lembrar o número 5831740263, mas que elas poderiam facilmente lembrar caso ele fosse "agrupado", como em (583) (174) (0263). Isso posteriormente acabou revelando que a memória de trabalho é enviesada para memórias baseadas no som, o que quer dizer que ela não só é importante para lembrar e decodificar enunciados, mas também que ela parece ter evoluído parcialmente para esse propósito – a linguagem novamente auxiliando a modelar a evolução humana.

A próxima forma de memória é a de longo prazo. A maioria das pessoas lembra de uma quantidade relativamente grande de coisas da sua infância. As memórias podem ser parcialmente imprecisas em alguns aspectos, modificadas com o passar do tempo por diferentes conversas sobre elas, mas alguma coisa daquelas experiências prévias está lá para a plenitude da vida das pessoas. A memória a longo prazo pode lembrar de uma vasta quantidade de dados por um período quase ilimitado de tempo dentro das fronteiras da longevidade humana.

A memória a longo prazo está dividida em memória *declarativa* e memória *processual*. A memória processual é a memória implícita aos processos que envolvem habilidades motoras. Quando nós tentamos lembrar uma senha, a memória declarativa pode nos deixar na mão, no sentido de que não somos capazes de lembrar os nomes de todos os símbolos que escolhemos para a senha. Mas a memória processual pode vir a nosso regaste se simplesmente nos sentarmos diante do teclado e digitarmos a senha. Em um certo sentido, os nossos dedos "se lembram" da senha que a nossa memória consciente esqueceu. Ou alguém pode ficar tentando ensinar outra pessoa a fazer alguns acordes no violão e esquecer as notas. No entanto, ele ainda pode ensinar os acordes, tocando-os bem devagar para o aprendiz. Mas tem que se tomar cuidado para não tocar muito devagar. A memória processual parece preferir manter as coisas no ritmo.

A memória processual é fundamental para a pronúncia ou para os gestos nas línguas de sinais, promovendo um uso e acesso muito mais rápido às palavras e aos sinais do que a memória declarativa, assim como os dedos podem lembrar mais facilmente a senha do computador. Sem a memória processual, a língua e muito da cultura seriam impossíveis. Obviamente, qualquer animal que pode construir rotinas rapidamente também tem uma forma de memória processual. Ela não é única aos humanos.

A memória declarativa está subdividida em memória semântica e memória episódica. A memória semântica está associada aos fatos que independem de qualquer contexto, tais como "um solteiro é um homem que não é casado". Ela é crucial para os significados linguísticos. E ela também é fundamental para outras memórias a longo prazo, livres de contexto, tais como "11 de setembro foi um dia horrível".

Por outro lado, as memórias episódicas são memórias a longo prazo associadas a um contexto específico e, portanto, tendem a ser mais pessoais. Você pode utilizar essa memória para lembrar de coisas como: "esse é o lugar onde nós tivemos nossa primeira luta com pistolas de água" ou "esse é o bar mexicano em que eu tomei minha primeira tequila".

A memória de trabalho ocorre como troca entre neurônios no córtex frontal. Mas as memórias a longo prazo são amplamente distribuídas no cérebro e parecem ser processadas inicialmente pelo hipocampo, que "consolida" a memória para armazenamento a longo prazo em outro lugar. Assim sendo, nós devemos ter cérebros que podem dar suporte a três tipos básicos de memória, que os humanos utilizam com bastante frequência e dos quais dependem para sobreviver e falar.

Várias tradições culturais atribuíram diversas funções aos órgãos específicos do corpo e suas partes, tais como as emoções estando centradas no coração, os pensamentos sendo processados em certas partes do cérebro e a linguagem estando enraizada em outras. Mas a cultura pode somente saber, de fato, como as coisas funcionam à medida que seus métodos científicos, resultados e compreensão evoluem com o passar do tempo. Hoje em dia, é quase universalmente aceito que o coração não tem nada a ver com emoções: ele bombeia o sangue, nada mais. Da mesma forma, embora de modo menos amplo, agora se sabe que, ainda que o cérebro seja fundamental para o processamento de todas as nossas funções cognitivas, ele não é o único local dessas funções. Recursos do nosso corpo inteiro são mobilizados para o raciocínio, da mesma forma que são para a comunicação (se você duvida disso, imagine o quanto uma doença ou uma ressaca pode afetar a sua habilidade de pensar com clareza). E os pensamentos do cérebro vêm majoritariamente da totalidade das nossas experiências pessoais, na medida em que elas as armazenam e as embelezam. Elas também são conhecidas como apercepções – as experiências que fazem as pessoas ser quem são. Mas vamos fazer uma pergunta: como o cérebro permite que as pessoas falem? E o que impede que outros animais tenham linguagem?

O filósofo francês René Descartes foi a grande estrela do Renascimento, foi a pedra de toque da cultura e da história do mundo ocidental. Ele foi pioneiro ao trazer de volta à moda um pensamento inovador e original, depois de mais de cinco séculos em que se falava de pessoas ao invés de ideias. Antes de Descartes e de alguns outros, ficamos escondidos nas sombras por quase mil anos – a opressora Idade das Trevas –, durante a qual o "raciocínio" era um ato de poder. Por causa disso, os argumentos *ad hominem* – isto é, argumentos baseados na reputação de uma pessoa, e não nas suas ideias – em favor do ponto de vista de alguém eram a norma.

O trabalho de Descartes sobre a mente gira em torno da tese popular do dualismo – a proposta de que a mente é a nossa alma e é imaterial, seja ela espiritual, platônica ou meramente mental, ao passo que o corpo é material. De acordo com Descartes, existem substâncias irreconciliáveis. Contudo, ele sugeriu que a alma e o corpo estavam conectados por meio de uma glândula pineal. Por qualquer razão que seja (talvez devido às tradições religiosas que contrapõem corpo e alma), o dualismo foi uma tese influente por mais de 400 anos. O trabalho de Descartes foi base para muito da teoria de Noam Chomsky sobre mente e linguagem e a relação entre elas, como Chomsky explica em seu livro *Cartesian Linguistics* (*Linguística cartesiana*).[19] Chomsky parece sustentar a afirmação de Descartes de que, ao passo que o corpo é uma máquina, a mente não é obviamente física.

O dualismo põe em desvantagem as abordagens evolutivas sobre o pensamento humano, pela simples razão de que algo não físico não pode evoluir. Portanto, se aceitarmos o dualismo, nós rejeitamos a ideia de que a mente evoluiu por seleção natural. Em palestras e trabalhos escritos, normalmente vê-se citado o antigo teísta Alfred Wallace, codescobridor da seleção natural, em apoio à visão dualista da mente como uma substância, de alguma forma, diferente do corpo. Wallace realmente acreditava que a mente, como uma entidade imaterial cartesiana, não poderia ter evoluído. Entretanto, parece que a melhor via de progresso não é o dualismo, mas a simples ideia de que alguém deveria tentar explicar primeiro as coisas em termos naturais e físicos, antes de propor novas entidades ou substâncias. Isso se aplicaria especialmente se se acreditasse não haver base física para o pensamento. Para defender essa ideia, seria necessário começar com as evidências habituais dos fósseis, do DNA e das teorias de linguagem e cultura, bem como com a primatologia comparativa, antes de propor explicações não físicas para a linguagem, a inteligência humana ou as mentes humanas, de maneira mais geral.

Teorias sobre a mente e o cérebro humanos existem há milênios. Os estudiosos, muitas vezes, tomam cuidado para distinguir esses dois termos (cérebro *versus* mente), mas essa separação é inspirada, em última análise, tanto pelo dualismo quanto pela religião. Nessa concepção, a palavra "mente" se refere às atividades cerebrais e às propriedades que atualmente são incapazes de serem explicadas em termos psicológicos. Mas essa posição parte do princípio de que a ciência poderia fornecer explicações neurofisiológicas para as propriedades às quais hoje em dia as pessoas se referem como propriedades mentais.[20]

Anteriormente foi mencionado que os paleoneurologistas praticam uma forma reversa de frenologia, estudando os moldes internos da caixa craniana dos fósseis (a parte de dentro do crânio em vez da parte de fora). Alguns desses moldes são formados naturalmente à medida que os crânios das criaturas mortas são preenchidos com materiais que se fossilizam e são deixados com impressões físicas da parte interna do crânio. Outros moldes internos da caixa craniana são feitos pelo paleoneurologista. O pesquisador Ralph Holloway resumiu como isso é feito.[21] O procedimento é realizado primeiramente com o preenchimento do crânio com camadas de látex. Em seguida, quando o látex está com aproximadamente 1-2mm de espessura, coloca-se o crânio em um forno por três ou quatro horas para curá-lo; depois retira-se o látex da cavidade cerebral. Holloway diz que isso pode ser feito por meio do rompimento do látex, usando talco para impedir que ele fique grudado no fóssil e, então, retira-se com cuidado o látex do fóssil pelo forame magno. Depois que o látex é removido, ele se reverterá, de imediato, na forma que tinha no crânio.

Não há nada de errado com a frenologia reversa da leitura do moldes internos da caixa craniana, contanto que o paleoneurologista se lembre de que as regiões do cérebro identificadas nos moldes internos são apenas sugestões do que pode ter sido, evidências não inequívocas (e não provas contra ou a favor) de diferentes habilidades cognitivas ou linguísticas. Os moldes internos da caixa craniana são menos informativos do que se gostaria que fossem, porque eles dizem muito pouco sobre a citoarquitetura do cérebro, sobre a distribuição de substância branca *versus* de massa cinzenta em relação à proporção dos tipos celulares, tais como as neuroglias em relação aos neurônios, e outros aspectos da anatomia cerebral, como a densidade neuronal, que nunca aparecem na parte de baixo ou na parte de fora dos crânios.

Outro problema é que o cérebro é, em certos aspectos, mais como uma bolha e menos como o coração com seus compartimentos separados. No cérebro, são desempenhadas diferentes tarefas por conexões espontâneas ou preexistentes que aproveitam primeiro as partes do todo que são as mais propícias para a tarefa e, a partir daquele momento, cada vez com mais potência, até que a tarefa seja realizada. Muitas dessas conexões inicialmente espontâneas se tornam mais rotineiras depois de uma exposição frequente a tarefas similares, indicando que o aprendizado ocorreu. Existe um sistema para as ativações, mas esse sistema é menos anatômico do que eletroquímico. Ele é mais fluido e dinâmico do que estático e geneticamente programado.

Na organização cerebral, as substâncias químicas são determinantes. Os hormônios gerados pelas nossas emoções, pelos processos do pensamento, pela dieta e pelo estado global do nosso organismo como um todo controlam o nosso cérebro. Esse é o motivo pelo qual muitos neurocientistas adotaram a teoria de que o cérebro é "corporificado" – construído com base em um sistema restringido anatômica, química, elétrica e fisicamente, qual seja: os nossos corpos. Para tais pesquisadores, não é um grande problema o cérebro pensar na medida em que o indivíduo inteiro pensa. Assim, o cérebro é um órgão físico, um constituinte do corpo, da mesma maneira que os outros órgãos o são. Essa corporificação, juntamente com o papel da cultura no nosso pensamento, significa que o cérebro é um órgão fisicamente integrado no mundo através do corpo, e não um computador.

O retrato do cérebro que está emergindo aqui, então, é de um órgão cognitivamente não modular com nenhum tecido congenitamente especializado para a linguagem (ou para cozinhar, ou para tocar violão). Esse é um contraste direto com as áreas especializadas, inatas, que existem para as habilidades físicas, mas não para as culturais ou conceituais. Se estiver correto que a linguagem é um artefato cultural, a ausência de uma área cerebral especializada para ela é previsível. Mas se essa ideia estiver errada, então, a linguagem é mais como a visão, e deveria haver evidências de que ela está conectada, de forma inata, a uma localização particular do cérebro, especializada para ela.

Evidências adicionais em favor dessa concepção de cérebro dos *Homo*, com um propósito geral, vêm dos distúrbios da linguagem e da fala. Acontece que não existem distúrbios hereditários específicos da linguagem, o que corrobora a teoria não compartimentada do cérebro. O que, por sua vez, é surpreendente considerando as afirmações encontradas com frequência na literatura.

NOTAS

1 Muito do material do início deste capítulo foi retirado do meu *Language: The Cultural Tool*.

2 Philip Lieberman, *Human Language and Our Reptilian Brain: The Subcortical Bases of Speech, Syntax, and Thought*, Cambridge, Harvard University Press, 2000.

3 D. M. Tucker, G. A. Frishkoff e P. Luu, "Microgenesis of Language", em Brigette Stemmer e Harry A. Whitaker (eds.), *Handbook of the Neuroscience of Language*, London, Elsevier, 2008, pp. 45-56.

4 Jeffrey Elman et al., *Rethinking Innateness: A Connectionist Perspective on Development*, Cambridge: MIT Press, 1996, p. 241.

5 "[...] a observação de que o termo 'região de Broca' (bem como 'região de Wernicke') não é usado de forma consistente na literatura não deveria ser surpreendente. Essa inconsistência não é só um problema de nomenclatura; ao invés disso, é um problema conceitual." Katrin Amunts, "Arquitectonic Language Research", em Brigitte Stemmer e Harry A. Whitaker (eds.), *Handbook of the Neuroscience of Language*, London, Elsevier, 2008, pp. 33-44.

6 Idem, ibidem.

7 Ned T. Sahin, Steven Pinker, Sydney S. Cash, Donald Schomer e Eric Halgren, "Sequential Processing of Lexical, Grammatical, and Phonological Information within Broca's Area", *Science* 326(5951), 2009, pp. 445-449; doi: 10.1126/science.1174481.

[8] Miguel Nicolelis e Ronald Cicurel, *The Relativistic Brain: How it Works and why it Cannot Be Simulated by a Turing Machine*, Durham, Kios Press, 2015.

[9] Marina Bedny, Hilary Richardson e Rebecca Saxe, "'Visual' Cortex Responds to Spoken Language in Blind Children", *Journal of Neuroscience* 35(33), 2015, pp. 11.674-11.681; doi: 10.1523/JNEUROSCI.0634-15.2015.

[10] Há muita discussão na literatura atualmente sobre o canto dos pássaros e suas possíveis conexões com a linguagem, dada a sobreposição da música no cérebro humano (cf. *Birdsong, Speech, and Language*, de Bolhuis e Everaert). Todavia, uma coisa que todas essas discussões deixam de lado é a contribuição da cultura para a linguagem humana. Como eu defendo em *Language: The Cultural Tool*, uma vez que os outros sistemas de comunicação animal, tais como o canto dos pássaros, carecem do componente cultural, como eu defino posteriormente em *Dark Matter of the Mind*, eles não podem ter linguagem. E a cultura pode se sobrepor ao que é inato.

[11] Evelina Fedorenko, "The Role of Domain-general Cognitive Control in Language Comprehension", *Frontiers in Psychology* 5, 2014, p. 335.

[12] Larry Swanson, *Brain Architecture: Understanding the Basic Plan*, Oxford University Press, 2011, p. 11.

[13] Cf. Lieberman, *The Evolution of Human Head.*

[14] Berwick e Chomsky, *Why Only Us?* [*Por que apenas nós? Linguagem e evolução*].

[15] O uso da sintaxe como filtro foi proposto pelo próprio Chomsky em seu livro de 1965, *Aspects of the Theory of the Syntax* [*Aspectos da teoria da sintaxe*].

[16] Por exemplo, a operação de conectar faz previsões erradas sobre a língua dos wari' da Amazônia (cf. Daniel Everett e Barbara Kern, *Wari'*). Os linguistas Ray Jackendoff e Eva Wittenburg afirmaram que se procura em vão pela operação de conectar na língua riau da Indonésia (*What You Can See Without Syntax: A Hierarchy of Grammatical Complexitiy*). E Jackendoff e o renomado sintaticista Peter Culicover escrevem, em coautoria, um livro intitulado *Simpler Syntax* (Oxford University Press, 2005), em que afirmam que nem todas as línguas usam as mesmas operações sintáticas.

[17] Pierre Perruchet e Arnaud Rey, "Does the Mastery of Center-embedded Linguistic Structures Distinguish Humans from Nonhumans Primates?", *Psychonomic Bulletin & Review* 12(2), 2005, pp. 307-313.

[18] http://itre.cis.upenn.edu/~myl/languagelog/archives/000434.html.

[19] Noam Chomsky, *Cartesian Linguistics: A Chapter in the History of Rationalist Thought*, New York: Harper & Row, 1966 [*Linguística cartesiana*].

[20] A melhor dessas muitas histórias sobre a mente humana, em minha opinião, é o trabalho magistral, em dois volumes, de Margaret A. Boden, *Mind as Machine: A History of Cognitive Science*, Oxford University Press, 2006. Outra importante série de estudos sobre a mente é a de Willem J. M. Levelt, *A History of Psycholinguistics: The Pre-Chomskyan Era*, Oxford University Press, 2014.

[21] Ralf Holloway, "Brain Fossils: Endocasts", em L. R. Squire (ed.), *Encyclopedia of Neuroscience*, London, Academic Press, 2009, vol. 2, pp. 353-361.

Quando o cérebro está com problemas

[...] *os distúrbios da linguagem não ocorrem isoladamente; os transtornos afásicos raramente ocorrem na ausência de uma deficiência de memória ou de problemas de atenção/execução.*

Yves Turgeon e Joël Macoir[1]

Uma maneira de testar a previsão de que a linguagem é inata e geneticamente programada em certas regiões do cérebro é examinar a natureza dos distúrbios linguísticos. Se a linguagem for um módulo encapsulado inato do cérebro, então, deveria ser possível observar os problemas relacionados à linguagem que são ligados exclusivamente a partes específicas do cérebro voltadas à linguagem. Se, por outro lado, a linguagem for uma invenção culturalmente adquirida, não deveria haver distúrbios especificamente linguísticos. Ao passo que essa última ideia – a de que não existem distúrbios hereditários únicos à linguagem – parece correta, há uma lista de pesquisadores respeitados que afirmam o contrário. Para ajudar a determinar o que realmente é verdade, as evidências dos então chamados "distúrbios específicos da linguagem" precisam ser consideradas.

O ponto de partida é o distúrbio com um rótulo desafiador, Distúrbio Específico da Linguagem (DEL). O DEL, ao que parece, afeta exclusivamente as funções linguísticas. Supõe-se que nenhuma outra parte do cérebro ou outros aspectos do nosso funcionamento cognitivo sejam afetados nessa síndrome, de acordo com determinados pesquisadores. Alguns afirmam que o DEL mostra que o cérebro é geneticamente programado para um conhecimento linguístico específico, porque esse déficit epônimo afeta somente o conhecimento linguístico.

Na verdade, esse rótulo é enganoso, porque sugere que alguma coisa (que nunca foi descoberta) foi encontrada, a saber, um distúrbio que afeta somente nossas habilidades linguísticas. Pelo contrário, esse distúrbio também parece sempre afetar aspectos não linguísticos da nossa cognição. Portanto, independentemente de qual seja a natureza dessas deficiências, elas não são específicas à linguagem.

Mesmo se o DEL existisse da maneira como é descrito, isso não indicaria que existe uma parte do cérebro geneticamente programada por genes da linguagem. Isso porque, além da linguagem, habilidades e conhecimento adquiridos podem também ser afetados. Amnésia, trauma contundente, álcool e ferimentos por arma de fogo são algumas das causas dos distúrbios da linguagem. Portanto, a existência de um distúrbio não tem nenhuma implicação, à primeira vista, sobre se a habilidade afetada pelo distúrbio é inata ou aprendida. Por outro lado, o modelo que considera a linguagem uma capacidade inata dos humanos prevê déficits linguísticos altamente específicos. Já o modelo que considera a linguagem uma invenção, um artefato cultural, prevê que os déficits da linguagem não passam de, possivelmente, déficits de efeitos culturais, tais como uma incapacidade de aprender a fazer pão.

Parece que a tese de que o cérebro é um dispositivo com um propósito geral prevê exatamente aquilo que é encontrado. Os déficits que afetam a linguagem são multifacetados. Os efeitos da linguagem em si são apenas uma parte de uma síndrome mais geral. Portanto, requer-se um olhar um pouco mais detalhado para alguns dos então chamados "déficits da linguagem". Michael T. Ullman e Elizabeth I. Pierpont, neurocientistas da Universidade de Georgetown, definem o DEL da seguinte maneira:

> O Distúrbio Específico da Linguagem (DEL) é normalmente definido como um distúrbio de desenvolvimento da linguagem na ausência de danos neurológicos diretos, da privação severa de ambiente ou de retardamento mental [...]. Outros termos também foram usados [...] tais como disfasia de desenvolvimento, distúrbio da linguagem, incapacidade de aprendizado de linguagem, fala retardatária, fala tardia e linguagem desviante.

Há pesquisadores que consideram o DEL uma disfunção ou um déficit do "módulo da linguagem" do cérebro, a capacidade mental exclusivamente responsável pela linguagem. Portanto, várias explicações para o DEL foram formuladas em termos de sintaxe (estrutura da sentença), ou fonologia (estrutura do som), ou morfologia (estrutura das palavras). Estes são módulos ou subcomponentes bem definidos da linguagem em algumas teorias. Uma previsão do DEL pode ser a de que a criança com esse distúrbio seja incapaz de construir mentalmente os tipos corretos de diagramas sintáticos arbóreos, independentemente da forma como tais estruturas são implementadas no cérebro. Um linguista pode prever que alguém poderia nascer sem a capacidade de realizar a operação sintática de conectar.

Uma análise alternativa para essa deficiência é proposta por Ullman e Pierpont: aquilo que é referido como DEL deveria, pelo contrário, ser entendido em termos de um "déficit processual". Essa contraproposta afirma que "uma proporção significativa de indivíduos com DEL sofre de anormalidades dessa rede cerebral, levando a deficiências de funções linguísticas e não linguísticas que dependem dela".[2] Além disso, eles concluem que a área de Broca – a região do cérebro associada não somente à gramática, mas à maioria das habilidades e atividades motoras processuais – fica comprometida juntamente com a memória processual (nossa capacidade de lembrar como fazer as coisas em sequência), o que quer dizer que, embora esses efeitos sejam vistos na linguagem, a raiz do DEL não é linguística em si, mas de uma ordem superior: a memória e o aprendizado processual que subjazem a muitas atividades humanas das quais a linguagem é apenas uma. Nas palavras de Ullman e Pierpont:

> As diferentes estruturas do sistema processual promovem contribuições, distintas e complementares, computacionais e funcionais. Por exemplo, os núcleos da base são particularmente importantes para a aprendizagem de novos procedimentos, mas pode ser muito menos do que isso para o processamento normal de procedimentos já aprendidos [...]. Então, as anormalidades das diferentes estruturas no sistema deveriam levar a diferentes tipos de deficiência da memória processual.[3]

Embora haja muitos estudos contrários à existência do DEL, seria prematuro considerar a questão encerrada. Mas, quanto a este livro, pode-se concluir que o DEL não oferece suporte algum à ideia de que a gramática ou a linguagem sejam inatas, em oposição à ideia de que elas sejam uma ferramenta cultural que é maleável, que muda com o passar do tempo e que são aprendidas de novo por cada criança à medida que elas se envolvem em conversas naturais e interações com outros membros de sua comunidade.

Não obstante, em um artigo de 2014 do periódico *Cell*, Steven Pinker e Heather van der Lely adotam uma visão diferente de DEL. Eles afirmam que o DEL é "altamente hereditário" e bastante específico à linguagem. A hipótese de hereditariedade do DEL é muito interessante. Ela significaria que o déficit vem de alguma habilidade biologicamente programada e geneticamente preestabelecida que pode se tornar uma deficiência de genes com alguma disfunção.

Mas outro trabalho defendeu que a hereditariedade do DEL pode ser um pouco mais do que a menina dos olhos do observador. A maneira como você define uma doença pode determinar o que você descobre. Um estudo desse tipo conclui que: "a hereditariedade que se estima para o Distúrbio Específico da Linguagem é inconsistente [...] um relato recente do Estudo do Desenvolvimento Precoce de Gêmeos descobriu uma influência genética insignificante".[4]

Além disso, o que é herdado é muito mais amplo do que meramente um distúrbio da linguagem. Outros aspectos da cognição são afetados. Isso quer dizer que o problema genético é menos linguístico e mais um problema geral do processamento cerebral. A evidência de que o DEL é uma doença geral é a de que ela é exatamente o que seria previsto se não houvesse nenhum módulo cerebral para a linguagem, como os registros evolutivos parecem sugerir.

E outros afirmam que:

> A escolha de um método de avaliação particular, a seleção de ferramentas avaliativas, bem como a interpretação dos resultados, é altamente dependente não só da própria concepção clínica da linguagem, mas também da referência a um modelo de avaliação [...] os distúrbios da linguagem não ocorrem isoladamente; os transtornos afásicos raramente ocorrem na ausência de uma deficiência de memória ou problemas de atenção/execução [...]. A produção e a compreensão da linguagem são habilidades cognitivas complexas que não deveriam ser consideradas em procedimentos de avaliação.[5]

Outro problema que afeta a linguagem humana é uma incapacidade parcial ou completa de falar – referida como "afasia" (do grego *a*, 'sem'; e *phasis*, 'fala'). A afasia é causada por um dano no cérebro e afeta regularmente cerca de um milhão de pessoas só nos Estados Unidos. Sua causa principal parece ser um problema com o fluxo sanguíneo para o cérebro, que frequentemente é resultado de um derrame.[6]

Pessoas com afasia manifestam diferentes tipos de distúrbio. Elas podem ter problemas com a compreensão do que ouvem (compreensão auditiva) ou dificuldades para se comunicar de uma maneira inteligível, consideram ler e escrever particularmente difícil e têm dificuldades para se expressar verbalmente. A afasia é mais comumente o resultado de um dano profundo no hemisfério esquerdo, o lado do cérebro que nós sabemos há muito ter implicações muito significativas sobre a linguagem e sobre outras tarefas. No entanto, uma vez que o hemisfério esquerdo não é exclusivamente dedicado à linguagem, isso quer dizer que a afasia nunca vai afetar unicamente a linguagem. Algumas abordagens antigas para a afasia concebiam-na amplamente em termos anatômicos, localizando-a onde uma vez se considerava haver regiões do cérebro específicas para a linguagem, tais como a área de Broca e a área de Wernicke. E, de fato, existem tipos específicos de afasia associados a essas regiões gerais do cérebro, como nós vimos. A afasia de Broca, também conhecida como "afasia motora" ou "afasia expressiva", é caracterizada pela compreensão relativamente sólida, mas com dificuldades na fala. Contudo, de modo mais significativo, as pessoas com essa forma de afasia normalmente também têm paralisia, ou pelo menos fraqueza, em seus membros do lado direito do corpo – o braço, a perna, ou ambos.

Outro tipo bastante conhecido de afasia é a afasia de Wernicke, também chamada de "afasia receptiva" ou "afasia sensorial". Nessa forma de afasia, o indivíduo é capaz de falar com fluência, mas é incapaz de entender o que lhe é dito. Além disso, sua fala "fluente" está repleta de anormalidades, tais como palavras sem sentido que, ainda que se enquadrem nos padrões sonoros de sua língua nativa, não significam nada; pelo contrário, nem são palavras. Existem outras formas de afasia. Claro, isso não é surpreendente, já que há muitos aspectos da linguagem e muitas maneiras pelas quais ela pode entrar em colapso, especialmente se ela for um artefato.

Em um artigo publicado no periódico *Aphasiology*, Edward Gibson e seus coautores oferecem uma análise instrutiva de estratégias para superar os problemas de compreensão de uma linguagem afásica, desenvolvidas pelos próprios afásicos.[7] O que essa equipe descobriu é uma reminiscência de uma língua G_1. Os afásicos do estudo de Gibson usam pistas contextuais, de modo mais acentuado do que sujeitos não afásicos, para interpretar o que lhes é falado. Os *Homo erectus* – pelo menos no meu modelo – teriam produzido enunciados que eram altamente ambíguos ou vagos (ou ambos), que dependiam da habilidade do seu interlocutor para conseguir relacionar a fala com o contexto discursivo para que se pudesse obter uma interpretação próxima do que o falante pretendia.[8] Portanto, os *Homo erectus* podem ter usado uma estratégia similar à dos afásicos para interpretar sentenças. Mas isso é o que todas as pessoas fazem. *Todos* os enunciados são interpretados, pelo menos em parte, com base no conhecimento da cultura, no contexto discursivo e no mundo.

Todavia, uma discussão sobre a linguagem e sobre o cérebro não pode terminar antes de se discutir um outro conjunto de distúrbios cognitivos, coletivamente conhecidos como Transtorno do Espectro Autista (TEA). O TEA revela a importância da sociedade para a linguagem e o papel da conversa como o ápice da experiência linguística. Por isso, devemos prestar uma atenção especial à discussão com relação a esse ponto. Richard Griffin e Daniel C. Dennet da Universidade de Tufts se detêm no que parece ser o fio condutor que perpassa muitos casos de autismo, qual seja: os portadores de autismo compartilham de uma "tendência generalizada a lidar com características locais em vez de globais". Às vezes, isso é referido como "coerência central fraca" e significa que os portadores desse transtorno têm dificuldades para compreender toda uma situação social em contexto.[9]

As primeiras pessoas que eu lembro que tinham TEA foram dois amigos meus. Um deles tinha o cabelo ruivo, irmão de um colega de um curso de Gramática. O outro era um primo de segundo grau.

No caso do irmão do meu amigo, eu nem mesmo sabia da sua existência até que visitei a casa do meu amigo e descobri que ele tinha um irmão que o estava visitando, de uma outra escola em algum lugar. Ele não parecia ter idade para estar na faculdade, então eu realmente não conseguia entender por que ele não estava na escola com a gente. Mas quando nós fomos apresentados, ele estava quieto e ficava olhando em volta aleatoriamente. Eu tinha quase 12 anos. Talvez ele tivesse 14. Ele não me respondia, então eu perguntei para o meu amigo: "ei, o que tem de errado com o seu irmão? Ele é burro?". Meu amigo riu: "não, ele não é burro, ele é muito esperto. Quer ver?". Eu respondi imediatamente que "sim", visto que estava curioso para saber como o irmão do meu amigo demonstraria sua inteligência.

Isso foi respondido rapidamente. Meu amigo pegou o calendário da parede do seu quarto e me entregou. Ele sugeriu que eu escolhesse qualquer mês e perguntasse para o seu irmão em que dia da semana aquela data iria cair. "Para quê?". "Só pergunte para ele. Você vai ver". Então, eu folheei o calendário e escolhi uma data daquele ano, que já tinha passado. Acho que perguntei: "em que dia da semana caiu 21 de janeiro de 1963?". Ele me respondeu imediatamente, de maneira correta, o dia da semana. Eu passei por cerca de 20 datas daquele ano. Então, perguntei a ele sobre outros anos. Ele nunca hesitava; ele nunca errava. Eu estava pronto para considerar a inteligência dele como sendo muito superior à minha. O irmão do meu amigo ria cada vez mais e mais alto à medida que eu lançava uma nova pergunta para ele. Em meus 12 anos, eu nunca tinha ouvido falar de nada como aquilo, muito menos testemunhado tal exemplo. "Mas como é que ele faz isso?", eu perguntei. "Eu não faço ideia", respondeu meu amigo. Ele disse para o seu irmão: "bom trabalho".

Com isso, eu descobri – embora somente anos mais tarde, na medida em que eu pensava sobre aquilo que tinha visto – que o irmão do meu amigo tinha, pelo menos, duas características incomuns: um aparente déficit na habilidade social e um cérebro que podia fazer coisas melhor do que eu já tinha feito na vida. Além disso, a dificuldade social significava que ele se esforçava para continuar uma conversa. Meu amigo era particularmente solícito com seu irmão. "Ele cansou agora", ele avisava. "Vamos". Então, nós íamos.

Retrospectivamente, meu próximo encontro com o que muito provavelmente também era TEA foi com meu primo de segundo grau que eu costumava ver todos os dias na escola. Outras crianças provocam-no sem dó. Uma vez ele respondeu a um dos que o atormentavam com um quase mal pronunciado "não, drrroga" e começou a bater neles com as duas mãos. Eles inicialmente começaram a rir. Então, perceberam que ele estava realmente machucando-os; aí eles se desculparam. Meu primo parou e saiu dali sem dizer nenhuma outra palavra. Nem eu, nem qualquer um dos meus amigos conhecíamos o conceito de neurodiversidade. Qualquer um que não se comportava exatamente como nós esperávamos era chamado de "deficiente".

Assim, se eu pensasse no meu primo, eu sentia pena dele. Então um dia, em uma reunião de todas as turmas iniciais do ensino médio, de que nós dois participávamos, o diretor começou a anunciar as premiações. Por fim, ele chegou ao final da lista, restando os dois principais prêmios do ano: bolsa de estudos e cidadania. Quando o diretor disse: "pela primeira vez, os dois prêmios vão para a mesma pessoa", eu não fiquei surpreso. Eu esperava que ambos fossem para um amigo meu. Mas não. O nome que ele chamou, para meu espanto, foi o do meu primo. Pela primeira vez na minha vida, eu percebi que eu não era um bom juiz de caráter. Fiquei destruído, porque sabia de todo o sofrimento que meu primo aguentava na escola todos os dias, e ele havia ganhado um prêmio de cidadania! As conversas eram terrivelmente difíceis para ele. Quando ele falava, ficava emotivo e inarticulado muito rapidamente. Mas ele ia à escola. Ele comia sozinho. E ele impressionava a todos com sua inteligência e gentileza.

Na verdade, não existe nenhuma doença ou etiologia que corresponda ao que o público geral chama de autismo, somente um conjunto de sintomas que os especialistas decidiram agrupar sob um rótulo geral de Transtorno do Espectro Autista. Nem todo mundo com esse distúrbio se comporta da mesma maneira, como nos dois exemplos diferentes da minha infância. Os sintomas do TEA incluem os seguintes, distribuídos em várias áreas distintas:[10]

Comunicação: os portadores do autismo têm dificuldades para se comunicar e interagir com outras pessoas. As pessoas com essa condição se envolvem, não da maneira comum, em rotinas ou comportamentos repetitivos, às vezes referidos como "comportamentos estereotipados". Os autistas não atendem pelos seus nomes até 1 ano de idade e não conseguem explicar com facilidade o que querem. Normalmente, aqueles que têm autismo não seguem instruções. Às vezes, eles parecem ouvir, mas outras vezes, não. Em geral, os portadores de autismo nem apontam, nem acenam um "tchau".

Comportamento social: as pessoas com autismo normalmente não sorriem quando alguém sorri para elas, fazem pouco contato visual e parecem preferir brincar sozinhas. Quando procuram por itens ou escolhem coisas, elas geralmente só as trazem para si mesmas. Os portadores de autismo são independentes para sua idade; além disso, dão a impressão de estarem no "seu próprio mundo". Eles agem como se se desligassem das pessoas e não estivessem interessados em outras crianças, não conseguem prestar atenção em objetos interessantes até 1 ano e 2 meses de idade, um período de tempo normal para o desenvolvimento; e eles não gostam de brincar de esconde-esconde. Os portadores de autismo não tentam chamar a atenção de seus pais.

Comportamento estereotipado: os indivíduos afetados ficam "presos" sempre fazendo as mesmas coisas e não conseguem mudar de atitude, mostrando um apego incomum a brinquedos, a objetos ou a rotinas (sempre segurando uma corda ou colocando as meias por cima das calças), ou passam muito tempo alinhando coisas ou colocando-as em uma certa ordem. Eles repetem palavras ou sintagmas, o que, às vezes, é chamado de "ecolalia".

Outros comportamentos: crianças com autismo podem não ser capazes de brincar de "faz de conta" ou de fingir antes de 1 ano e 6 meses. Elas têm padrões de movimentos diferentes e não sabem como brincar com os brinquedos de maneira apropriada, apesar de serem fortemente apegadas a eles. Os portadores de autismo fazem algumas coisas "mais cedo", se comparados a outras crianças, como andar, mas não gostam de subir em coisas como escadas. Essas crianças não imitam caretas e parecem ficar olhando para o nada ou perambulando sem nenhum propósito. Elas fazem birras intensas ou violentas. Os autistas podem ser hiperativos, não cooperativos, resistentes e demasiadamente sensíveis ao barulho. Os afetados por esse transtorno também preferem que seus pais não os balancem ou os façam "cavalgar" em seus joelhos etc.

Foi proposta uma variedade de causas para o TEA, incluindo má socialização, maus-tratos por parte dos pais, genes disfuncionais, problemas de desenvolvimento neurológico, excesso de testosterona e "cegueira mental" (a suposta falta de uma teoria da mente, isto é uma falha em reconhecer que os outros têm uma mente tanto quanto o próprio indivíduo). As pesquisas muitas vezes produzem resultados caóticos, embora os pesquisadores normalmente prefiram resultados elegantes. A ideia de que o TEA é causado por uma cegueira mental é uma generalização simples e que não parece chegar a uma explicação para os transtornos do espectro autista. Nenhuma delas chega. Ao invés disso, há um consenso de que cada uma delas desempenha um papel para um grau mais alto ou mais baixo do transtorno. Como afirma a Dra. Helen Tager-Flusberg, uma das principais pesquisadoras sobre autismo do mundo, "o autismo é um transtorno complexo e heterogêneo que deveria não ser reduzido a uma única deficiência cognitiva subjacente".[11]

A minha própria perspectiva peculiar sobre o TEA, como alguém de fora desse campo de pesquisa e sem a especialização clínica dos pesquisadores do meio, é a de que esse transtorno é uma falha na capacidade de construir componentes a partir da matéria escura da mente, conhecimento cultural estrutural que subjaz ao desenvolvimento psicológico de cada indivíduo enquanto ser cultural. Em outras palavras, eu concordo com a análise geral da literatura de que o TEA é, na raiz, um problema social. Mas ele, com certeza, é um tipo incomum de problema social, que afeta a capacidade de compreender de maneira apropriada as intenções e o pensamento dos outros ou de estruturar a compreensão sobre os outros a partir de uma base de conhecimento cultural.

Os sintomas do TEA são consistentes com a ideia de que os portadores desse transtorno são incapazes de incorporar as prioridades das outras pessoas ou sua gradação de valores, perspectivas, intenções, papéis sociais e estruturas de conhecimento na construção de sua psique. Dessa forma, eles têm dificuldades para compreender as implicações sociais de suas percepções. Mas há ainda mais anormalidades, que incluem certas experiências corpóreas. Uma das possibilidades é que algumas das aversões e preferências físicas alimentam experiências similares em suas mentes. Os portadores de TEA detestam violações de suas vidas mentais. Coisas tais como sons, toques, brincadeiras, perturbações que eles não podem controlar e a linguagem fática angustiam os portadores de TEA. Mas, claro, tudo isso é essencial para se construir um inconsciente articulado, que é fundamental para a percepção de outrem e do lugar da cultura da nossa comunidade.

As dificuldades com a linguagem fática são particularmente reveladoras e incluem fórmulas de despedidas ("tchau", "adeus" etc.), cumprimentos ("tudo bem?", "oi", "como vai?"), expressões de agradecimento ("obrigado", "nem sei como lhe agradecer") etc. Há muito tempo a linguagem fática tem sido analisada por linguistas e antropólogos como uma forma de "rito social de ligação", que é o reconhecimento do outro como alguém que você valoriza, mesmo que superficialmente. Curiosamente, embora o inglês – que tem um vocabulário fático – não tenha ritos socais de ligação culturais regulares entre a maioria das comunidades, o pirahã – uma língua amazônica – tem um rito social de ligação diário, em que homens e mulheres se sentam enfileirados e ficam procurando piolhos nos cabelos uns dos outros (ou simplesmente acariciando o cabelo uns dos outros), mesmo que não encontremos um vocabulário fático nessa língua. Em outras palavras, talvez todas as culturas desenvolvam mecanismos, linguísticos ou de alguma outra forma, para demonstrar pertencimento e cuidado de um para com o outro dentro de uma mesma comunidade. Aos portadores de TEA parece faltar, muitas vezes, essa capacidade de comportamentos mútuos de rito social de ligação que estabelecem que dois ou mais indivíduos "estão interligados" e aceitam um ao outro.

Dito de outra forma, os portadores de TEA, muitas vezes, não são capazes de construir uma teoria sobre a cultura que os envolve, nem sobre as intenções daqueles com quem interagem. Do mesmo modo, eles são incapazes de compreender uma gama completa de conhecimento cultural, valores e apreciação de papéis sociais para que possam construir uma identidade social.

Pode-se argumentar que o isolamento e a disfuncionalidade dos portadores de TEA emergem, em parte, de sua incapacidade de conversar normalmente com os outros; resultado de uma incapacidade social de se sentir "mutuamente interligado" e de compartilhar "ideias mútuas". Conversar normalmente requer (e ajuda a construir) um controle razoável da gramática da língua em que a conversação está ocorrendo, um entendimento do contexto da conversa, do propósito da conversa, do estado mental do(s) interlocutor(es), do conhecimento das bases culturais e do conhecimento do mundo como um todo. Todas essas diferentes habilidades e formas de conhecimento se resumem a reconhecer uma cultura e empenhar-se para pertencer a ela. Essas parecem ser as principais dificuldades etnolinguísticas que as pessoas com TEA enfrentam.

Como muitos pesquisadores mostraram, a conversação não apenas é o ápice da linguagem, como também é essencial para construir conexões culturais e conhecimento, ao mesmo tempo que constrói a própria gramática, que é necessária para a conversação. Em outras palavras, como nós vimos muitas vezes, a linguagem é sinérgica: dois ou mais componentes ou aplicações da linguagem capacitando-se mutuamente. Nesse sentido, a própria existência do TEA reforça a conexão entre língua e cultura.

A discussão sobre o fracasso dos portadores de autismo em construir ou um papel cultural, ou uma compreensão cultural robusta faz emergir outra proposta, popular entre alguns, com relação ao debate sobre a evolução da linguagem, que ficou conhecida como teoria de "construção de nicho", ou seja, a ideia de que os humanos fundem parte do seu ambiente – digamos, infância e conversação – para criar nichos biológicos e psicológicos particulares que enriquecem o desenvolvimento cognitivo e linguístico, de tal forma que as pessoas são capazes de construir nichos cada vez maiores. Talvez alguém possa dizer que a construção de nicho seja a chave para o TEA – a criança não dá conta de construir o próprio "nicho". Em um certo sentido, isso está correto.

Mas outra teoria especial é desnecessária. O TEA, no que se refere à conexão entre cultura e mente, é plenamente explicado por aquilo que já foi proposto, sem necessidade de teorias adicionais.

A teoria do nicho é um mecanismo elaborado para explicar o desenvolvimento da criança e da espécie, focando na construção das relações dos indivíduos por meio da interação conversacional. Ainda assim, ao mesmo tempo, há três problemas que me levam a acreditar que ela não seja muito útil nem para a modelagem do desenvolvimento linguístico humano individual, nem para o amadurecimento ou entendimento da evolução da linguagem humana. Primeiramente, muito da construção do nicho já está explicado por aquilo que os psicólogos chamam de "teoria do apego", que visa determinar se existem princípios que regem o crescimento na relação entre as crianças e seus cuidadores e, em caso afirmativo, quais são esses princípios e se esses são os mesmos transculturalmente (parece que eles podem não ser).

A segunda razão pela qual não se pode aceitar que a teoria do nicho seja um componente essencial da história da linguagem é que ela é, em larga medida, uma metáfora para estágios bastante bem compreendidos do desenvolvimento psicológico. E, por fim, ela é uma teoria que faz previsões equivocadas sobre a evolução da linguagem, concluindo que a linguagem humana tenha surgido somente cerca de 100 mil anos atrás, uma conclusão que, neste livro, argumentamos estar incorreta.

Essa questão surge em vários aspectos da invenção da linguagem, tais como no fato de que a linguagem é "apenas boa o suficiente". Longe de ser um sistema biológico perfeito de qualquer tipo, a linguagem apenas resiste, muitas vezes, não dando conta de comunicar tão bem quanto se poderia imaginar, pois seus usuários muitas vezes têm que empregar fatos gerais do contexto do ambiente e do conhecimento de mundo para interpretar o que está sendo dito. E isso reverbera nas estratégias dos afásicos e dos *Homo erectus*. O conhecimento contextual e geral é crucial para decifrar os significados daquilo que as pessoas estão ouvindo com o intuito de participar da conversação no seu devido curso. Contudo, para os portadores de TEA, a linguagem sequer é "boa o suficiente". Ela é deficiente, porque para essas pessoas sua linguagem é incapaz de se conectar ao conhecimento social, fundamental para a principal função da linguagem, qual seja: a comunicação.

Uma conclusão surpreendente emerge das deficiências que afetam a linguagem: *não há nenhum distúrbio hereditário específico a ela.* E a razão para isso é prevista pela teoria da evolução da linguagem desenvolvida neste livro – a saber, não poderia existir tal deficiência, porque não há nenhuma parte do cérebro específica para a linguagem. A linguagem é uma invenção. O cérebro não é mais especializado para a linguagem do que para a fabricação de ferramentas, embora, com o passar do tempo, ambos tenham afetado o desenvolvimento do cérebro de forma que o tornaram mais propício para essas tarefas.

Os distúrbios da linguagem são uma janela para o cérebro humano e para sua disposição para a linguagem. Mas a linguagem é mais do que cérebro. Ela é uma função do corpo inteiro, incluindo os componentes que vão desde os pulmões à boca, que tornam possível nossa fala vocalizada. Ainda que nós saibamos que linguagem e fala são coisas distintas e que há vários tipos de "fala" – visual, de sinais e vocalizadas –, a primeira forma de fala em todas as línguas do mundo é a vocalizada. Então, a questão que nós devemos responder, agora que nós compreendemos um pouco mais sobre o cérebro, é como a evolução nos preparou para vocalizar nossas línguas.

NOTAS

1 Yver Turgeon e Joël Macoir, "Classical and Contemporary Assessment of Aphasia and Acquired Disorders of Language", em Brigette Stemmer e Harry A. Whitaker (eds.), *Handbook of the Neuroscience of Language*, London, Elsevier, 2008, p. 311.

2 Michael Ullman e Elizabeth Pierpont, "Specific Language Impairment Is not Specific to Language: The Procedural Deficit Hypothesis", *Cortex* 41(3), 2005, pp. 399-433.

3 Idem.

4 D. V. M. Bishop e M. E. Hayiou Thomans, "Heritability of Specific Language Impairment Depends on Diagnostic Criteria", *Genes, Brains, and Behavior* 7(3), 2008, pp. 365-372; doi: 10.1111/j.1601-183X.2007.00360.xPMCID:PMC2324210.

5 Turgeon e Macoir, op. cit., p. 5.

[6] Uma das melhores descrições do drama da afasia é discutida no fascinante livro *The Man Who Lost His Language*, de Sheila Hale, sobre o derrame de seu marido, John Hale. John foi um famoso historiador, proclamado cavaleiro por suas contribuições à erudição britânica; foi presidente dos curadores da Galeria Nacional e autor de livros brilhantes, incluindo *The Civilization of Europe in the Renaissence*. A afasia de John, causada pelo derrame, fez com que ele voltasse aos tempos de sua infância sem linguagem, quando estava no início de sua vida. Não obstante, a história trágica (e a instauração de um processo do Serviço de Saúde Nacional Britânico) é uma abordagem brilhante, tocante e perspicaz desse déficit terrível.

[7] Edward Gibson, Chaleece Sandberg, Evelina Fedorenko, Leon Bergen e Swathi Kiran, "A Rational Inference Approach to Aphasic Language Comprehension", *Aphasiology* 30(11), 2015, pp. 1.341-1.360; doi:10.1080/02687038.2015.1111994.

[8] Essa é uma alusão ao que o linguista Dereck Bickerton se refere como uma "protolíngua". Entretanto, como frisei muitas vezes, eu rejeito o termo de Bickerton, porque sugere (pelo menos, para mim) que a língua dos *erectus* não era plenamente uma língua humana, ao passo que eu considero a língua dos *erectus* completamente desenvolvida, e não meramente um precursor da linguagem moderna.

[9] Richard Griffin e Daniel Dennet, "What Does the Study of Autism Tell Us about the Craft Folk Psychology?", em T. Striano and V. Reid (eds.), *Social Cognition: Development, Neuroscience, and Autism*, Hoboken, Wiley-Blackwell, 2008, pp. 254-280.

[10] Parafraseado do site do Instituto Nacional da Saúde: www.nichd.nih.gov/ health/topics/autism/conditioninfo/Pages/symptoms.aspx

[11] Em Jacob A. Burack e Tony Charman, *The Development of Autism: Perspectives from Theory and Research*, New York and London: Routledge, 2015.

Falando com a língua

[...] se a peça deixa o público ciente de que existem foneticistas e que eles estão entre as pessoas mais importantes da Inglaterra no momento, ela servirá o seu propósito.

George Bernard Shaw, Prefácio de *Pigmaleão*

Em 1964, minha banda marcial da 8ª série ganhou uma competição local no Vale Imperial do sul da Califórnia. Eu tocava barítono e era um membro entusiasmado. E sabia que, ao vencer aquele concurso, poderíamos ir para a competição regional, de nível mais elevado, em Los Angeles – cerca de 210 quilômetros ao norte da nossa pequena cidade de Holtville, perto da fronteira com o México.

O nosso regente queria que a banda fosse exposta a uma cultura superior enquanto estivéssemos na região de Los Angeles, então, ele fez um requerimento para a direção da escola para que nos permitisse assistir a uma apresentação da ópera de Mozart, *Don Giovanni*. A direção da escola vetou. Era muito arriscado para alunos tão novos. Em vez disso, conseguimos permissão para assistir à segunda opção do nosso regente, uma exibição de *My Fair Lady*, no Teatro Egípcio em Hollywood, estreando Rex Harrison e Audrey Hepburn. O regente da banda nos preparou, falando sobre a peça de George Bernard Shaw, que originou o filme.

No fim, o filme desempenhou um papel relevante na minha decisão de me tornar um linguista, na medida em que girava em torno do poder transformador da fala humana, narrado a partir da perspectiva de Henry Higgins e sua aluna relutante, Eliza Doolittle. O que é essa coisa chamada de "fala" que todos os humanos possuem e que George Bernard Shaw acreditava ser a chave para o sucesso na vida? No livro *O reino da fala*, Tom Wolfe afirma que a fala é a invenção mais importante na história do mundo. Ela não só nos permite nos dirigir uns aos outros, mas também nos classifica imediatamente por classe econômica, faixa etária e grau de instrução. Se os *erectus* estivessem presentes hoje em dia, as pessoas os considerariam brutos por causa da maneira como falavam, mesmo se alguém pudesse vesti-los de modo a fingir que eles fossem humanos modernos com uma aparência peculiar?

Embora a comunicação seja antiga, a fala humana é evolutivamente recente. O foneticista e cientista cognitivista Philip Lieberman afirma que o aparelho fonador dos *Homo sapiens* modernos tem somente cerca de 50 mil anos de idade, tão recente que mesmo os *Homo sapiens* primitivos não poderiam falar da maneira como nós falamos.[1] Mas isso não deve ser confundido com a datação de 50 mil anos, proposta por outros autores, para o surgimento da linguagem. A fala veio depois da linguagem. Portanto, a data de 50 mil anos de Lieberman seria, se correta, evidência *contra* a ideia de que a própria linguagem apareceu, de repente, há 50 mil anos. Se os *erectus* realmente inventaram os símbolos e deram início à caminhada ascendente da humanidade por meio da progressão dos signos em direção à linguagem, a fala aprimorada teria vindo depois. Supõe-se que as primeiras línguas tenham sido inferiores às nossas línguas atuais. Nenhuma invenção começa do topo. Todas as invenções humanas melhoram com o passar do tempo. Ainda assim, isso não significa que os *erectus* falavam uma língua sub-humana. Antes, isso significa que eles careciam de uma fala totalmente moderna, por razões psicológicas, e que seu fluxo de informações era mais lento – eles não tinham tanto sobre o que falar como nós temos hoje, e nem parecem ter tido uma potência cerebral suficiente para processar e produzir informações tão rapidamente quanto os *sapiens* modernos. A deficiência fisiológica foi superada pela evolução biológica gradual. O desenvolvimento do processamento de informações e a capacidade gramatical aprimorada resultam da evolução cultural. Tanto a evolução biológica quanto a cultural, ao longo de 60 mil gerações subsequentes de humanos, melhoraram radicalmente nossas habilidades linguísticas.

Em um artigo de 2016, em uma publicação da Associação Americana para o Avanço da Ciência, Tecumseh Fitch e seus colegas defendem que, de fato, Lieberman está enganado em sua visão da evolução do trato vocal humano. Diferentemente, eles afirmam que o trato vocal humano é muito mais antigo do que os 50 mil anos propostos por Lieberman – na verdade, tão antigo que é encontrado nos macacos do gênero Macaca.[2] Se, por um lado, o estudo de Fitch e seus colegas é intrigante, por outro, há duas razões pelas quais ele não é particularmente útil no entendimento da evolução da linguagem. Primeira: a maioria das posições extremas da língua, que eles afirmam serem similares entre os macacos do gênero Macaca e os humanos, vem do bocejo dos Macaca. O pressuposto de Fitch e seus coautores parece ser o de que, se eles conseguirem fazer com que os macacos do gênero Macaca coloquem suas línguas nas posições corretas para produzir certas vogais humanas enquanto bocejam, os Macaca poderiam repeti-las enquanto estivessem falando. Mas isso é um pressuposto duvidoso, porque o bocejo não é um gesto tão simples quanto é a produção de uma vogal posterior (semelhante à configuração da língua para o bocejo) para os humanos. A língua fica retraída de maneira que requer esforço e é improvável que os sons da fala teriam evoluído a partir de uma configuração do trato vocal para o bocejo. Outro problema com esse estudo é o de que os autores comparam a fonética dos Macaca com a fonética arquivada dos humanos. Mas os autores deveriam ter retestado as propriedades fonéticas dos humanos, usando exatamente os mesmos métodos que eles usaram nos Macaca, com o intuito de compará-las de maneira mais uniforme.[3] Finalmente, e mais importante, há o fato de que a linguagem não requer a fala como nós a conhecemos. As línguas podem ser assobiadas, murmuradas ou faladas com uma única vogal – com ou sem uma consoante. É a junção da cultura com o cérebro *Homo* que nos dá a linguagem. A nossa fala moderna é uma extensão boa e funcional da que já existia.

À primeira vista, a fala humana é simples. As vogais e as consoantes são criadas seguindo os mesmos princípios que as notas musicais geradas pelo ar soprado em um clarinete. A origem de ambas encontra respaldo na física básica. O ar flui dos pulmões para a boca e é modificado à medida que passa pelo tubo do clarinete ou pelo tubo do trato vocal humano. No caso do clarinete, o fluxo de ar é transformado pelas teclas e por uma palheta de sopro que o altera de tal forma que ele produza os sons sublimes que Benny Goodman produzia, ou o rangido de um iniciante. Do mesmo modo, antes de atingir a boca, o fluxo de ar é transformado em fala pela laringe, pela língua, pelos dentes, pelas diferentes configurações e pelo movimento de todos os elementos de nossas gargantas, narizes e bocas que estão situados acima da laringe.

Contudo, a fala é mais complexa do que um simples sopro passando por um tubo. Isso porque o tubo da fala humana é controlado por uma fisiologia respiratória complexa coordenada por um cérebro ainda mais complexo. A produção da fala requer controle preciso de mais de cem músculos da laringe, dos músculos da respiração, do diafragma e dos músculos entre nossas costelas – nossos músculos "intercostais" – e os músculos da nossa boca e do nosso rosto – nossos músculos orofaciais. Os movimentos musculares acionados por todas essas partes durante a fala são extraordinariamente complexos. A capacidade para produzir esses movimentos fez com que a evolução modificasse as estruturas do cérebro e a fisiologia do trato respiratório humano. Por outro lado, nenhuma dessas adaptações subsequentes foi exigida para a linguagem. Elas simplesmente tornaram a fala a forma mais eficiente de transmissão de linguagem que nós conhecemos hoje em dia. Ainda assim, é improvável que qualquer mulher *erectus* se passasse por Eliza Doolittle. Sua aparência nunca teria enganado ninguém.

Existem três partes básicas para as competências da fala humana que a evolução precisou nos fornecer para nos permitir falar e cantar, da maneira como os humanos fazem hoje. São elas: o trato respiratório inferior – que inclui os pulmões, o coração, o diafragma e os músculos intercostais –, o trato respiratório superior – a laringe, a faringe, a nasofaringe, a orofaringe, a língua, o céu da boca, o palato, os lábios, os dentes – e, de longe o mais importante, o cérebro.

Um humano médio produz 135-185 palavras por minuto. Duas coisas a respeito disso são extremamente impressionantes. Primeira: é incrível que os humanos possam falar tão rápido e considerar isso normal. Segunda: é quase inacreditável que as pessoas possam entender qualquer um que fale rápido desse jeito. Mas, claro, os humanos fazem essas duas coisas, produzindo e percebendo a fala sem o menor esforço, quando são saudáveis. Estes são os dois lados da fala – a produção (falar ou cantar) e a percepção (ouvir com compreensão). Para entender como a produção e a percepção da fala evoluíram, é preciso conhecer não somente os tratos respiratórios inferior e superior, mas também saber como o cérebro é capaz de controlar os componentes físicos da fala tão bem e tão rapidamente.

Para narrar a história da fala, precisamos olhar para o trato vocal e para a evidência das capacidades de fala por entre as várias espécies *Homo*. É importante ter uma ideia clara de como os sons são produzidos, de como são percebidos e de como o cérebro é capaz de gerenciar tudo isso. Mas, antes, é essencial compreender o estado da fala humana hoje. Como a fala funciona nos *Homo sapiens* modernos? Saber a resposta para tais questões torna possível avaliar em que medida a fala de outras espécies *Homo* teria sido eficaz em relação à dos *sapiens*, e se eles eram, de fato, capazes de falar.

A fala vem da boca, circula pelo ar e adentra os ouvidos do ouvinte, para ser interpretada por seu cérebro. Cada um dos seus três passos na produção, na transmissão e na compreensão da fala tem uma subárea inteira dentro da Fonética, a ciência dos sons dedicada a ela. A produção dos sons é o domínio do campo da Fonética Articulatória. A transmissão dos sons através do ar é do domínio da Fonética Acústica. A capacidade de ouvir e interpretar os sons está na alçada da Fonética Auditiva. Mas podem-se encontrar também nomes dos subcampos que dizem respeito a outros tipos de funções. Existem estudos da Física e da Mecânica sobre percepção e produção da fala. Esses diferentes estudos frequentemente agrupados sob o rótulo de Fonética Experimental. Não é necessário entender todos esses campos para compreender a evolução da fala, mas entender um pouquinho sobre eles pode ser útil.

A laringe é vital para a compreensão da linguagem das espécies *Homo*, na medida em que permite que os humanos não somente pronunciem os sons da fala humana, mas também tenham entonação e usem a altura da voz para indicar qual aspecto do enunciado é novo, qual é antigo, qual é particularmente importante para indicar se as pessoas estão fazendo uma pergunta ou uma afirmação. A laringe é o lugar onde o fluxo de ar que vem dos pulmões é manipulado para produzir a *fonação*, ou seja, a confluência de energia, músculos e fluxo de ar necessários para a produção dos sons da fala humana.

A laringe é um pequeno conversor que está localizado no alto da traqueia, com uma ponta chamada de epiglote, que pode ficar fechada para impedir que os alimentos ou os líquidos entrem pela laringe em direção aos pulmões, potencialmente sendo um grande perigo. A Figura 20 mostra sua complexidade.[4]

Figura 20 – A laringe

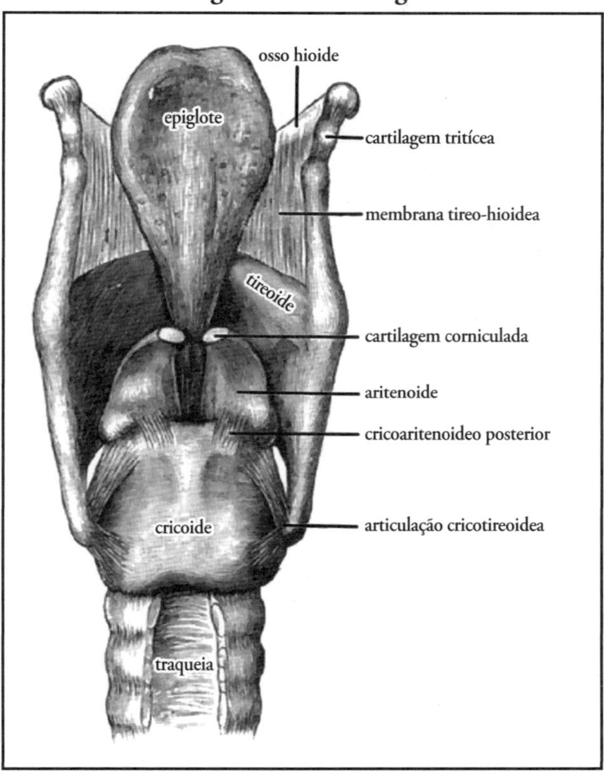

Algo com que todo pesquisador da evolução concorda é a ideia de que nossa produção da fala evoluiu simultaneamente à nossa percepção da fala. Ou, como Crelin afirma em seu trabalho pioneiro, "pende-se a uma correspondência precisa entre a quantidade de informações transmitidas e a sintonização da acuidade perceptual". Ou "a posse da fala articulada, portanto, implica que tanto a produção quanto a percepção estão sintonizadas uma com a outra, de tal forma que os parâmetros que carregam a maior parte das informações da fala são otimizados tanto na produção quanto na percepção". Em outras palavras, os ouvidos e a boca trabalham muito bem juntos porque eles evoluíram conjuntamente por vários milhões de anos.

A fala começa com o ar, que pode criar os sons humanos quando o fluxo entra pela boca ou quando ele é expelido da boca. Os sons do primeiro tipo são chamados de sons "ingressivos" e os do segundo, de sons "egressivos". O português e as outras línguas europeias usam exclusivamente sons egressivos na fala normal. Sons ingressivos, nessas línguas mais conhecidas, são raros, encontrados normalmente apenas em interjeições, tais como no som de "hãh", quando o ar é sugado para dentro. O lugar em que o ar inicia em um som é chamado de "iniciador". Em todos os sons da fala do português, os pulmões são os iniciadores. Assim, diz-se que todos os sons do português são sons "pulmonares". Mas existem dois outros grandes iniciadores do fluxo de ar, que muitas línguas do mundo utilizam: a glote (a abertura na laringe, para sons glotais) e a língua (para sons linguais). Esses também não são sons encontrados no português.

Para citar meu livro *Language: The Cultural Tool*,

> Em tzeltal, chol e outras línguas, os então chamados sons "glotalizados" – implosivos e ejetivos – são comuns.
>
> Quando comecei minha carreira como linguista, na metade da década de 1970, eu morei, por vários meses, entre os tzelteis de Chiapas, no México. Uma das minhas sentenças favoritas era *c'uxc'ajc'al* ('está quente lá fora'), que contém três consoantes glotalizadas (indicadas na ortografia tzeltal pelo apóstrofo). Para produzir esses sons, a glote – o espaço entre as duas cordas vocais na laringe – deve estar constrita, interrompendo o fluxo de ar que sai dos pulmões. Se, então, toda a laringe for constrita ao mesmo tempo que os pulmões ou a língua interrompem o fluxo de ar para fora da boca, cria-se uma pressão. Assim, quando a língua ou os lábios soltam o ar para fora da boca, um som parecido com uma plosiva é produzido. Esse tipo de som, na expressão do tzeltal mostrada anteriormente, é chamado de "ejetivo". Nós também poderíamos produzir o oposto de um ejetivo, conhecido como som "implosivo". Para produzir um som implosivo, a laringe se move para baixo, ao invés de para cima, mas todo o resto permanece igual, como para um som ejetivo. Esse movimento da laringe para baixo vai produzir um som implosivo – causado pela pressão repentina do ar contra a boca. Nós não temos nada semelhante a esses sons no português.

> Eu me lembro de praticar constantemente os sons ejetivos e implosivos por vários dias, uma vez que os tzelteis com quem eu trabalhava usavam esses dois tipos de sons. Eles são interessantes – não são somente sons divertidos, mas também estendem a gama de sons da fala humana para além daqueles produzidos pelos pulmões nas línguas europeias.

A glote pode ser usada para modificar os sons de outras maneiras. Mais uma vez, uma citação do meu *Language: The Cultural Tool*:

> Um tipo diferente de som glotalizado que vale a pena mencionar é produzido pelo quase fechamento da glote (mas não por completo), fazendo com que o fluxo de ar dos pulmões quase não saia. Esse efeito é o que os linguistas chamam de "laringalização". As pessoas, muitas vezes, produzem a laringalização involuntariamente de manhã ao se levantar, especialmente se suas cordas vocais estão constritas, em virtude de elas terem gritado, bebido ou fumado. Mas em algumas línguas, os sons da laringalização funcionam como vogais regulares.

Alguns sons glotalizados são conhecidos como cliques. Eles são criados através do uso da língua para bloquear o fluxo de ar para dentro ou para fora da boca, enquanto a pressão cresce por trás da glote. Assim como ocorre com outros sons que usam os pulmões e a glote, os sons linguais também podem ser egressivos ou ingressivos, produzidos pela constrição do fluxo de ar com a ponta língua enquanto cria uma pressão para dentro ou para fora com a parte de trás da língua. Os cliques são encontrados em um número bem pequeno de línguas, todas na África e quase todas da família bantu. Eu me lembro da primeira vez que ouvi os cliques na música *Click Song* de Miriam Makeba. A língua nativa de Makeba era o xhosa, uma língua bantu.

A lista de todas as consoantes que são produzidas com o ar dos pulmões é apresentada em uma parte do Alfabeto Fonético Internacional,* mostrado na Figura 21.

* N. T.: Em português, costuma-se manter a sigla IPA (do inglês International Phonetic Alphabet) para se referir a esse alfabeto usado para representar por símbolos características da fala.

Figura 21 – O Alfabeto Fonético Internacional

O alfabeto fonético internacional (atualizado em 2005)

Consoantes (mecanismo de corrente de ar pulmonar)

	bilabial	labiodental	dental	alveolar	pós-alveolar	retroflexa	palatal	velar	uvular	faringal	glotal
Oclusiva	p b			t d		ʈ ɖ	c ɟ	k g	q ɢ		ʔ
Nasal	m	ɱ		n		ɳ	ɲ	ŋ	ɴ		
Vibrante	ʙ			r					ʀ		
Tepe (ou flepe)		ⱱ		ɾ		ɽ					
Fricativa	ɸ β	f v	θ ð	s z	ʃ ʒ	ʂ ʐ	ç ʝ	x ɣ	χ ʁ	ħ ʕ	h ɦ
Fricativa lateral				ɬ ɮ							
Aproximante		ʋ		ɹ		ɻ	j	ɰ			
Aprox. lateral				l		ɭ	ʎ	ʟ			

Em pares de símbolos tem-se que o símbolo da direita representa uma consoante vozeada. Acredita-se ser impossível as articulações nas áreas sombreadas.

Consoantes (mecanismo de corrente de ar não pulmonar)

Cliques	Implosivas vozeantes	Ejectivas
ʘ bilabial	ɓ bilabial	ʼ como em
ǀ dental	ɗ dental/alveolar	pʼ bilabial
ǃ pós-alveolar	ʄ palatal	tʼ dental/alveolar
ǂ palatoalveolar	ɠ velar	kʼ velar
ǁ lateral alveolar	ʛ uvular	sʼ fricativa alveolar

Suprassegmentos

- ˈ acento primário
- ˌ acento secundário
- ˌfoʊnəˈtiʃən
- ː longa eː
- ˑ semilonga eˑ
- ̆ muito breve ĕ
- . divisão silábica ɹi.ækt
- | grupo acentual menor
- ‖ grupo entonativo principal
- ‿ ligação (ausência de divisão)

Tons e acentos nas palavras

Nível

- e̋ ou ˥ muito alta
- é ˦ alta
- ē ˧ média
- è ˨ baixa
- ȅ ˩ muito baixo
- ↓ downstep (quebra brusca)
- ↑ upstep (subida brusca)

Contorno

- ě ou ˩˥ ascendente
- ê ˥˩ descendente
- e᷄ ˦˥ alto ascendente
- e᷅ ˩˨ baixo ascendente
- e᷈ ˧˦˧ ascendente-descendente etc.
- ↗ ascendência global
- ↘ descendência global

Vogais

anterior — central — posterior

- fechada (ou alta): i • y — ɨ • ʉ — ɯ • u
- ɪ ʏ — ʊ
- meia-fechada (ou média-alta): e • ø — ɘ • ɵ — ɤ • o
- ə
- meia-aberta (ou média-baixa): ɛ • œ — ɜ • ɞ — ʌ • ɔ
- æ — ɐ
- aberta (ou baixa): a • ɶ — ɑ • ɒ

Quando os símbolos aparecem em pares aquele da direita representa uma vogal arredondada.

Outros símbolos

- ʍ fricativa labiovelar desvozeada
- w aproximadamente labiovelar vozeada
- ɥ aproximadamente labiopalatal vozeada
- ʜ fricativa epiglotal desvozeada
- ʢ fricativa epiglotal vozeada
- ʡ oclusiva epiglotal
- ɕ ʑ fricativas vozeadas epiglotal
- ɺ flepe alveolar lateral
- ɧ articulação simultânea de ʃ e X

Para representar consoantes africadas e uma articulação dupla utiliza-se um elo ligando os dois símbolos em questão. k͡p t͡s

Diacríticos Pode-se colocar um diacrítico acima de símbolos cuja representação seja prolongada na parte inferior, por exemplo ŋ̊

̥ desvozeado	n̥	d̥	̤ voz. sussurrado	b̤	a̤	̪ dental	t̪	d̪
̬ vozeada	s̬	t̬	̰ voz tremulante	b̰	a̰	̺ apical	t̺	d̺
ʰ aspirada	tʰ	dʰ	̼ linguolabial	t̼	d̼	̻ laminal	t̻	d̻
̹ mais arred.	ɔ̹		ʷ labializado	tʷ	dʷ	̃ nasalizado		ẽ
̜ menos arred.	ɔ̜		ʲ palatalizado	tʲ	dʲ	ⁿ soltura nasal		dⁿ
̟ avançado	u̟		ˠ velarizado	tˠ	dˠ	ˡ soltura lateral		dˡ
̠ retraído	e̠		ˤ faringalizado	tˤ	dˤ	̚ soltura não audível		d̚
̈ centralizada	ë		̴ velarizada ou faringalizada	ɫ				
̽ centraliz. média	e̽		̝ levantada	e̝ (ɹ̝ = fricativa bilabial vozeada)				
̩ silábica	n̩		̞ abaixada	e̞ (β̞ = aproximante alveolar vozeada)				
̯ não silábica	e̯		̘ raiz da língua avançada	e̘				
˞ roticização	ɚ a˞		̙ raiz da língua retraída	e̙				

As consoantes são diferentes das vogais em vários aspectos. Diferentemente das vogais, as consoantes obstruem (em vez de simplesmente modelar) o fluxo de ar, à medida que ele sai pela boca. O quadro do Alfabeto

Fonético Internacional (IPA) é reconhecido por todos os cientistas como a maneira aceita de representar os sons da fala humana. As colunas do quadro são os "modos de articulação" da pronúncia. Esses modos incluem permitir que o ar saia pelo nariz, o que produz sons nasais como [m], [n] e [ɳ]. Outros modos de articulação são "oclusivos" ou "plosivos" (o ar é completamente bloqueado à medida que seu fluxo sai da boca), sons como [d], [t], [k] ou [g]. E há os "fricativos", em que o fluxo de ar não é completamente interrompido, mas é obstruído o suficiente para causar uma fricção, sons turbulentos ou sibilantes, tais como [f], [s] e [h].

As linhas no quadro do IPA são os pontos de articulação. O quadro inicia à esquerda com sons produzidos próximos à parte frontal da boca e se move para a parte de trás, na garganta. Os sons [m] e [b] são "bilabiais". Eles são produzidos pelo bloqueio do fluxo de ar nos lábios; lábio superior e inferior juntam-se para bloquear completamente o fluxo de ar. O som [f] é produzido um pouco mais para trás, com o lábio inferior tocando os dentes superiores e obstruindo apenas parcialmente, em vez de completamente, o fluxo de ar. Assim, nós obtemos sons como [n], [t] e [d], em que a língua bloqueia o fluxo de ar ou logo atrás dos dentes (como em espanhol) ou no pequeno rebordo (o rebordo alveolar) no palato duro (o céu da boca), não muito distante da parte de trás dos dentes (como em inglês).

Finalmente, nós nos detemos na parte de trás da boca, onde sons como [k] e [g] são produzidos com a parte traseira da língua se elevando para bloquear o ar no palato mole. Em outras línguas, os sons são produzidos ainda mais para trás. As línguas arábicas são conhecidas por seus sons faríngeos, produzidos pela constrição da epiglote ou pela retração da língua em direção à faringe. A epiglote é um pedaço de cartilagem elástica que desce para cobrir a abertura no topo da laringe, caso algum alimento ou líquido tente entrar ali. Não se deve falar com a boca cheia; se a epiglote não estiver preparada, isso pode ser fatal. Os humanos, exceto os bebês, são as únicas criaturas que não conseguem comer e vocalizar ao mesmo tempo.

O que é crucial no quadro do IPA é que os segmentos que ele lista exaurem quase completamente todos os sons que são usados pelas línguas humanas em qualquer lugar do mundo. Todos os elementos fonéticos nele contidos são fáceis (pelo menos, com um pouco de prática) para os humanos produzirem. Mas os núcleos da base realmente favorecem os hábitos e, então, uma vez que nós dominamos o conjunto de fonemas da nossa língua nativa, pode ser difícil fazer com que os gânglios saiam de sua rotina para adquirir os hábitos articulatórios necessários para a fala de outras línguas.

No entanto, as consoantes sozinhas não criam a fala. Os humanos também precisam de vogais. Para dar um exemplo, as vogais do meu dialeto de inglês, do sul da Califórnia, são as mostradas na Figura 22.

Figura 22 – Vogais do inglês do sul da Califórnia

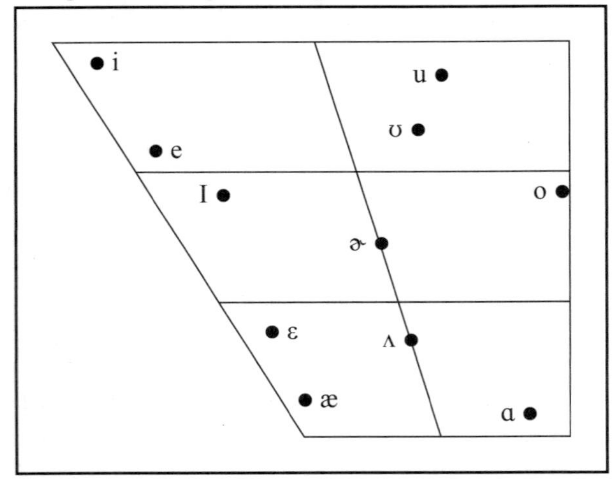

Assim como o quadro das consoantes, o quadro de vogais da Figura 22 é "icônico". Suas colunas representam a parte dianteira da boca em direção à parte de trás. As linhas do quadro das vogais indicam a altura relativa da língua no momento de produção da vogal. O formato em trapézio do quadro tem a pretensão de indicar, mais uma vez de maneira icônica, que, na medida em que a língua se abaixa, o espaço na boca entre as vogais diminui.

As vogais da Califórnia, assim como todas as vogais, são áreas alvo para as quais a língua se abaixa ou se eleva em direção a uma região específica da boca. Ao mesmo tempo, à medida que a língua se move para a área alvo, para cima ou para baixo, os músculos da língua ficam tensos ou relaxados. Os lábios podem estar arredondados ou não arredondados. A vogal tensa [e] é a vogal da palavra "sede" (em referência à vontade de beber). Por outro lado, a vogal relaxada [ɜ] é a vogal ouvida em "sede" (se referindo à principal filial de uma empresa). Dito de outra forma, "sede" e "sede" são idênticos, à exceção de que os músculos da língua estão tensos no primeiro caso (quando a vogal é fechada) e relaxados no segundo (quando a vogal é aberta). Uma outra forma de falar sobre a oposição de vogais, "tenso" *versus* "relaxado", preferida por muitos linguistas, é se referir a elas como "raiz da língua avançada" (nesse caso, a língua está tensionada por estar sendo empurrada para a frente da boca e sendo flexionada) ou "raiz da língua não avançada" (a língua está relaxada, sua raiz está na parte de trás da boca), normalmente escrita na literatura linguística como [+ATR] ou [-ATR].*

O símbolo vocálico com a aparência engraçada [ɐ]** representa o "a" final pós-tônico do português brasileiro, como na palavra "bota". É uma vogal baixa, central e não arredondada. Movendo-se para a parte de cima do quadro e para a parte posterior da boca, encontramos o som [u], o som vocálico da palavra "luz". É uma vogal posterior e arredondada. "Posterior" nessa acepção quer dizer que a parte de trás da língua se eleva, em vez de a parte anterior (ou seja, frontal – a lâmina ou a ponta da língua), como na vogal não arredondada [i]. Os lábios fazem o formato de um "o" arredondado quando produzem [u]. Qualquer vogal pode ser arredondada. Assim, para produzir a vogal do francês [y], produza a vogal [i] do português enquanto arredonda os lábios.

---

* N. T.: Essa sigla vem da expressão em inglês "*Advanced Tongue Root*".

** N. T.: No original, o exemplo do autor para o símbolo vocálico de aparência engraçada é "[æ]", como pode ser visto na Figura 22. A troca dos exemplos no corpo do texto serviu para apresentar uma melhor ilustração, à luz do português brasileiro.

O ponto é que os vários sons da fala disponíveis para todas as línguas humanas são conceitualmente fáceis de compreender. O que é difícil não é como classificá-los nem mesmo como analisá-los, mas, sim, como produzi-los. Os humanos podem aprender os sons que quiserem quando são jovens e seus núcleos da base ainda não entraram em uma rotina. Mas quando ficamos mais velhos, exige-se mais dos gânglios para criar novas conexões.

Quando eu estava fazendo a matrícula na minha primeira disciplina de Fonética Articulatória (com vistas a aprender como produzir todos os sons da fala usados em todas as línguas do mundo) na Universidade de Oklahoma, em 1976, os monitores do curso fizeram uma entrevista individual com cada aluno com o intuito de colocá-los na seção correta de acordo com o "talento" para a fonética (ou capacidade perceptual). Eu entrei na sala usada para aquele propósito e a primeira coisa que me pediram para fazer foi dizer a palavra "olá" – mas puxando o ar para dentro dos meus pulmões ao invés de expelindo-o. "Que esquisito", eu pensei. Mas fiz. Então, me pediram para imitar algumas palavras das línguas maias com ejetivas glotais. Elas têm sons que "estouram", em que o ar sai para fora da boca, mas se origina acima dos pulmões, com a pressão sendo criada pela junção das pregas vocais, permitindo que o ar por trás delas fosse "ejetado" para fora da boca. E eu tentei imitar os cliques africanos. Eu sabia que essa disciplina me seria valiosa, porque estava me preparando para ir à Amazônia conduzir uma pesquisa de campo sobre uma língua que era, em larga medida, desconhecida mundo afora, o pirahã.

De novo: todas as línguas do mundo, do armênio ao zapoteco, utilizam o mesmo inventário de sons e movimentos articulatórios. A razão para isso é que o sistema auditivo humano coevoluiu com o sistema articulatório humano – ou seja, os humanos aprenderam a ouvir melhor os sons que eles eram capazes de produzir. Claro, sempre há exceções e ainda há novidades não esperadas para serem descobertas. Na verdade, eu mesmo descobri dois sons na Amazônia ao longo dos anos (um na família linguística chapakuran e outro no pirahã) não encontrados em nenhuma outra língua do mundo.

A Linguística de campo precisa aprender quais sons o corpo humano pode produzir e usar para a fala, porque se deve estar preparado para iniciar o trabalho desde o primeiro minuto em que se chega ao campo de destino. É preciso saber o que se está ouvindo, com o intuito de dar início a uma análise da fala e da língua das pessoas com quem se vai conviver.

Essa breve introdução recobre somente cerca de um terço da ciência fonética, a Fonética Articulatória. Mas o que acontece com os sons da fala depois que eles saem da boca? Como as pessoas são capazes de distingui-los? Os ouvintes normalmente não são capazes de olhar para dentro da boca da pessoa que está falando, então, como eles conseguem dizer se seu interlocutor está dizendo um [t] ou um [p], um [i] ou um [a]?

Esse é o domínio da Fonética Acústica. Uma questão imediata com relação à percepção do som é a seguinte: se o ar está saindo da boca quando alguém está falando, por que ouvimos somente as consoantes e as vogais, e não o som que o ar faz para sair da boca? Primeiro: a laringe dinamiza o ar pela vibração das cordas vocais ou pela oscilação de outras de suas partes. Isso altera a frequência do som e o ajusta a um nível perceptível aos humanos, porque a evolução adequou essas frequências aos ouvidos humanos. Segundo: o som do ar que sai rapidamente da boca foi ignorado pela evolução, ficando abaixo do alcance da frequência normal que o sistema auditivo humano pode detectar com facilidade. Isso é uma coisa boa. Do contrário, as pessoas soariam como se estivessem sibilando ao invés de falando.

A dinamização do fluxo de ar na fala pela laringe é conhecida como fonação, que produz, para cada som, o que é conhecido como "frequência fundamental" do som. A frequência fundamental é a taxa de vibração das pregas vocais durante a fonação e varia de acordo com o tamanho, o formato e o volume (vultuoso) da laringe. Pessoas pequenas normalmente vão ter uma voz mais aguda, isto é, uma frequência fundamental maior do que pessoas maiores. Os adultos têm uma voz mais grave, uma frequência fundamental mais baixa, do que as crianças; os homens têm uma voz mais grave do que as mulheres, e as pessoas mais altas têm, frequentemente, uma voz mais grave do que pessoas mais baixas.

A frequência fundamental, normalmente grafada como F_0, é uma das formas pelas quais as pessoas conseguem identificar quem está falando com elas. Nós crescemos acostumados à taxa de frequência dos outros. A variação na frequência da vibração das cordas vocais é também a maneira pela qual as pessoas cantam e como controlam as alturas relativas sobre as sílabas nas línguas tonais, como em mandarim e em pirahã, entre centenas de outras em que o tom da sílaba é tão importante para o significado das palavras quanto as consoantes e as vogais. Essa capacidade de controlar a frequência também é vital para produzir e perceber a altura relativa de sintagmas inteiros e de sentenças, é o que chamamos de "entonação". A F_0 também tem relação com a maneira como algumas línguas são assobiadas, ou usando a altura relativa da sílaba ou as frequências inerentes dos sons da fala individuais.

Pode não ser surpreendente, mas a F_0 não é tudo. Em adição à frequência fundamental, à medida que cada som da fala é produzido, são produzidas as frequências harmônicas, ou *formantes*, que estão associadas unicamente àquele som em particular. Esses formantes nos permitem distinguir as diferentes consoantes e vogais da nossa língua materna. Não ouvimos diretamente a sílaba ['paj], por exemplo. O que ouvimos são os formantes e suas mudanças associadas a esses sons.

Um formante pode ser percebido por meio de uma batida em um diapasão que produz a nota "mi" colocando-o de frente a um violão acústico. Se o violão estiver afinado de maneira apropriada, a corda do "mi" da mesma oitava que o diapasão vai vibrar ou ressonar com suas vibrações. A ressonância é responsável pelas diferentes harmonias ou pelos diferentes formantes de cada som da fala. Esses formantes podem ser vistos em um espectrograma, estando cada formante em um múltiplo particular da frequência fundamental de um som (Figura 23).

Figura 23 – Espectrograma vocálico

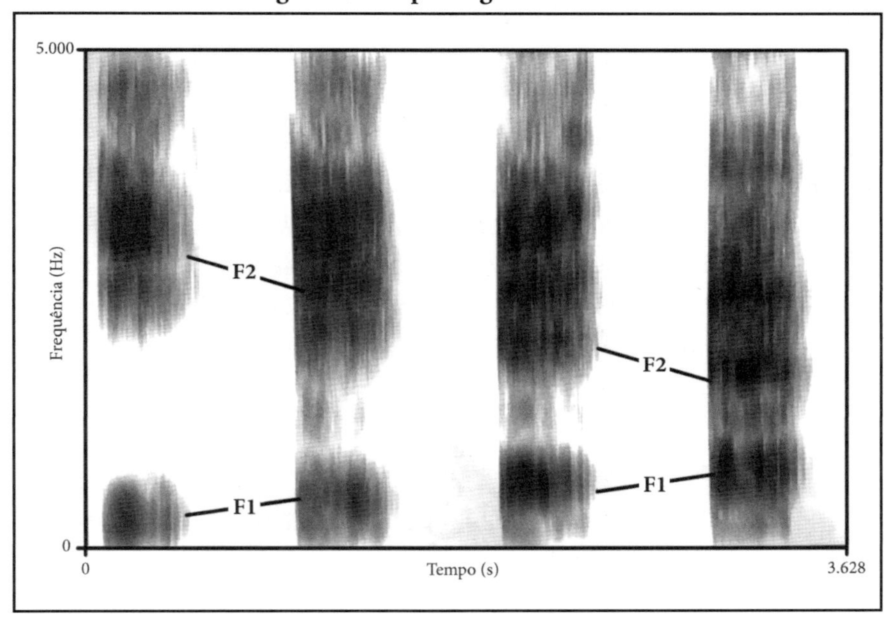

Nesse espectrograma de quatro vogais, podemos ver a frequência fundamental na parte de baixo, e as faixas escuras podem ser vistas subindo as colunas. Cada faixa, associada com uma frequência do lado esquerdo do espectrograma, é uma ressonância harmônica ou um formante da vogal relevante. Indo da esquerda para a direita na parte de baixo, mede-se o tempo que transcorreu para a produção dos sons. A parte escura das faixas indica a sonoridade relativa do som produzido. Os formantes são as "impressões digitais" de todos os sons da fala. Os ouvidos humanos evoluíram para ouvir exatamente esses sons, escolhendo os formantes que refletem a composição física do nosso trato vocal. Os formantes, da frequência baixa para a frequência alta, são referidos simplesmente como F_1, F_2, F_3 etc. Eles são causados por efeitos de ressonadores, tais como o formato da língua, o arredondamento dos lábios e outros aspectos da articulação sonora.

As frequências dos formantes das vogais são vistas no espectrograma – dadas em Hertz (Hz). O que é fascinante não é somente o fato de que nós ouvimos essas diferenças de frequência entre os sons da fala, mas que fazemos isso sem saber que estamos fazendo, mesmo que produzamos ou percebamos esses formantes de uma maneira tão inequívoca. Esse é o tipo de conhecimento tácito que, muitas vezes, leva os linguistas a supor que essas capacidades são inatas ao invés de aprendidas. E certamente alguns dos seus aspectos são inatos. A boca e os ouvidos humanos formam um conjunto, graças à seleção natural.

Sabe-se muito pouco sobre como os sons são interpretados fisiologicamente pelos nossos ouvidos e cérebros para sustentar uma discussão detalhada sobre Fonética Auditiva, a fisiologia da audição. Mas a acústica e a articulação dos sons são suficientes para uma primeira discussão sobre como essas capacidades evoluíram.

Se está correto dizer que a linguagem precedeu a fala, então seria esperado que os *Homo erectus*, tendo inventado os símbolos e elaborado uma língua G_1, ainda não possuíssem uma capacidade para fala humana "*top* de linha". E não possuíam. Suas laringes eram mais parecidas com as dos símios do que com a dos humanos. Na verdade, embora os *neanderthalensis* apresentassem laringes relativamente modernas, as dos os *erectus* eram muito subdesenvolvidas.

As principais diferenças entre o trato vocal dos *erectus* e o dos *sapiens* estavam no osso hioide e nos vestígios pré-*Homo*, como nos sacos aéreos no centro da laringe. Tecumseh Fitch foi um dos primeiros biólogos a apontar a relevância dos sacos aéreos para a vocalização humana. Seu efeito teria sido o de proporcionar muitos sons emitidos de uma maneira menos clara do que é nos *sapiens*. A evidência de que eles tinham sacos aéreos está baseada na sorte de encontrar fósseis de ossos hioides dos *erectus*. O osso hioide fica acima da laringe e ancora-a através das conexões de tecidos e músculos. Ao contrair e relaxar os músculos que conectam a laringe ao osso hioide, os humanos são capazes de elevar e baixar a laringe, alterando a F_0 e outros aspectos da fala. Por outro lado, nos ossos hioides dos *erectus* (mas não nos ossos de humanos mais recentes), não há lugares de ligação para ancorar o hioide. E essas não são as únicas diferenças. Os tratos vocais dos *erectus* e dos *sapiens* são tão diferentes que Crelin conclui: "eu avalio que o trato vocal era mais semelhante ao de um símio". Ou, como outros dizem:

> Os autores descrevem o corpo do osso hioide, sem cornos, atribuído aos *Homo erectus* de Castel di Guido (Roma, Itália), datado de aproximadamente 400 mil anos a.e.c. O corpo do osso hioide mostra a morfologia em formato de barra característica dos *Homo*, em contraste com o corpo em formato de bolsa na morfologia dos símios africanos e dos *australopithecus*. Suas medidas diferem dos únicos espécimes conhecidos por completo em relação a outras espécies humanas extintas e aos primeiros hominídeos (o neandertal de Kebara e o *Australopithecus afarensis*) e a outros valores médios observados nos humanos modernos. A quase total ausência das impressões musculares na superfície ventral do corpo sugere uma capacidade reduzida para elevar esse osso hioide e modelar o comprimento do trato vocal nos *Homo erectus*. O órgão em formato de escudo, o provável tamanho pequeno dos cornos maiores e a imagem radiográfica parecem ser características arcaicas; elas revelam algumas similaridades com os gêneros não humanos e pré-humanos, sugerindo que a base morfológica para a fala não surgiu nos *Homo erectus*.[5]

Portanto, não há nenhuma maneira de os *erectus* terem sido capazes de produzir o mesmo tipo ou qualidade de fala, em termos de capacidade de discriminar claramente o mesmo conjunto de sons da fala, em percepção e produção, que os humanos modernos. No entanto, isso não significa que os *erectus* teriam sido incapazes de linguagem. Os *erectus* tinham memória suficiente para reter um grande número de símbolos, pelo menos na casa dos mil – afinal de contas, os cachorros podem se lembrar de centenas –, e teriam sido capazes, com o uso do contexto e da cultura, de tirar a ambiguidade de símbolos que eram insuficientemente distintos em seus formantes, devido à menor capacidade articulatória dos *erectus*. Contudo, esperaríamos que a nova dependência da linguagem tivesse criado um efeito Baldwin tal que a seleção natural tivesse dado preferência à prole dos *Homo* com maior capacidade de produção e de percepção de fala, tanto no trato vocal como nos vários centros de controle do cérebro. No final, os humanos foram da fala de baixa qualidade dos *erectus* para a fala de alta-fidelidade atual.

Qual o tamanho do inventário de consoantes e vogais, entonação e gestos, que a língua precisa para se assegurar de que tem o direito à "capacidade de carregar" todos os significados que ela quer comunicar? As línguas podem ser pensadas de muitas maneiras. De qualquer forma, um jeito de conceber uma língua é como um mapeamento entre, de um lado, significados e, de outro, formas e conhecimento, de tal modo que os ouvintes possam compreender os falantes.

Se se soubesse, com certeza, que os *Homo erectus* e os *Homo neanderthalensis* eram incapazes de produzir a gama completa de sons dos humanos anatomicamente modernos, isso significaria que eles não poderiam ter tido línguas tão ricas quanto as dos *sapiens*? Difícil dizer. É quase certo que os *sapiens* sejam melhores com a fala do que os *erectus* e os outros *Hominini* que precederam os *sapiens*. Existem benefícios e inúmeras vantagens em ser o detentor orgulhoso de um aparato moderno para a fala. Isso torna a fala mais fácil de ser compreendida. Mas o trato vocal aprimorado dos *sapiens* não é necessário nem para a fala, nem para a linguagem. É apenas muito, mas muito bom, tê-lo. Da mesma forma que é melhor ter um bom trailer para viagens e uma picape potente 4x4 do que uma carroça puxada por duas mulas.

Na verdade, os computadores mostram que uma língua pode funcionar bastante bem somente com dois símbolos, 0 e 1. Todos os computadores se comunicam através desses dois símbolos, ligado – 1 – e desligado – 0. Todos os romances, tratados, dissertações de mestrado, cartas de amor etc. na história do mundo podem, com muitas deficiências – tais como ausência de gestos, entonação, informações sobre aspectos importantes das sentenças –, ser traduzidos em sequências de 0 e 1. Assim, se os *erectus* tivessem produzido apenas alguns sons, de maneira mais ou menos consistente, eles poderiam estar no jogo da linguagem, muito próximos aos *sapiens*. Esse é o motivo pelo qual os linguistas reconhecem que a linguagem é diferente da fala. Os *sapiens*, muito possivelmente, falam de uma maneira mais clara, com sons que são mais fáceis de ouvir. Mas de novo, isso só quer dizer que os *erectus* dirigiam uma língua estilo Fusca. Os *sapiens* dirigem uma língua no estilo Ferrari. Tanto o Fusca quanto a Ferrari são carros. O Fusca não é um "protocarro".

Embora seja difícil reconstruir a partir de registros fósseis, o trato vocal humano, assim como o cérebro humano, também evoluiu radicalmente desde os hominídeos primitivos até os *sapiens* modernos. Mas com vistas a contar essa parte da história, é necessário construir uma pequena base e falar sobre os sons que os humanos modernos utilizam em suas línguas. Esse é o ponto final da evolução e o ponto de partida de qualquer discussão sobre os sons da fala dos humanos modernos.

As questões evolutivas que subjazem a todos os campos da pesquisa linguística são estas: "como os humanos passaram a produzir a gama de sons que encontramos nas línguas do mundo hoje em dia?", e, em seguida, "quais são esses sons?".

Os sons que o trato vocal humano usa são todos formados a partir dos mesmos ingredientes.

O rótulo técnico para qualquer som da fala em qualquer língua nos diz como o som é articulado. A consoante [p] é conhecida como uma "oclusiva bilabial desvozeada" (também chamada de "plosiva") com o ar egressivo dos pulmões. Essa descrição comprida, mais muito útil, para o som da fala humana significa que o som [p], como na palavra "pato", para citar um exemplo, é pronunciado através do relaxamento das cordas vocais, de tal forma que elas não vibrem. O som é, portanto, "desvozeado" (o som [b] é pronunciado exatamente da mesma forma que [p], exceto que, no caso de [b], as pregas vogais – também chamadas de "cordas vocais" – estão tensionadas e vibrando, atribuindo a [b] um som vozeado). A expressão "ar egressivo dos pulmões" significa que o ar está saindo pela boca ou pelo nariz, ou de ambos, e que é originado nos pulmões. Isso precisa ser dito porque nem todos os sons da fala usam o ar dos pulmões. O termo "oclusivo" ou "plosivo" significa que o fluxo de ar é bloqueado de forma direta, ainda que momentaneamente. O termo "bilabial" se refere à ação conjunta dos lábios superior e inferior. Junto do termo "bilabial", "oclusivo" significa que o fluxo de ar foi totalmente bloqueado pelos lábios. Se alguém pronunciar os sons na palavra hipotética [apa], ao mesmo tempo que passa levemente o dedo indicador no "pomo de Adão" (que é, na verdade, a laringe), consegue sentir que as cordas vocais param de vibrar do primeiro [a] para [p] e começam a vibrar novamente no segundo [a]. Mas se o mesmo procedimento for aplicado para a palavra "aba", as cordas vocais vão continuar vibrando para cada [a], [b] e [a], ou seja, por toda a duração da palavra.

Embora haja centenas de sons nas mais de sete mil línguas do mundo, eles também são nomeados e produzidos de acordo com esse procedimento. E o que é ainda mais importante: esses poucos procedimentos, usando partes do corpo que evoluíram independentemente da linguagem – os dentes, a língua, a laringe, os pulmões e a cavidade nasal – são suficientes para dizer qualquer coisa que possa ser dita em qualquer língua do planeta. Isso é algo muito empolgante.

Claro, os humanos podem ignorar a fala completamente e se comunicar com línguas de sinais ou línguas escritas. Os modos de comunicação dos humanos (seja com escrita, fala ou gestos) envolvem um ou dois destes dois canais distintos: o auro-oral e o manual-visual. Nas línguas humanas modernas, ambos os canais estão envolvidos do início ao fim. Isso é essencial na linguagem humana, em que gestos, gramática e significado são combinados em cada enunciado que os humanos produzem. Com certeza, existem outras maneiras de manifestar a linguagem. Os humanos podem se comunicar usando bandeiras coloridas, sinais de fumaça, código Morse, letras digitadas, vísceras de frango e outras maneiras visuais. Mas curiosamente ninguém espera encontrar uma comunidade que se comunica exclusivamente por escrita ou por sinais de fumaça, a menos que eles tenham algum tipo de problema físico compartilhado ou que estejam todos cooperando com alguém que tenha.

Uma pergunta que vale a pena ser feita é se existe algo de especial na fala humana ou se ela é apenas composta por ruídos fáceis de serem produzidos.[6] Será que outros barulhos funcionariam tão bem para a fala humana?

Como Philip Lieberman apontou, uma alternativa para os sons da fala humana é o código Morse.[7] A velocidade mais alta que um operador de código Morse consegue atingir é cerca de 50 palavras por minuto. Isso é aproximadamente 250 letras por minuto. No entanto, os operadores que trabalham rápido assim precisam descansar com frequência e mal conseguem se lembrar do que transcreveram. Mas um estudante universitário com ressaca pode acompanhar, com facilidade, uma palestra dada a uma velocidade de 150 palavras por minuto. Nós somos capazes de produzir sons da fala em uma média de 25 por segundo.

A fala funciona também através da estruturação dos sons que produzimos. A principal estrutura na corrente da fala é a sílaba. As sílabas são usadas para organizar os fonemas em grupos que seguem alguns padrões altamente específicos por entre as línguas do mundo.[8] Os padrões mais comuns são Consoante (C) + Vogal (V); C+C+V; C+V+C; C+C+C+V+C+C+C etc. (sendo que os padrões de três consoantes à direita da vogal empurram ao limite máximo das maiores sílabas observadas nas línguas do mundo). O português fornece um exemplo de estrutura silábica complexa, visto em palavras como *transporte,* t-r-a-n-s-p-o-r-t-e, que ilustra o padrão C+C+V+C+C. Mas o que eu acho interessante é que, na maioria das línguas, a sílaba C+V é o único tipo de sílaba ou é, de longe, o mais comum. Com a ajuda organizacional e mnemônica das sílabas da nossa evolução neural somada aos nossos julgamentos de contingência – com base no significante exposto à nossa língua materna –, nós somos capazes de processar os sons e as palavras da nossa fala muito mais rapidamente do que outros sons.

Suponha que você queira dizer "cai fora, cara!", como você depreende esses sons da sua boca a caminho dos ouvidos de alguém? Há cinco sílabas, cinco consoantes e seis vogais nessas três palavras, baseando-se nas palavras efetivamente faladas em vez de nas palavras escritas que o alfabeto brasileiro usa. Os sons tecnicamente são [k], [a], [y], [f], [ɔ], [ɾ], [ɐ], [k], [a], [ɾ] e [ɐ]. As sílabas são [kay], [fɔ], [ɾɐ], [ka] e [ɾɐ], e assim por diante.

As línguas de sinais também têm muito a nos ensinar sobre nossa plataforma cognitivo-cerebral. Os usuários nativos das línguas de sinais podem se comunicar tão rápida e eficientemente quanto os falantes que usam o trato vocal. Então, o nosso desenvolvimento cerebral não pode estar conectado aos sons da fala de uma maneira tão estrita de modo a tornar todas as outras modalidades e canais de fala indisponíveis. Parece improvável que todo ser humano venha equipado pela evolução com redes neuronais separadas, uma para línguas de sinais e outra para línguas faladas. É muito mais simples, ao invés disso, supor que nossos cérebros estão equipados para processar sinais de diferentes modalidades e que nossas mãos e bocas oferecem as mais fáceis. A propósito, as línguas de sinais também mostram evidências de agrupamentos de gestos semelhantes às sílabas, então, nós sabemos que estamos pré-dispostos a tais agrupamentos, no sentido de que nossas mentes rapidamente se prendem a agrupamentos silábicos de modo a processar melhor as partes dos sinais. De qualquer forma, apesar das outras modalidades, permanece o fato de que a fala vocal é o canal exclusivamente usado pela grande maioria das pessoas. E isso é interessante, porque nesse ponto encontramos evidências de que a evolução alterou a fisiologia humana para a fala.

Os bebês humanos começam vocalmente a vida de maneira muito parecida com outros primatas. A anatomia do trato vocal da criança acima de sua laringe (o trato vocal supralaringal) é muito semelhante à anatomia do trato correspondente nos chimpanzés. Quando os humanos recém-nascidos respiram, sua laringe se eleva para bloquear a passagem que leva ao nariz (a passagem nasofaringal). Ela veda a traqueia do fluxo do leite materno e de outras coisas na boca do recém-nascido. Assim, os bebês humanos podem comer e respirar sem se engasgar, da mesma forma que um chimpanzé.

Os adultos perdem essa vantagem. À medida que amadurecem, o seu trato vocal fica mais longo, sua boca diminui proporcionalmente, ao passo que a faringe (a parte da garganta imediatamente atrás da boca e acima da laringe, traqueia e esôfago) fica mais comprida. Consequentemente, a laringe do adulto não sobe tanto quando comparamos com a altura da boca e, assim, fica exposta aos alimentos e aos líquidos que passam por ela. Como dissemos anteriormente, se essas coisas entrarem em nossa traqueia, podemos engasgar e morrer. Por isso, é necessário coordenar, com cuidado, a língua, a laringe, a pequena aba chamada de "epiglote" e o esfíncter do esôfago (o músculo arredondado no nosso tubo digestivo) para evitar o engasgo durante a alimentação. Uma coisa que as pessoas evitam é falar com a boca cheia. Falar e comer pode matar ou causar um grave desconforto. Os humanos parecem ter perdido uma vantagem que os chimpanzés e os bebês recém-nascidos possuem.

Mas essas informações não têm somente um lado ruim. Embora o inventário completo de mudanças para o trato vocal humano seja muito amplo e técnico para ser discutido neste livro, o resultado final desses desenvolvimentos nos permite falar mais claramente sobre eles do que sobre os *Homo erectus*. Isso porque nós podemos criar um conjunto mais amplo de sons da fala, especialmente vogais, como as supervogais "i", "a" e "u", que são encontradas em todas as línguas do mundo. Elas são as vogais mais fáceis de serem percebidas. Nós somos a única espécie que consegue produzi-las bem. Além disso, a vogal "i" é de interesse especial. Ela permite ao ouvinte julgar o comprimento do trato vocal do falante e, assim, determinar o tamanho relativo, bem como o gênero do falante para "normalizar" as expectativas em relação ao reconhecimento da voz daquele falante.

Esse desenvolvimento evolutivo do trato vocal dá mais opções para a produção dos sons da fala, uma produção que começa com os pulmões. Eles estão para o trato vocal assim como um tubo de hélio está para um balão de festa. A nossa boca é como o bico de um balão. À medida que o ar é liberado, a altura do som do ar escapando pode ser manipulada pelo relaxamento do bico do balão, alargando ou estreitando a abertura pela qual o ar passa, cortando-o intermitentemente e até mesmo "sacudindo" o balão à medida que o ar é expelido.

Mas, se por um lado, a boca e o nariz humanos são como o bico de um balão; por outro, eles também têm mais partes – que se movem, que se retorcem – e compartimentos para que o ar passe do que um balão. E uma vez que os ouvidos humanos e seu funcionamento interno coevoluíram com o sistema produtor de som dos humanos, não é surpreendente que eles tenham evoluído tanto para produzir um conjunto relativamente pequeno de sons, que são usados na fala, quanto para ser sensíveis a eles.

De acordo com as pesquisas em evolução, as laringes de todos os animais terrestres evoluíram a partir da mesma origem – as válvulas pulmonares dos peixes antigos, em particular como as que são vistas nos *Propterus*, nos *Neoceratodus* e nas piramboias. Os peixes nos deram a fala tal como a conhecemos. As duas fendas nessa válvula desses peixes arcaicos funcionavam para evitar que a água entrasse em seus pulmões. A esse mecanismo muscular simples, a evolução adicionou cartilagem e tornou-a um pouco mais espessa para permitir a respiração dos mamíferos e o processo de fonação. Portanto, as nossas cordas vocais são resultantes, na verdade, de um conjunto complexo de músculos. Elas foram, pela primeira vez, chamadas de "cordas" pelo pesquisador francês Ferrein, que concebia o trato vocal como um instrumento musical.[9]

Por outro lado, o complicado é o controle desse dispositivo. Os humanos não tocam seu trato vocal com as mãos. Eles controlam cada movimento das centenas de músculos, do diafragma à língua e à abertura da passagem nasofaringal, com seu cérebro. Da mesma maneira como o trato vocal mudou com o passar dos milênios para produzir uma fala mais discernível, criando uma correspondência mais eficiente das nuances da língua que os falantes têm em sua cabeça, o cérebro fez evoluírem conexões que controlam o trato vocal.

Os humanos devem ser capazes de controlar sua respiração de maneira eficaz para produzir a fala. Ao passo que a respiração envolve inspiração e expiração, a fala é quase exclusivamente expiração. Isso requer controle do fluxo de ar e regulação da pressão do ar dos pulmões através das pregas vocais. A fala requer a capacidade de continuar produzindo os sons da fala mesmo depois do momento de "respiração tranquila" (em que o ar não é forçado para fora dos pulmões na exalação, por uma ação muscular, mas quando se permite que ele saia dos pulmões passivamente). Esse controle permite que as pessoas falem usando sentenças longas, com a produção concomitante não somente dos sons da fala individual, tais como as vogais e as consoantes, mas também da altura e da modulação da sonoridade e duração dos segmentos e dos sintagmas.

É óbvio que o cérebro tem uma ligação estreita com a produção vocal, porque a estimulação elétrica das partes do cérebro pode produzir movimentos articulatórios e alguns exemplos de fonação (sons vocálicos, em particular). Os cérebros de outros primatas respondem de maneira diferente. A estimulação das regiões que correspondem à área 44 de Brodmann em outros primatas produz movimentos da face, da língua e das cordas vocais, mas não produz fonação como estimulação similar nos humanos.

Para afirmar o óbvio, os chimpanzés são incapazes de falar. Mas isso não acontece, como alguns afirmam, por causa do seu trato vocal.

O trato vocal de um chimpanzé, com certeza, poderia produzir sons suficientemente distintos para dar suporte a uma língua de qualquer tipo. Os chimpanzés não falam, mais propriamente por causa de seus cérebros – eles não são inteligentes o suficiente para dar suporte ao tipo de gramática que os humanos usam e não são capazes de controlar seu trato vocal de uma maneira refinada o suficiente para controlar a produção da fala. Lieberman localiza os principais controladores da fala nos núcleos da base, ao que eles e outros se referem como o nosso cérebro reptiliano. Os núcleos da base são, como vimos, responsáveis por comportamentos habituais, entre outros. A ruptura dos circuitos neurais que conectam os núcleos da base ao córtex pode resultar em distúrbios, tais como o Transtorno Obsessivo Compulsivo (TOC), a esquizofrenia e a doença de Parkinson. Os núcleos da base estão envolvidos no controle motriz, em aspectos da cognição, na atenção e em várias outras características do comportamento humano.

Portanto, conjuntamente com a forma evoluída do gene FOXP2, que permite um melhor controle do trato vocal e o processamento mental do tipo utilizado nas línguas humanas modernas, a evolução das conexões entre os núcleos da base e um córtex cerebral humano maior é essencial para dar suporte à fala humana (ou às línguas de sinais). Identificar essas mudanças nos ajuda a reconhecer que a linguagem humana e a fala são parte de um contínuo visto em várias outras espécies. Não é que existe algum gene especial para a linguagem ou uma lacuna instransponível que apareceu de repente para propiciar aos humanos a linguagem e a fala. Ao invés disso, o que os registros evolutivos mostram é que a lacuna da linguagem foi formada ao longo de milhões de anos a passos curtos. Ao mesmo tempo, os *erectus* são um bom exemplo de quão cedo o patamar da linguagem foi atingido, como as mudanças no cérebro e na inteligência humana foram capazes de propiciar a linguagem humana mesmo com capacidades para a fala semelhantes às dos símios. Os *Homo erectus* são evidência de que os símios poderiam falar se tivessem cérebros suficientemente maiores. Os humanos são esses símios.

NOTAS

[1] Philip Lieberman, "Old-time Linguistic Theories", *Cortex* 44, 2008, pp. 218-226.
[2] W. Tecumseh Fitch, Bart de Boer, Neil Mathur e Asif A. Ghazanfar, "Monkey Vocal Tracts Are Speech-ready", *Science Advances* 2(12), 2016; http://advances.sciencemag.org/content/2/12/e1600723; doi: 10.1126/sciadv.1600723.
[3] Essas críticas não são originalmente minhas. Eu as tirei de um e-mail do foneticista Caleb D. Everett, da Universidade de Miami (o sobrenome não é mera coincidência).
[4] Para aqueles interessados na história dos estudos da fala humana, é interessante saber que esse tipo de pesquisa existe há séculos. Mas a investigação moderna da fisiologia e da anatomia da fala humana é talvez mais bem exemplificada em um livro de Edmund S. Crelin, do curso de Medicina da Universidade de Yale, intitulado *The Human Vocal Tract: Anatomy, Function, Development, and Evolution*. Ele contém centenas de desenhos e fotografias não somente do trato vocal humano moderno, mas também das partes relevantes dos fósseis dos humanos primitivos, tanto quanto discussões técnicas a respeito de cada um deles.
[5] Luigi Capasso, Elisabetta Michetti e Ruggero D'Anastasio, "A Homo erectus Hyoid Bone: Possible Implications for the Origin of the Human Capability for Speech", *Collegium Antropologicum* 32(4), 2008, pp. 1.007-1.011.
[6] Para uma abordagem mais completa da evolução e das propriedades essenciais da fala dos hominídeos, eu remeto o leitor ao *Toward an Evolutionary Biology of Language*, de Philip Lieberman, Cambridge, The Belknap Press of Harvard University Press, 2006.
[7] Idem.
[8] Os parágrafos seguintes são retirados, de maneira considerável, do meu *Language: The Cultural Tool*.
[9] Parafraseado do *Toward an Evolutionary Biology of Language*, de Lieberman.

PARTE TRÊS

A EVOLUÇÃO DA FORMA LINGUÍSTICA

De onde vem a gramática

A fala é uma função "cultural" não instintiva, adquirida.

Edward Sapir

Alguém pode perguntar em português: "Ontem, o que o João deu para a Maria na biblioteca?", e outra pessoa pode responder: "*Dom Casmurro*".

Essa é uma conversa completa. Não particularmente produtiva, mas, ainda assim, é uma troca típica de informações utilizadas pelas pessoas em suas vidas diárias. Ela é representativa da maneira com que os cérebros são superdimensionados pela cultura e também do papel da linguagem na expansão de conhecimento do cérebro de um único indivíduo para o conhecimento compartilhado por todos os indivíduos de uma sociedade; por todos os indivíduos vivos, na verdade. Até mesmo por todos os indivíduos que já viveram ou escreveram ou sobre os quais já se escreveu. Não foi o computador que deu início à era da informação, foi a linguagem. A era da informação começou quase dois milhões de anos atrás. Os *Homo sapiens* apenas a refinaram um pouco.

O discurso e a conversação são o ápice da linguagem. Isso posto, de que forma esse "estatuto de ápice" é revelado nas sentenças no diálogo dado anteriormente? Quando os falantes nativos de português ouvem a primeira sentença da nossa conversa em um contexto natural, eles a compreendem. Eles são capazes de fazer isso porque aprenderam a ouvir todas as partes dessa totalidade complexa e a usar cada uma delas para ajudá-los a compreender o que o falante pretende quando pergunta: "ontem, o que o João deu para a Maria na biblioteca?".

Em primeiro lugar, eles entendem as palavras "biblioteca", "na", "João" etc. Em segundo, todos os falantes do português vão ouvir a palavra com maior amplitude ou sonoridade e vão também perceber quais palavras recebem a maior e a menor altura. A sonoridade e a altura podem variar de acordo com o que o falante está tentando comunicar. Não são sempre as mesmas coisas, mesmo se a sentença for igual. A Figura 24 mostra uma forma de atribuir altura e sonoridade à nossa sentença.[1]

Figura 24 – Ontem, o que o João deu para a Maria na biblioteca?

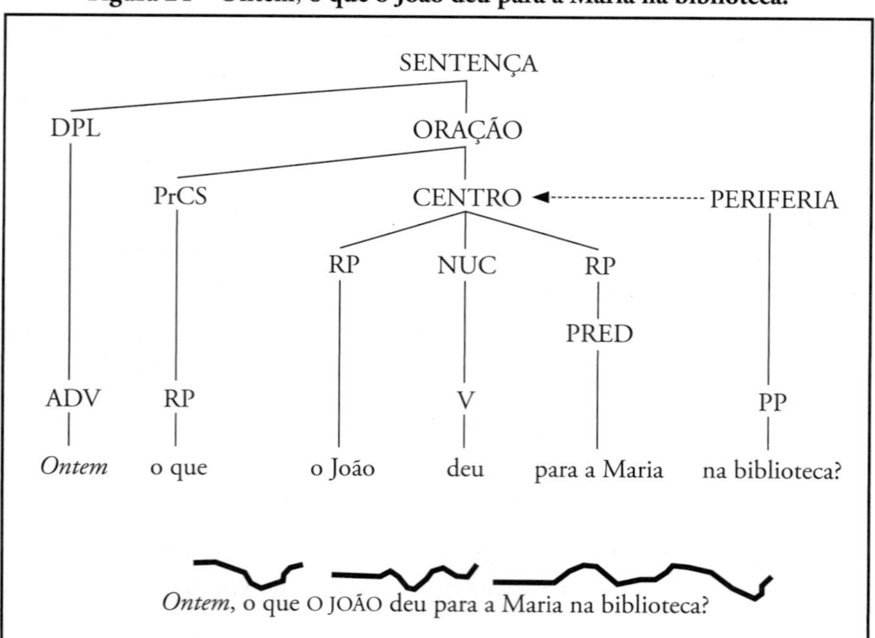

A linha acima das palavras mostra a melodia, as alturas relativas, ao longo de toda a sentença. O constituinte "ontem", em itálico, indica que ele é a segunda palavra com maior sonoridade na sentença. A notação em versalete para "O JOÃO" significa que se trata da parte com mais sonoridade. As palavras "ontem" e "João" são selecionadas pelo falante para indicar que elas garantem uma atenção particular por parte do ouvinte. A melodia indica que se trata de uma pergunta, mas ela também escolhe quatro palavras: "ontem", "João", "Maria" e "biblioteca" para terem alturas mais altas, indicando que elas representam diferentes tipos de informação necessários para processar o pedido.

A sonoridade e a altura de "ontem" dizem o seguinte: está-se falando sobre o que alguém deu a outra pessoa ontem, não hoje, não outro dia. Isso ajuda o ouvinte a evitar uma confusão. A palavra "ontem" não comunica sozinha essa informação. Ela é auxiliada pela altura e pela sonoridade que destacam seu caráter especial tanto para a informação que está sendo comunicada quanto para a informação que está sendo solicitada. E "o João" é a sequência com maior sonoridade, porque ela é particularmente importante para o falante, para que o ouvinte lhe diga o que "o João" fez. Talvez a Maria seja bibliotecária. As pessoas dão livros para ela o dia todo, todos os dias. Então, o que está sendo perguntado não é sobre o que a Ana deu a ela, mas sobre o que o João deu. A altura e a sonoridade fazem com que o ouvinte saiba disso de tal forma que não precise fazer um ordenamento entre todas as pessoas que deram coisas para a Maria ontem. A sequência "o João" já deixa isso claro. A altura e a sonoridade destacam isso. Elas oferecem pistas adicionais para o ouvinte guiar sua busca mental pela informação correta.

E, quando alguém faz essa pergunta, qual a aparência desse indivíduo? Provavelmente ele deve estar da seguinte maneira: os antebraços estão apoiados nas laterais, com os braços estendidos, as palmas das mãos viradas para cima e a sobrancelha arqueada. Essas expressões corporais são importantes. O ouvinte usa essas pistas gestuais, faciais e corporais para saber imediatamente que você não está fazendo uma afirmação. Uma pergunta está sendo feita.

Agora considere as mesmas palavras. A palavra "ontem" aparece mais à esquerda na sentença. Na sentença que segue, os "<>" indicam os outros lugares em que "ontem" poderia aparecer.

<> o que <> o João <> deu <> para a Maria <> na biblioteca <>?

Então, nós poderíamos perguntar:

"O que o João deu ontem para a Maria na biblioteca?"

"Ontem, o que o João deu para a Maria na biblioteca?"

"O que o João, ontem, deu para a Maria na biblioteca?"

"O que o João deu para a Maria na biblioteca ontem?"

"O que o João deu para a Maria ontem na biblioteca?"

"O que, ontem, o João deu para a Maria na biblioteca?"

Mas é menos provável que um falante nativo faça alguma pergunta assim:

* "O, ontem, que o João deu para a Maria na biblioteca?"

* "O que o João deu para ontem a Maria na biblioteca?"

* "O que o João deu para a Maria na ontem biblioteca?"

* "O que o ontem João deu para a Maria na biblioteca?"

O asterisco nos exemplos anteriores significa que essas sentenças provavelmente não vão ser ouvidas a menos em um contexto muito específico, se houver algum. Esse exercício poderia continuar com outras palavras ou sintagmas da sentença na seguinte amostra:

"Na biblioteca, *o que o João deu para a Maria ontem?*"

No entanto não precisamos continuar com esse exercício sobre as palavras e seus ordenamentos, uma vez que agora já há informação suficiente para saber que montar uma sentença não é simplesmente enfileirar palavras da mesma forma que as contas em um colar.

Parte da organização da sentença, na maioria das línguas, está no agrupamento de palavras para formar sintagmas. Esses sintagmas não devem sofrer interrupções, que é justamente o motivo pelo qual não se pode colocar "ontem" depois da palavra "em" (em "na": em + a) ou depois da palavra "o". Os sintagmas gramaticais são formas de "agrupamento" na memória de curto prazo. Eles auxiliam a rememoração e a interpretação.

Ainda assim, muitas das informações culturais estão faltando no exemplo dado anteriormente. Por exemplo, que diabos é uma biblioteca? João é homem ou mulher? De que biblioteca se está falando? Que tipo de coisas são mais provavelmente dadas pelo João? O João e a Maria se conhecem? Embora haja muitas perguntas, o falante ou o ouvinte da conversa apresentada anteriormente percebe rapidamente quais são as respostas a essas dúvidas, por causa do conhecimento que as pessoas absorvem – com frequência sem instrução explícita –, oriundo da sociedade e da cultura que os cercam. As pessoas utilizam o conhecimento individual (no caso, qual biblioteca é a candidata mais provável) e conhecimento cultural (o que é uma biblioteca) para restringir o "espaço de resolução" enquanto ouvinte. Portanto, o ouvinte não é obrigado a fazer um ordenamento de todas as informações possíveis para compreender e responder a pergunta, mas deve somente percorrer mentalmente as informações que sejam cultural e individualmente mais pertinentes que podem se enquadrar na pergunta em questão. A sintaxe, a seleção de palavras, a entonação e a amplitude são todas designadas para auxiliar a compreensão do que acaba de ser dito.

Mas há mais coisas, tais como certos tipos de informação no exemplo dado. Há informação compartilhada, às vezes sinalizada por palavras como "a" no sintagma "a biblioteca". Em virtude de alguém dizer "*a* biblioteca" e não "*uma* biblioteca", sinaliza-se para o ouvinte que se trata de uma biblioteca que ambos conhecem – eles compartilham esse conhecimento – por causa do contexto em que eles estão tendo essa conversa. A pergunta, nesse caso, versa sobre a informação nova, como sinalizada pelo pronome interrogativo "o que". Essa é a informação que o falante não tem, mas espera que o ouvinte tenha. As sentenças existem para facilitar o intercâmbio entre os falantes. A gramática é simplesmente uma ferramenta para facilitar isso.

A pergunta também é um ato intencional – uma ação pretendida para suscitar um tipo particular de ação, provinda do ouvinte. A ação desejada nesse caso é a de "me dê a informação que eu quero, ou me diga como consegui-la". As ações variam. Assim, se um rei dissesse "cortem-lhe a cabeça", a ação desejada seria uma decapitação, se ele estivesse sendo literal. A capacidade de ser literal nos traz uma outra reviravolta no que diz respeito a como as sentenças são proferidas e compreendidas – o falante está sendo literal? Irônico? Está falando no sentido figurado? Ou é louco?

Com a linguagem, os falantes podem identificar promessas, declarações, pedidos indiretos, pedidos diretos, denúncias, impactos jurídicos ("eu agora vos declaro marido e mulher") e outros pontos de informação culturalmente significativos. Nenhuma teoria de linguagem deveria ser negligente sobre nos falar acerca da complexidade da linguagem e de como suas partes se encaixam – entonação, gestos, gramática, escolha lexical, tipo de intenção etc. E o que o ouvinte faz nesse mar de sinais e informações? Ele senta e pondera por horas antes de dar uma resposta? Não, ele compreende tudo de modo implícito e imediato. As pistas trabalham juntas. Tomadas em conjunto, elas tornam as sentenças mais fáceis de compreender, não mais difíceis. E a evidência é a de que a única e mais poderosa força que guia essa compreensão instantânea é a estrutura informacional. O que é novo? O que é compartilhado? E isso deriva não meramente de significados literais das palavras, mas de um conhecimento cultural implícito que eu chamo de "matéria escura".

Junto de uma representação sintática de uma sentença, os falantes intercalam gestos e entonação. Eles usam esses gestos e anotações para indicar a presença de informação implícita da cultura e das experiências pessoais do falante e do ouvinte. Mas alguma coisa é sempre deixada de fora. A língua nunca expressa tudo. A cultura preenche os detalhes.

Como as línguas humanas foram de meros símbolos para essa interação complexa entre símbolos de um nível mais alto, símbolos dentro de símbolos, gramática, entonação, gestos e cultura? E por que tudo isso varia tanto de língua para língua e de cultura para cultura? O uso das mesmas palavras em português europeu, português moçambicano, português cabo-verdiano ou português brasileiro vai produzir um conhecimento pressuposto relacionado, mas diferente, assim como padrões entonacionais, gestos e expressões faciais próximas, mas diferentes. Longe de ser uma "gramática universal" de integração de vários aspectos de um único enunciado, cada cultura, em larga medida, segue seu próprio caminho.

Claro, existem aspectos da linguagem universalmente compartilhados. Cada cultura utiliza a altura da voz, vincula gestos e outras palavras em uma sequência consensual. São limites e aspectos necessários da linguagem, porque refletem limitações físicas e mentais da espécie. Talvez – e é muito empolgante pensar nisso – alguns deles representem vestígios das formas como os *Homo erectus* falavam. Talvez os humanos tenham passado adiante uma grande quantidade de gramática, por exemplo, de milênio a milênio à medida que a espécie continuou evoluindo. É possível que as línguas modernas tenham mantido soluções de 2 milhões de anos atrás no que concerne à transmissão de informações, algo primeiramente inventado pelos *Homo erectus*. Essa possibilidade não pode ser descartada.

Revendo o que nós aprendemos sobre os símbolos, eles se baseiam em um princípio simples – a saber, uma forma arbitrária pode representar um significado. Cada símbolo também acarreta um interpretante de Peirce. Os signos, em todas as suas formas, são o primeiro passo em direção a um outro componente essencial da linguagem humana: a padronização tripla de forma e significado por meio da adição de um auxílio interpretativo de gestos e entonação. Na medida em que os símbolos e o restante se tornaram mais parte da cultura, eles subiram alguns degraus da escada desde a comunicação, passando pela linguagem, chegando à distinção entre uma perspectiva de alguém de fora em oposição à de alguém de dentro, a algo que o linguista Kenneth Pike se referiu como "ético" (ponto de vista de alguém de fora) e "êmico" (perspectiva de alguém de dentro). Os signos sozinhos não nos conduzem ao ético e ao êmico; a cultura é crucial nesse caminho.

A perspectiva ética é a que um turista pode ter ao ouvir uma língua estrangeira pela primeira vez. "Eles falam muito rápido". "Eu não sei como eles se entendem com todos esses sons estranhos". Mas uma vez que se aprende a falar a língua, os sons se tornam mais familiares, a língua não soa mais como se estivesse sendo falada tão rapidamente; no final das contas, a língua, suas regras e seus padrões de pronúncia se tornam mais familiares. O aprendiz migrou de uma perspectiva ética, de alguém de fora, para uma perspectiva êmica, de alguém de dentro.

Ao associar significados e formas para criar símbolos, a distinção entre forma e significado é destacada.[2] E em virtude de os símbolos serem interpretados por membros de um grupo particular, eles levam a uma interpretação de alguém de dentro *versus* uma interpretação de alguém de fora. Isso é o que torna as línguas inteligíveis aos seus falantes nativos, mas difíceis para falantes não nativos. A progressão para a linguagem é apenas esta: índices → ícones → símbolos (êmicos) + gramática (êmica), gestos (êmicos) e entonação (êmica).

Depois dos símbolos, outra invenção importante para a linguagem é a gramática. A estrutura é necessária para criarmos enunciados mais complexos a partir de símbolos. Para isso, é preciso um conjunto de princípios de organização. Esses princípios nos permitem formar enunciados de maneira mais eficiente e mais de acordo com as expectativas culturais dos ouvintes.

As gramáticas estão organizadas em duas formas de uma única vez – verticalmente, também conhecida como "organização paradigmática", e horizontalmente, também referida como "organização sintagmática". Esses modos de organização são subjacentes a todas as gramáticas, conforme apontado no início do século XX pelo linguista suíço Ferdinand de Saussure. Ambas as organizações da gramática, vertical e horizontal, trabalham em conjunto para facilitar a comunicação, o que permite que mais informações sejam "empacotadas" nas palavras individuais e nos sintagmas da língua do que seria possível se não contássemos com tal organização. Esses modos de organização se seguem da natureza dos símbolos e da transmissão da informação.

Se há símbolos e sons, então, não há nenhuma lacuna mental gigante requerida para colocá-los em alguma ordem linear. Os linguistas chamam a união de sons sem significado ("fonemas" é o nome dado para os sons da fala) para formar palavras com significado de "dupla articulação da linguagem". Por exemplo, "m", "a" e "r" na palavra "mar", sozinhos, não têm significado. Mas agrupados nessa ordem, a palavra que eles formam significa alguma coisa. Para formar palavras, os fonemas são tomados de uma lista de sons da língua e alocados em certas "posições" para formar uma palavra, como novamente em: $m_{\text{posição1}}\ a_{\text{posição2}}\ r_{\text{posição3}}$.

Uma vez que essa dupla articulação se torna uma convenção entre os membros de uma cultura, então ela pode ser estendida para combinar diversos itens portadores de significado. Daí, temos apenas um pequeno passo até juntarmos símbolos de eventos e símbolos de coisas para formarmos frases e declarações. Suponha que alguém tenha uma lista de símbolos. Isso é uma característica do aspecto vertical, ou paradigmático, da gramática. Em seguida, suponha que haja um ordenamento para acomodar esses símbolos de tal forma que uma cultura tenha convencionado a sua organização. Assim, a tarefa de formar uma sentença ou um sintagma é escolher um símbolo e alocá-lo em uma posição, como ilustrado na Figura 25.

Figura 25 – Dupla articulação da linguagem estendida – formando uma sentença

Organização vertical/paradigmática

Organização horizontal/sintagmática

	$\text{Símbolo}_{\text{posição 1}}$	$\text{Símbolo}_{\text{posição 2}}$	$\text{Símbolo}_{\text{posição 3}}$
$\text{Símbolo}_{\text{preenchimento 1}}$ (João)	*João*	*viu*	*Maria*
$\text{Símbolo}_{\text{preenchimento 2}}$ (Maria)			
$\text{Símbolo}_{\text{preenchimento 3}}$ (viu)			

Conhecer a gramática, o que deve ser o caso para todo falante, significa apenas conhecer as instruções para juntar as palavras de tal maneira que se formem sentenças. A gramática simples para essa língua inventada pode ser somente a seguinte: selecione um item de preenchimento paradigmático e coloque-o em uma posição sintagmática apropriada.

A partir da hipótese de que há um inventário de símbolos a ser colocado em uma ordem específica – e não um salto cognitivamente gigante –, os humanos primitivos teriam usado as ideias de "posição" e "item de preenchimento". Essas são a base de todas as gramáticas.

Tudo isso foi explicado pela primeira vez pelo linguista Charles Hockett em 1960.[3] Ele chamou a combinação de elementos sem significado para formar unidades com significado de "dupla articulação da linguagem". E uma vez que um povo possui símbolos e possui a dupla articulação, ele estende-na para obter a organização paradigmática e sintagmática da Figura 25. Isso quase nos leva à linguagem humana. Apenas duas outras coisas são necessárias – gestos e entonação. Em conjunto, eles proporcionam uma língua completa – símbolos + gestos e entonação. De qualquer forma, nesse ponto, o foco está na dupla articulação. À medida que as pessoas organizam seus símbolos, elas naturalmente começam, em seguida, a analisar seus símbolos em unidades menores. Assim, uma palavra como "mar" – um símbolo –, está organizada horizontalmente (ou sintagmaticamente) em uma sílaba m-a-r. Mas com essa organização, também se torna claro que "mar" está, ao mesmo tempo, organizado verticalmente. Então, seria possível substituir o "m" de "mar" por "p" para produzir a palavra "par". Ou alguém poderia substituir "r" por "l" e obter "mal". Em outras palavras, "mar" tem três posições (m-a-r), e os itens de preenchimento para cada posição vêm dos sons da fala do português.

Portanto, a sílaba é uma parte importante do desenvolvimento da dupla articulação da linguagem. A sílaba é uma restrição de organização natural que atua sobre os arranjos de fonemas e que funciona para permitir que cada fonema seja percebido de uma maneira melhor. Ela tem outras funções, mas o ponto crucial é que atue principalmente auxiliando a percepção, que emerge do alinhamento entre os ouvidos e o trato vocal ao longo do curso da evolução humana, ao invés de ser uma categoria mental pré-especificada. Uma caracterização bastante simples da sílaba é a de que os sons da fala são organizados a partir do som de menor intensidade inerente até o que tem mais intensidade inerente, depois voltando ao som de menos intensidade novamente. Isso faz com que os sons em cada uma das sílabas sejam mais fáceis de ouvir. É uma outra forma de agrupamento que ajuda o nosso cérebro a monitorar o que está acontecendo com a linguagem. Essa propriedade é chamada de "sonoridade". Em termos simples, um som é mais sonoro se for mais alto. As consoantes são menos sonoras que as vogais. E entre as consoantes, algumas (com as quais nós não precisamos nos preocupar nesta discussão) são menos sonoras do que outras.[4] Assim, as sílabas são unidades de fala em que as posições individuais produzem um efeito crescente-decrescente, em que o núcleo (ou a parte central) é o elemento mais sonoro – normalmente, uma vogal –, ao passo que as margens são as menos sonoras. Isso pode ser visto na sílaba "paz". Trata-se de uma sílaba aceitável em português, porque "p" e "z" são menos sonoros do que "a" e são encontrados nas margens da sílaba, enquanto "a" – o elemento mais sonoro – está na posição nuclear ou central. Por outro lado, a sílaba "pza" seria malformada em português, porque um som menos sonoro, "p", tem na sequência uma outra consoante menos sonora, "z", em vez de haver um aumento imediato de sonoridade. Isso deixa a sílaba difícil de ouvir ou difícil de distinguir entre "p" e "z" quando são colocados um ao lado do outro na margem da sílaba.

As línguas variam imensamente no que diz respeito à organização silábica.[5] Certas sílabas, como em português, têm padrões silábicos bastante complicados. A palavra "transporte" tem mais de uma consoante em cada margem. E a consoante "r" deveria vir antes da consoante "t" no início da palavra "transporte", porque esse som é mais sonoro. Então, a palavra deveria ser, na verdade, "rtansporte". Ela não assume essa forma porque o português historicamente preferiu a ordem "tr", com base nos padrões sonoros de estágios anteriores do próprio português e de outras línguas que o influenciaram, tanto quanto com base na escolha cultural. A história e a cultura são fatores comuns que anulam e violam a organização puramente fonética das sílabas.

Essa organização perceptual e articulatória das sílabas traz naturalmente a dupla articulação para a linguagem. Ao organizar os sons de tal forma que eles possam ser mais facilmente ouvidos, as línguas, de fato, ganham a dupla articulação. Cada margem e cada núcleo de uma sílaba é parte da organização horizontal silábica, ao passo que os sons que podem ocupar uma posição na margem ou no núcleo são itens de preenchimento. E isso quer dizer que a sílaba, em certo sentido, poderia ter sido a chave para a gramática e para línguas mais complexas. Como vimos, a sílaba se baseia em uma ideia muito simples: "agrupe sons de tal forma que eles sejam facilmente ouvidos e memorizados". A fala dos *Homo erectus* provavelmente continha sílabas, porque elas eram apenas consequência da brevidade da nossa memória de curto prazo conjuntamente com ordenamentos mais audíveis. Se esse for o caso, isso significa que os *erectus* tiveram gramática, que foi praticamente dada a eles de bandeja, logo que passaram a usar as sílabas. Claro, é possível que as sílabas tenham surgido mais tarde na evolução da linguagem em relação a, digamos, palavras e sentenças, mas qualquer tipo de organização de sons seja nos fonemas dos *Homo sapiens*, seja nos sons dos *erectus* ou dos *neanderthalensis*, acarretaria uma forma mais potente de organização da língua e os levaria para além de meros símbolos, para alguma forma de gramática. Assim, a fala primitiva teria tido na sintaxe e na morfologia (e em algum outro lugar da língua) um estímulo para a organização sintagmática e paradigmática. Na verdade, afirma-se que alguns animais, tais como os saguis cabeça-de-algodão, têm sílabas. Independentemente do que os saguis possam fazer, a aposta é a de que os *erectus* podiam fazer melhor. Se os saguis tivessem cérebros mais bem equipados, então eles estariam a caminho da linguagem humana.

Se isso estiver na direção correta, a dupla articulação, juntamente com gestos e entonação, são princípios de organização fundacionais da linguagem. Porém, uma vez que esses elementos estão no seu devido lugar, seria esperado que as línguas descobrissem a utilidade da hierarquia, que os cientistas da computação e os psicólogos têm afirmado, mais do que nunca, serem úteis para a transmissão e para o armazenamento de informações complexas.

A fonologia é, assim como todas as outras formas de comportamento humano, restringida pela pressão memória-expressão: quanto mais unidades uma língua tem, de forma menos ambígua ela é capaz de expressar suas mensagens, mas há mais para ser aprendido e memorizado. Então, se uma língua tem 300 sons de fala, ela seria capaz de produzir palavras que são menos ambíguas do que uma língua com somente cinco sons. Mas isso tem um custo – a língua com mais sons é mais difícil de aprender. A fonologia organiza os sons para torná-los mais fáceis de serem percebidos, adicionando poucas modificações culturais locais preferidas por uma comunidade particular (como "transporte" em português, em vez de "rtansporte"). Isso é compatível com a coevolução dos aparatos articulatório e auditivo. A relação entre os ouvidos dos humanos e suas bocas é o que explica os sons de todas as línguas humanas. É o que torna os sons da fala humana diferentes de, digamos, os sons da fala dos marcianos.

O aparato articulatório dos humanos também é, com certeza, interessante, porque nenhuma de suas partes – diferentemente do seu formato – é especializada para a fala. Como vimos, o trato vocal humano tem três componentes básicos – as partes que se movimentam (os articuladores), as partes fixas (os pontos de articulação) e os geradores do fluxo de ar. Vale a pena destacar, mais uma vez, o fato de que a evolução do trato vocal para a fala possivelmente foi consequência do começo da linguagem. Embora a linguagem possa ter existido sem capacidades bem desenvolvidas para a fala (muitas línguas modernas podem ser assobiadas, murmuradas ou sinalizadas), não pode haver fala sem linguagem. Os *neanderthalensis* não tinham capacidade para a fala da mesma forma que os *sapiens*. Mas eles muito certamente poderiam ter tido uma língua operacional sem o trato vocal dos *sapiens*. A incapacidade de os *neanderthalensis* produzirem /i/, /a/ e /u/ (pelo menos de acordo com Philip Lieberman) seria uma limitação para a fala, mas essas vogais "cardinais" ou "quantais" não são nem necessárias nem suficientes para a linguagem (nem necessárias, em virtude de haver línguas de sinais, nem suficientes, porque os papagaios são capazes de produzi-las).

Como afirmado, a fala é aprimorada quando o sistema auditivo coevolui com o sistema articulatório. Isso quer dizer simplesmente que a boca e os ouvidos evoluíram juntos nos seres humanos. Por isso, os humanos se tornam mais hábeis em ouvir os sons que suas bocas produzem mais facilmente e em produzir os sons que seus ouvidos percebem melhor.

Os sons individuais da fala – os fones – são produzidos pelos articuladores – língua e lábios, na maioria dos casos – quando encostam nos pontos de articulação ou se aproximam deles – os alvéolos, os dentes, o palato, os lábios etc. Alguns desses sons são mais altos porque oferecem uma obstrução mínima ao fluxo de ar que sai da boca (e, para muitos, que sai do nariz). Trata-se das vogais. Nenhum articulador faz contato direto com o ponto de articulação na produção de uma vogal. Outros fones obstruem completa ou parcialmente o fluxo de ar que sai da boca. São as consoantes. Tanto com as consoantes quanto com as vogais, a corrente de sons produzida por qualquer falante pode ser organizada de tal forma que maximize tanto a taxa de informações (as consoantes geralmente carregam mais informações que as vogais, uma vez que há mais delas) quanto a cavidade perceptual (as consoantes são mais fáceis de perceber em diferentes posições da cadeia da fala, tais como as que vêm imediatamente antes ou depois das vogais e as que vêm no começo ou no fim das palavras). Vogais e consoantes – uma vez que a fala não é digital na sua produção, mas, ao invés disso, uma cadeia contínua de movimentos articulatórios – "assimilam" umas as outras, isto é, elas se tornam mais semelhantes em alguns contextos, embora nem sempre nos mesmos contextos em cada língua. Se um falante nativo de português profere a palavra "foz", o "z" é pronunciado mais para o fundo da boca (ou seja, é um som mais posterior) do que quando é pronunciada a palavra "fiz". Isso porque a vogal "ɔ" está mais para o fundo da boca, e a vogal "i" está mais para a frente da boca. Nesses casos, a vogal "empurra" a consoante em direção ao seu ponto de articulação. Modificações adicionais sobre o som aprimoram a percepção dos sons da fala. Outro exemplo é conhecido como "labialização" – quando um som consonantal é produzido com um arredondamento dos lábios. Ou vozeamento – que acontece quando as cordas vocais vibram durante a produção de um som. A estrutura silábica é outra modificação, quando os sons são pronunciados de maneira diferente nas diferentes posições da sílaba. Isso é visto na pronúncia de "l", quando está no final da sílaba, como na palavra "Brasil" em alguns dialetos do português, em oposição ao "l" que está no começo de uma sílaba, como em "lago". O processo de labialização pode ser observado, por exemplo, na produção da palavra "bolo" e diz respeito ao arredondamento dos lábios na produção de uma consoante que é seguida por vogais arredondadas.

Esses aprimoramentos são, muitas vezes, ignorados pelos falantes nativos quando produzem a fala, porque eles são simplesmente "complementos" e não parte do som alvo. Isso acontece, porque os falantes nativos de português normalmente não ouvem a diferença entre o [b] de "bala" e o [b^w] de "bolo", em que o "^{w}" sobrescrito que segue a consoante indica sua labialização. Mas para os linguistas, esses sons são bastante distintos. Os falantes não estão cientes de tais aprimoramentos e normalmente conseguem aprender a ouvi-los e discriminá-los somente com um esforço especial. A disciplina que estuda as propriedades físicas dos sons, independentemente da percepção e da organização deles por parte dos falantes, é a Fonética. O estudo do conhecimento êmico dos falantes, quais aprimoramentos são ignorados pelos nativos e quais sons eles alvejam, é feito pela Fonologia.

Continuando com nosso estudo da Fonologia, há uma longa tradição que subdivide adicionalmente os sons básicos, vogais e consoantes, em traços fonéticos: [±vozeado], vozeado *versus* desvozeado, [±ATR], como no contraste entre as vogais do português /o/ de "avô" e /ɔ/ de "avó". Mas não há nenhum prejuízo para a exposição da evolução da linguagem se esses detalhes mais refinados forem ignorados nesta discussão.

Subindo a hierarquia fonológica, chegamos mais uma vez à sílaba "o", que introduz a dupla articulação na organização dos sons da fala. Para elaborar ligeiramente mais adiante o que foi dito anteriormente sobre a sílaba, considere as sílabas na Figura 26.

Figura 26 – Sílabas e sonoridade

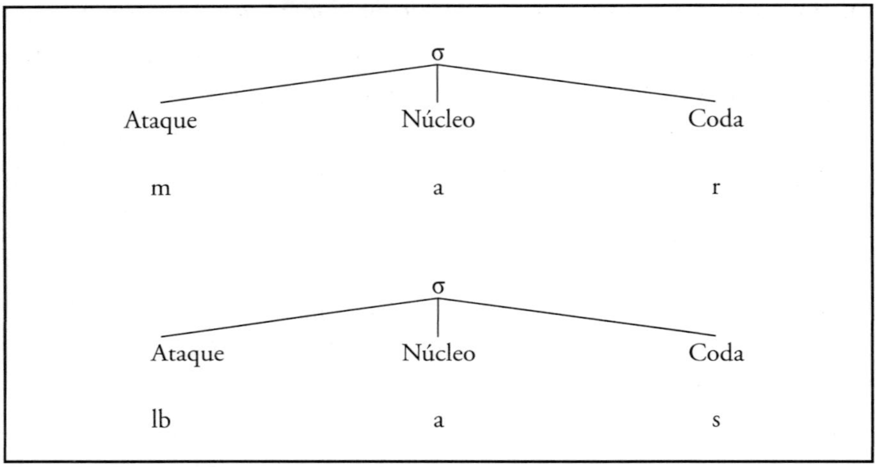

σ

Ataque Núcleo Coda

m a r

σ

Ataque Núcleo Coda

lb a s

Conforme a discussão de sonoridade, é esperado que a sílaba [mar] seja bem formada, entre outros pares; enquanto a sílaba [lbas] não será, porque, nesta, os sons são mais difíceis de perceber.

Assim, a sílaba é uma estruturação hierárquica e não recursiva dos sons da fala. Ela funciona para aprimorar a perceptibilidade dos fones e, muitas vezes, funciona nas línguas como a unidade básica do ritmo. Mais uma vez, pode-se imaginar que, dadas as suas contribuições extremamente úteis para a percepção da fala, as sílabas começaram a aparecer mais cedo na junção entre som e significado na língua. Elas teriam sido um complemento muito útil e simples para a fala, melhorando radicalmente a perceptibilidade dos sons. As limitações naturais dos sistemas auditivo e articulatório pressionaram os falantes para que eles ouvissem e produzissem uma organização silábica desde cedo.

Entretanto, uma vez introduzidas, as sílabas, os segmentos e outras unidades da hierarquia fonológica teriam sofrido elaborações baseadas na cultura. Em outras palavras, mudanças são feitas para satisfazer as preferências locais sem relação com a facilidade de pronúncia ou produção. Essas elaborações são úteis para a identificação de grupos, assim como para a percepção de sons em certos lugares das palavras. Então, às vezes, elas são motivadas por facilidade na audição ou na pronúncia, ou por razões culturais, com vistas a produzir os sons que identificam um grupo como a fonte desses sons, porque os falantes de uma cultura teriam preferido alguns sons em detrimento de outros, alguns aprimoramentos em favor de outros etc. Um inventário particular de sons de uma língua também pode ser limitado culturalmente. Isso tudo significa que, na história das línguas, surge um conjunto de preferências culturais e este faz uma seleção entre os sons que os humanos são capazes de produzir e perceber para escolher os sons que uma cultura particular, em um período específico no desenvolvimento da linguagem, escolhe utilizar. Depois dessa seleção, os sons e os padrões preferidos vão mudar com o passar do tempo, sujeitos a novas pressões articulatórias, auditivas e culturais ou sujeitos ao contato com outras línguas.

Outras unidades da hierarquia fonológica incluem frases fonológicas, agrupamentos de sílabas em palavras fonológicas ou unidades fonológicas maiores que a palavra. Essas frases ou palavras também são formas de agrupamento para auxiliar a memória de trabalho e facilitar uma interpretação mais rápida das informações comunicadas. Essa segmentação é auxiliada por gestos e entonação, que oferecem um apoio colaborativo para a fala no que tange à memória de percepção e à memória de trabalho. Dessa forma, o agrupamento de unidades linguísticas menores (tais como os sons) em unidades linguísticas maiores (tais como sílabas, palavras e sintagmas) facilita a comunicação. Os sintagmas e as palavras são eles mesmos reunidos em agrupamentos maiores, aos os quais linguistas se referem como "contornos prosódicos" ou "grupos de respiração" – agrupamentos de sons marcados pela respiração e entonação. Nós mencionamos que a altura, a sonoridade, o alongamento ou encurtamento de algumas palavras ou frases podem ser usados para distinguir, digamos, informação nova de informação velha, tais como o tópico que nós estamos discutindo neste momento (informação velha) e o comentário sobre esse tópico (informação nova). Tais traços também podem ser usados para sinalizar uma ênfase ou outras nuances que o falante gostaria que o ouvinte percebesse sobre aquilo que está sendo dito. Todos esses usos da fonologia surgem gradualmente à medida que os humanos se deslocam dos índices para a gramática. E cada passo desse percurso seria muito provavelmente acompanhado por gestos.

A partir desses pequenos passos, uma "hierarquia fonológica" inteira é construída. Essa hierarquia acarreta que a maioria dos elementos da estrutura sonora de uma dada língua são compostos de elementos menores. Em outras palavras, cada unidade de som é construída a partir de unidades menores por meio de processos naturais que tornam os sons de uma dada língua mais fáceis de ouvir e produzir. A visão linguística padrão da hierarquia fonológica aparece na Figura 27.

Figura 27 – Hierarquia fonológica

Fonemas
↓
Sílabas
↓
Palavras fonológicas
↓
Frases fonológicas
↓
Parágrafos fonológicos
↓
Textos fonológicos
↓
Traços conversacionais

As nossas estruturas de sons também são restringidas por outros dois conjuntos de fatores. O primeiro é o ambiente. As estruturas de sons podem ser restringidas, de maneira relevante, pelas condições do ambiente em que a língua surgiu – temperatura média, umidade, pressão atmosférica etc. Os linguistas ignoraram essas conexões durante a maior parte da história da linguagem, muito embora pesquisas recentes as tenham agora confirmado de maneira clara. Assim, para compreender a evolução de uma língua específica, deve-se saber algo tanto sobre sua cultura original quanto sobre suas circunstâncias ecológicas. Nenhuma língua é uma ilha.

Vários pesquisadores resumem essas generalizações com a proposta de que os primeiros enunciados dos humanos eram "holofrásicos". Ou seja, as primeiras tentativas de comunicação eram enunciados não estruturados que não eram nem palavras nem sentenças, eram simplesmente interjeições ou exclamações. Se um *erectus* usasse a mesma expressão repetidamente para se referir a, digamos, um tigre dente-de-sabre, como aquele símbolo seria ou poderia ser decomposto em partes menores? Os gestos, com funções que se sobrepõem à entonação em um certo sentido, contribuem para a decomposição de uma unidade maior em constituintes menores, ou reforçando partes já destacadas, ou indicando que outras partes do enunciado são de importância secundária, mas ainda mais relevantes que outras partes de importância terciária etc. Para ver como isso funcionaria, imagine que uma mulher *erectus* tenha avistado um tigre correndo até ela e tenha exclamado: "Shamalamadingdong!". Uma dessas sílabas ou algumas partes desse enunciado poderiam ser mais sonoras ou ter uma altura maior do que outras. Se a mulher fosse sentimental, aquele enunciado se materializaria necessariamente através de gestos e alturas que, de uma forma intencional ou acidental, destacariam suas diferentes partes. Talvez como "SHAMAlamadingDONG", "ShamaLAMAdingdong", "ShamalamaDINGdong" ou "SHAMAlamaDINGdong" e assim por diante. Se os seus gestos, volume, altura (alta, baixa ou média) se alinhassem às mesmas sílabas, então, isso talvez começasse a ser reconhecido como partes de uma palavra ou de uma sentença que começou sem ter parte alguma.

A prosódia (altura, volume, comprimento), os gestos e outros marcadores de saliência (posicionamento do corpo, levantamento da sobrancelha etc.) têm o efeito conjunto de dar início à decomposição do enunciado, subdividindo-o em partes de acordo com sua altura e seus gestos. Uma vez que os enunciados tenham sido decompostos, somente então eles podem ser (re)compostos (sintetizados) para construir enunciados adicionais. E isso leva a outra propriedade necessária à linguagem humana: a composicionalidade semântica. Ela é crucial para todas as línguas. É a habilidade de codificar e decodificar um significado de um enunciado inteiro a partir dos significados individuais de suas partes.

Assim, a partir de processos naturais que conectam sons e significados nos enunciados, há um caminho fácil através de gestos, entonação, duração e amplitude para decompor um todo, inicialmente não estruturado, em partes e, a partir daí, recompor as partes em um (novo) todo. E esse é o nascimento de todas as gramáticas. Não há a necessidade de nenhum gene especial para isso.

Kenneth Pike colocou a morfologia e a sintaxe juntas em uma outra hierarquia, que vale a pena repetir nesta discussão (embora eu use a minha própria hierarquia, uma versão ligeiramente adaptada). A ela Pike chamou de "hierarquia morfossintática" – a construção de uma conversação a partir de partes cada vez menores.

Figura 28 – Hierarquia morfossintática

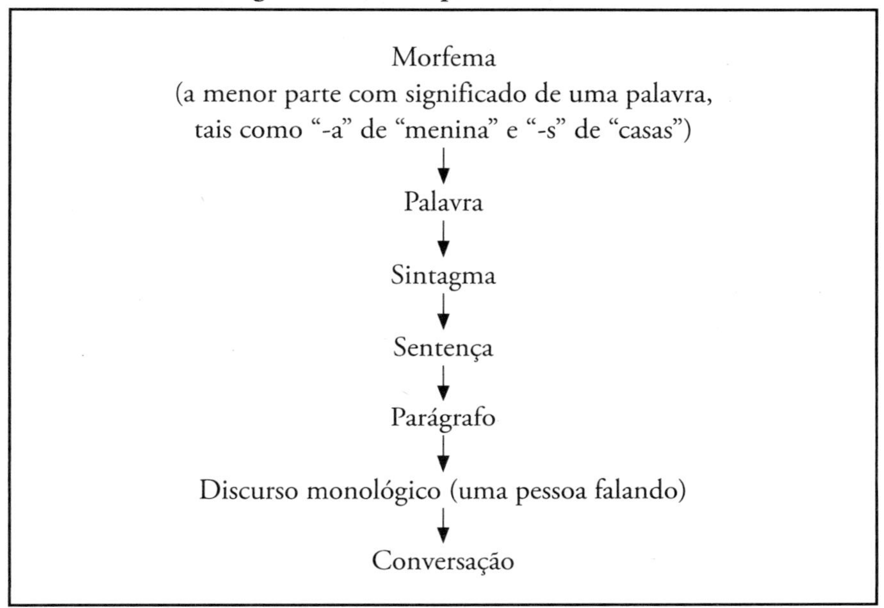

A maneira como as inovações, linguísticas ou não, se propagam e se tornam parte de uma língua é um quebra-cabeça conhecido como "problema de atuação". Assim como a disseminação de novas palavras, expressões ou piadas hoje em dia, vários fatores favoráveis possíveis podem estar envolvidos na origem e na disseminação das inovações linguísticas. Os falantes poderiam gostar dos sons de certos componentes dos novos enunciados dos *erectus* mais do que de outros, ou poderia ser o caso de uma altura ou um gesto ter destacado uma parte do enunciado e excluído outra. À medida que esse destaque também é percebido por outros e começa então a circular, por qualquer razão que seja, a parte destacada, mais saliente, se torna mais importante na transmissão e na percepção do enunciado que está sendo "acionado".

É possível que os primeiros enunciados tenham sido produzidos para se comunicar com alguém. Claro, não há testemunhas. Não obstante, a história (do antes e do depois) da progressão da linguagem dá suporte significativo para isso. A linguagem está relacionada com a comunicação. Como subproduto da linguagem, ganhamos uma forma de raciocinar possivelmente mais clara – através da fala, quando comparado com um mero raciocínio imagético. A linguagem não foi feita para o raciocínio propriamente dito.

Assim como não há necessidade de apelar para genes da sintaxe, as evidências sugerem que nem as estruturas dos sons são inatas, com exceção da relação inata entre trato vocal e percepção auditiva, entre os sons que as pessoas podem produzir melhor e ouvir melhor. A hipótese mais simples é a de que a coevolução do trato vocal, do aparelho auditivo e do sistema de organização linguística levou à existência de um sistema de formas bem organizado, baseado no som, para representar os significados como partes dos signos. Existem restrições externas, funcionais e ecológicas sobre a evolução dos sistemas sonoros.[6]

A sintaxe se desenvolve com a dupla articulação e adiciona a ela aquilo que está baseado nos objetivos comunicacionais culturais e nas convenções, juntamente com diferentes estratégias gramaticais. Isso significa que se pode adicionar recursividade se esta for uma estratégia culturalmente benéfica. É possível ter orações relativas ou não. É possível ter sintagmas nominais coordenados ou não. Alguns exemplos de diferentes estratégias gramaticais do português incluem sentenças como:

"João e Maria foram à cidade" (um sintagma nominal composto, complexo) *versus* "João foi à cidade. Maria foi à cidade" (duas sentenças simples).

"O homem é alto. O homem está aqui" (duas sentenças simples) *versus* "O homem que é alto está aqui" (uma sentença complexa com uma oração relativa).

"Morfologia" é o termo científico para o modo como as palavras são construídas. Línguas diferentes usam estratégias diferentes para construir palavras, embora o conjunto de estratégias operacionais seja pequeno. Assim, em português (pelo menos, na variedade padrão falada no Brasil), qualquer verbo tem quatro formas no presente do indicativo: *amo*, *ama*, *amamos*, *amam*. Mesmo os verbos irregulares têm quatro formas: *sou*, *é*, *somos*, *são*. Existem realmente poucas escolhas para construir estruturas morfológicas para as palavras. Elas podem ser simples ou compostas por partes (chamadas de "morfemas"). Se elas forem simples, sem subdivisões internas, trata-se de uma língua "isolante". O chinês é um exemplo desse tipo. Em chinês, normalmente não há uma forma verbal de passado. É necessária uma palavra separada para indicar o tempo passado (ou apenas o contexto). Então, quando nós diríamos em português "eu corri" (com forma verbal de passado) *versus* "eu corro" (com forma verbal de presente), em chinês você deve dizer algo como "eu agora correr" (três palavras) *versus* "eu correr ontem" (três palavras).

Em línguas como o português, a estratégia para construir palavras é diferente. Assim como muitas línguas românicas (aquelas que vêm do latim), as palavras do português podem combinar vários significados. Um simples exemplo pode ser construído a partir de "falo".

A terminação "o" do verbo significa várias coisas de uma só vez. Ela indica primeira pessoa do singular, "eu", mas também significa tempo presente. Sinaliza, além disso, "modo indicativo" (que, por sua vez, significa, *grosso modo*, "que está acontecendo, de fato"). O português e outras línguas que vieram do latim – como o espanhol, o romeno e o italiano – são referidas linguisticamente como línguas "flexionais".

Outras línguas como o turco e muitas línguas nativas norte-americanas são chamadas de "aglutinantes". Isso quer dizer que cada parte de cada uma das palavras tem um único significado, diferentemente das línguas românicas, em que as partes da palavra podem ter vários significados, como "o" de "falo". Uma única palavra em turco pode ser longa e ter muitas partes, mas cada parte não tem nada mais do que um significado: "*çekoslovakyalılaştıramadıklarımızdanmışsınızcasına*" significa "como se você fosse um daqueles que nós não poderíamos fazer com que se parecesse com os tchecoslovacos".

Algumas línguas flexionais têm até mesmo tipos especiais de morfemas, chamados de "circunfixos". Em alemão, a forma verbal de passado do verbo "*spielen*" ('jogar') é "***ge****spiel****t***", em que "ge-" e "-t" expressam conjuntamente a forma verbal de passado, circunscrevendo o verbo que eles afetam.

Outras línguas usam a altura para adicionar significado às palavras. Isso produz o que se chama de "simulfixos". Em pirahã, as palavras quase idênticas "*ʔáagá*" ('permanente') *versus* "*ʔaagá*" ('qualidade temporária') são distinguidas somente pelo tom alto sobre a primeira vogal "á". Então, eu poderia dizer "*Ti báaʔáí ʔáagá*" ('eu sou legal (sempre)') ou "*Ti báaʔáí ʔaagá*" ('eu sou legal (no presente)').

Além disso, é possível expressar parte do significado nas consoantes e parte nas vogais; em cada um dos casos, nós temos um sistema não concatenativo. As línguas arábicas são desse tipo. Mas o inglês também tem exemplos. Assim, *foot* ('pé') é singular, mas *feet* ('pés') é plural, em que nós mantemos as consoantes **f** e **t**, mas mudamos a vogal.

É muito improvável que alguma língua tenha um sistema "puro" de estrutura de palavras, usando somente uma dessas estratégias recém-exemplificadas. As línguas tendem a misturar diferentes métodos de formação de palavras. Essa mistura é causada por acidentes históricos, reminiscências de estágios anteriores de desenvolvimento da língua ou contato com outras línguas. Mas o que essa breve síntese sobre formação de palavras mostra é que se olharmos para todos os sistemas morfológicos do mundo, os princípios básicos são simples, tal como resumidos na Figura 29.[7]

Figura 29 – Tipos de língua por tipo de palavra

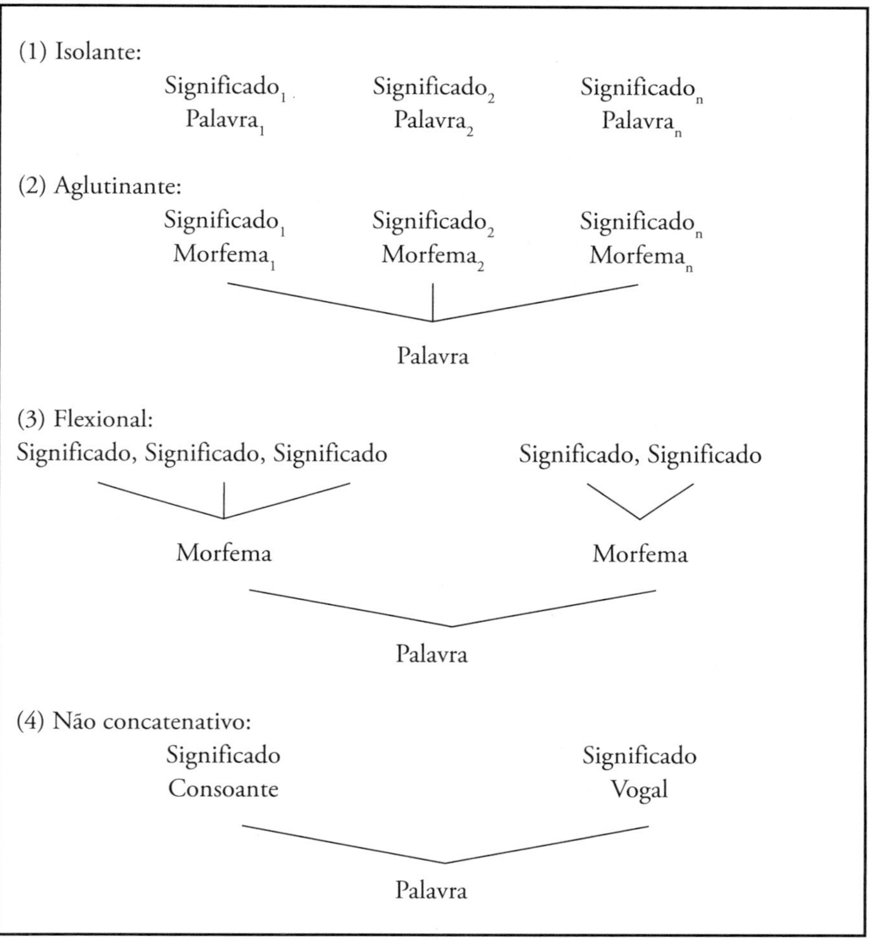

Essas são escolhas que toda cultura tem que fazer. Ela poderia escolher muitas delas, mas a simplicidade (pelo bem da memória) vai favorecer uma mistura menor, em vez de uma mistura maior desses sistemas. Desde o início da invenção dos símbolos, pelos *Homo erectus* há, pelo menos, 1,9 milhão de anos, houve tempo suficiente para descobrir essa pequena gama de possibilidades e – através da gramática, do significado, das alturas e dos gestos da linguagem – para construir sistemas morfológicos a partir deles.[8]

Seguramente, a maior contribuição que Noam Chomsky deu para a compreensão das línguas humanas foi sua classificação dos diferentes tipos de gramática, com base em suas propriedades computacionais e matemáticas.[9] Essa classificação ficou conhecida como "a hierarquia das gramáticas de Chomsky", embora ela tenha sido consideravelmente influenciada pelo trabalho de Emile Post e Marcel Schützenberger.

Ainda assim, embora o trabalho de Chomsky seja elucidativo e tenha sido usado por décadas por cientistas da computação, psicólogos e linguistas, ele nega que a linguagem seja um sistema de comunicação. Portanto, apesar de sua influência, ele é deixado de lado neste trabalho com o intuito de abordar de uma maneira menos complicada, mas seguramente mais eficaz, o lugar da gramática na evolução da linguagem como uma ferramenta de comunicação. A afirmação é que, contrariando algumas teorias, há vários tipos de gramática disponíveis para as línguas e para as culturas do mundo (gramáticas lineares, gramáticas hierárquicas e gramáticas hierárquicas recursivas). Esses sistemas estão disponíveis a todas as línguas e são os únicos sistemas para a organização da gramática. Existem apenas três modelos para a sintaxe humana. Em princípio, isso não é demasiadamente complexo.

Uma gramática linear seria um arranjo de palavras, da esquerda para a direita, em uma ordem culturalmente especificada. Dito de outro modo, as gramáticas lineares não são meramente o encadeamento de palavras sem pensamento. Uma língua pode estipular que a ordem básica de suas palavras seja sujeito nominal + predicado verbal + objeto direto nominal, produzindo sentenças como "João$_{\text{sujeito nominal}}$ + acertou$_{\text{predicado verbal}}$ + Paulo$_{\text{objeto direto nominal}}$". Ou se olharmos para a língua amazônica hixkaryana, a ordem seria objeto nominal + predicado verbal + sujeito nominal. Isso geraria "Paulo$_{\text{objeto nominal}}$ + acertou$_{\text{predicado verbal}}$ + João$_{\text{sujeito nominal}}$", e essa sentença seria traduzida do hixkaryana para o português, apesar de sua ordem de palavras, como "João acertou Paulo". Essas ordens de palavras, assim como qualquer constituinte das línguas humanas, não são processos gramaticais misteriosos dissociados da comunicação. Muito pelo contrário, os dados sugerem que cada parte da gramática evolui para auxiliar a memória de curto prazo e a compreensão dos enunciados. Em todas as línguas estudadas até o presente momento, as estratégias gramaticais são usadas para monitorar quais palavras estão mais intimamente relacionadas.

Uma estratégia comum para ligar palavras relacionadas é aproximar as palavras daquelas cujo significado elas mais afetam. Outra estratégia (normalmente aplicada em conjunto com a primeira) é a de acomodar hierarquicamente as palavras em sintagmas, como em uma estrutura gramatical possível para o sintagma "o livro bem grande do João", mostrado na Figura 30.

Figura 30 – Estrutura gramatical

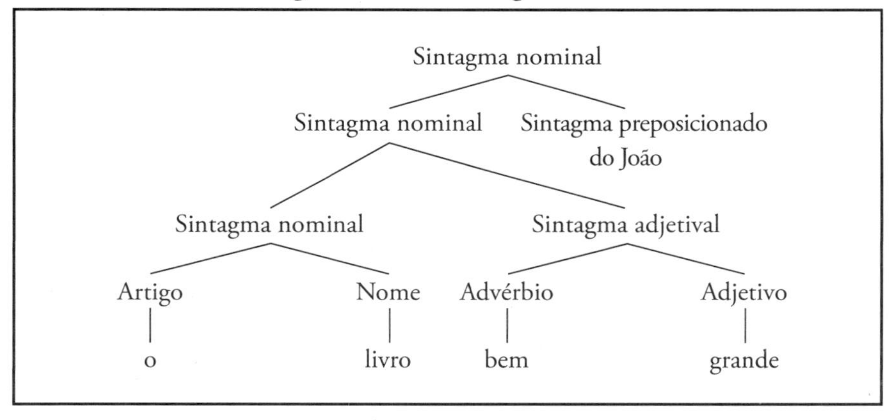

Nesse sintagma, há agrupamentos ou constituintes dentro de agrupamentos. O constituinte "bem grande" é como um bloco do sintagma maior "livro bem grande".

Uma maneira de monitorar quais palavras estão mais intimamente relacionadas é marcá-las com caso ou concordância. O grego e o latim permitem que as palavras que estão relacionadas sejam separadas por outras palavras em uma sentença, contanto que elas estejam marcadas com o mesmo caso (genitivo, ablativo, acusativo, nominativo etc.).

Veja as sentenças do grego a seguir, transcritas com a ortografia do português. Todas elas significam "a Antígona adora o Surrealismo":

(a)	latrevi	ton iperealismo	i Antigoni
	verbo	objeto	sujeito
	adorar$_{\text{verbo}}$	o Surrealismo$_{\text{acusativo}}$	a Antígona$_{\text{nominativo}}$
(b)	latrevi	i Antigoni	ton iperealismo
	verbo	sujeito	objeto
	adorar$_{\text{verbo}}$	a Antígona$_{\text{nominativo}}$	o Surrealismo$_{\text{acusativo}}$
(c)	i Antigoni	latrevi	ton iperealismo
	sujeito	verbo	objeto
	a Antígona$_{\text{nominativo}}$	adorar$_{\text{verbo}}$	o Surrealismo$_{\text{acusativo}}$
(d)	ton iperealismo	latrevi	i Antigoni
	objeto	verbo	sujeito
	o Surrealismo$_{\text{acusativo}}$	adorar$_{\text{verbo}}$	a Antígona$_{\text{nominativo}}$
(e)	i Antigoni	ton iperealismo	latrevi
	sujeito	objeto	verbo
	a Antígona$_{\text{nominativo}}$	o Surrealismo$_{\text{acusativo}}$	adorar$_{\text{verbo}}$
(f)	ton iperealismo	i Antigoni	latrevi
	objeto	sujeito	verbo
	o Surrealismo$_{\text{acusativo}}$	a Antígona$_{\text{nominativo}}$	adorar$_{\text{verbo}}$

Todas essas sentenças são gramaticais. Todas são encontradas regularmente. O grego, o latim e muitas outras línguas permitem uma ordem mais livre do que, digamos, o português, porque os casos, tais como "nominativo" e "acusativo", distinguem o sujeito do objeto. Em português, uma vez que raramente usamos marcação de caso, a ordem das palavras – e não o caso – foi adotada pela cultura como forma de rastrear diretamente quem fez o que para quem.

Mas mesmo o português apresenta marcação de caso em um nível mínimo: eu$_{\text{nominativo}}$ o$_{\text{acusativo}}$ vi, ele$_{\text{nominativo}}$ me$_{\text{acusativo}}$ viu, mas não "*o viu eu" ou "*me viu ele". Os pronomes do português são marcados para caso ("eu" e "ele" são nominativos, "me" e "o" são acusativos).

Nós vemos concordância em todas as sentenças do português, como em "nós gostamos da Maria". Nesse caso, "nós" é um pronome de primeira pessoa do plural, e o verbo carrega a terminação "-mos" de primeira pessoa do plural para concordar com o sujeito, "nós". Mas se nós dissermos, em vez disso, "eu gosto do João", o verbo não é mais "gostamos", mas "gosto", porque o pronome "eu" não é de primeira pessoa do plural. A concordância é simplesmente uma outra forma de rastrear as relações entre as palavras na sentença.

Colocar as palavras em uma ordem linear sem estrutura adicional é uma opção usada por muitas línguas para organizar suas gramáticas, evitando estruturas arbóreas e recursividade. Mesmo os primatas – tais como Koko, a gorila – foram capazes de dominar tais estruturas baseadas na ordem de palavras. Certamente estaria dentro das capacidades dos *Homo erectus* dominar tal língua e esta seria a primeira estratégia a ser usada (e ainda é usada em algumas línguas modernas, tais como talvez o pirahã e o riau, uma língua da Indonésia).

Uma coisa que todas as gramáticas devem ter é uma maneira de juntar os significados das partes de um enunciado para formar o significado do enunciado inteiro. Como as três palavras "ele", "João" e "ver" passam a significar "ele vê o João" em uma frase? O significado de cada uma das partes é agrupado em sintagmas e frases. Isso é chamado de "composicionalidade", sem a qual não pode haver linguagem. Essa propriedade pode simplesmente ser construída diretamente a partir de sintagmas de uma estrutura arbórea, como é o caso da maioria das línguas, tais como o português, o inglês, o espanhol, o turco e milhares de outras. Mas ela também pode ser construída em uma gramática linear. Na verdade, mesmo o português mostra que a composicionalidade não precisa de uma gramática complexa. O enunciado "Comer. Beber. Homem. Mulher" é perfeitamente inteligível. Mas só conseguimos entendê-lo porque nos utilizamos do nosso conhecimento cultural. A ausência de uma (ou qualquer) sintaxe complexa não compromete o significado.

Muitas línguas, se não todas, têm exemplos de sentenças com significado com pouca ou nenhuma sintaxe (um outro exemplo do português seria "Você bebe. Você dirige. Você vai para a cadeia". Essas três sentenças têm a mesma interpretação do que "Se você beber e dirigir, então você vai para a cadeia", gramaticalmente distinta e com uma estrutura mais complexa). Note que a interpretação das frases separadas como uma única frase não requer um conhecimento prévio das possibilidades sintáticas, uma vez que nós somos capazes de usar esse tipo de compreensão cultural para interpretar histórias inteiras de múltiplas formas. Alguém pode fazer a objeção de que sentenças que não têm sintaxe suficiente são ambíguas – elas têm múltiplos significados e confundem o ouvinte. Mas, como vimos no capítulo "Todos falam línguas de signos", mesmo sentenças estruturadas como "a Maria entrou na sala de muletas" são ambíguas, apesar de o português ter uma sintaxe elaborada. Seria possível eliminar ou, pelo menos, reduzir a ambiguidade de uma dada língua, mas os meios para fazer isso sempre incluiriam tornar a gramática mais complexa ou a lista de palavras mais longa. E essas estratégias somente deixam a língua mais complicada do que ela precisa ser, de modo geral. Então, esse é o motivo pelo qual, em todas as línguas, sentenças ambíguas são interpretadas através do conhecimento que o falante nativo tem do contexto, do outro falante e de sua cultura.

Quanto mais próxima for a correspondência entre sintaxe e significado, mais fácil a interpretação normalmente vai ser. Mas muito da gramática é uma escolha cultural. A forma de uma gramática não é geneticamente predeterminada. As gramáticas lineares não só são o único estágio inicial provável da sintaxe, como também são gramáticas ainda viáveis para várias línguas modernas, como vimos. Uma gramática linear com símbolos, entonação e gestos é tudo aquilo que requer uma língua G_1 – a língua humana plena com a forma mais simples.

O próximo tipo são as línguas G_2. Essas são línguas que têm estruturas hierárquicas (como os diagramas arbóreos dos sintagmas e sentenças), mas carecem de recursividade. Alguns afirmam que o pirahã e o riau são exemplos desse tipo. Ainda assim, nós não precisamos focar em línguas isoladas ou raramente faladas como essas. O pesquisador Fred Karlsson afirma que a *maioria* das línguas europeias têm hierarquia, mas não têm recursividade.

Karlsson baseia sua afirmação na seguinte observação: "nenhum encaixamento inicial triplo genuíno e nem qualquer encaixamento central quádruplo está registrado" ("genuíno", nesse caso, significando sentenças produzidas nos contextos naturais não linguísticos, e não sentenças produzidas por linguistas profissionais durante sua argumentação teórica).[10] O "encaixamento" se refere à alocação de um elemento dentro do outro. Assim sendo, pode-se tomar o sintagma "o pai de João" e colocá-lo dentro de um sintagma maior, "o tio do pai de João". Ambos estão encaixados. A diferença entre encaixamento (que é comum em línguas que, de acordo com pesquisadores como Karlsson, têm estruturas hierárquicas sem recursividade) e recursividade é simplesmente a de que não há um limite para recursividade; ela sempre pode continuar. Então, o que Karlsson está dizendo é que nas línguas do europeu padrão médio (EPM), ele encontrou somente sentenças como:

O João disse que o Paulo disse que o Carlos é legal

ou até mesmo

O João disse que o Paulo disse que a Maria disse que o Carlos é legal

mas nunca sentenças como

O João disse que o Paulo disse que a Maria disse que Ana disse que o Carlos é legal.

A primeira sentença desse trio tem um nível de encaixamento; a segunda tem dois, e a terceira tem três. Mas a afirmação é a de que as línguas europeias padrão nunca permitem mais do que dois níveis de encaixamento. Portanto, elas têm hierarquia (um elemento dentro do outro), mas não têm recursividade (um elemento dentro de outro... *ad infinitum*).

De acordo com a pesquisa de Karlsson, não parece ser o caso de que *nenhuma* língua EPM seja recursiva. Ele considera que alguém poderia argumentar que elas são recursivas em um sentido abstrato ou que elas são geradas por um processo recursivo. Mas tal abordagem não parece corresponder aos fatos em sua análise. Em outras palavras, Karlsson afirma, para usar os meus termos, que todas essas línguas são línguas G_2. Portanto, o trabalho de Karlsson dá um apoio interessante, oriundo das línguas europeias modernas, de que línguas G_2 existem, conforme a progressão semiótica. De novo: essas línguas são hierárquicas, mas não recursivas. Para demonstrar, sem margens para dúvidas, que uma língua é recursiva, nós precisamos mostrar um "encaixamento central". Outras formas estão sujeitas a análises alternativas:

(a) Encaixamento central: "um homem que uma mulher que uma criança que eu conheço viu conhece ama açúcar".
(b) Encaixamento não central: "o João disse que a mulher ama açúcar".

O que distingue (a) é que as orações subordinadas "que uma mulher que uma criança que eu conheço viu conhece" estão cercadas por constituintes da oração principal "um homem ama açúcar". E "que uma criança" está cercada por partes da oração que está encaixada dentro de "uma mulher sabe" etc. De qualquer forma, esses tipos de oração são raros, porque são difíceis de entender. Na verdade, alguns afirmam que eles existem somente na mente do linguista, embora eu ache que essa seja uma afirmação muito forte.

No entanto, em (b), nós temos uma sentença depois da outra. "João disse" é seguida por "que a mulher ama açúcar". Outra possível análise é a de que "João disse que. A mulher ama açúcar". Essa análise (proposta pelo filósofo Donald Davidson) faz o português parecer mais com o pirahã.[11]

O último tipo de língua que eu estou propondo na linha das ideias de Peirce, G_3, deve ter tanto hierarquia quanto recursividade. Normalmente, afirma-se que o português é exatamente esse tipo de língua, como mostram os exemplos anteriores. Como vimos anteriormente, alguns linguistas, tais como Noam Chomsky, afirmam que *todas* as línguas são línguas G_3; em outras palavras, todas as línguas têm *tanto* hierarquia *quanto* recursividade. Ele afirma até mesmo que não poderia existir uma língua humana sem recursividade. Para ele a recursividade é aquilo que separa os sistemas de comunicação dos primeiros humanos e dos outros animais da linguagem dos *Homo sapiens*. A língua de um humano primitivo sem recursividade seria uma "protolíngua" sub-humana, de acordo com Chomsky.[12]

Contudo, ainda permanece o fato de que nunca tenha sido documentada uma língua que tenha alguma sentença infinita. Pode haver razões teóricas para afirmar que a recursividade subscreve todas as línguas modernas, mas isso simplesmente não corresponde aos fatos – seja das línguas modernas, seja das pré-históricas – nem está de acordo com a nossa compreensão sobre a evolução das línguas.

Há muitos exemplos em várias línguas que mostram uma ligação não direta entre sintaxe e semântica. Além disso, nos discursos e nas conversas, os significados são compostos pelos falantes a partir de sentenças desconectadas, partes de sentenças etc. Isso dá suporte à ideia de que a composição dos significados maiores das conversas a partir de suas partes (ou "constituintes") é mediada pela cultura. Quanto às línguas G_1 e às pessoas que sofrem de afasia, entre outros casos, o significado é atribuído aos diferentes enunciados por uma aplicação mais frouxa de conhecimento cultural e individual. De qualquer forma, a cultura está sempre presente na interpretação de sentenças, a despeito do tipo de gramática ser G_1, G_2 ou G_3. Nós não sabemos exatamente qual dessas três gramáticas, ou se as três, foram faladas pelas comunidades de *Homo erectus*; sabemos somente que a mais simples delas, a G_1, teria sido – e ainda é – adequada para ser uma língua, sem restrições.

Em última análise, não deveria ser surpreendente que os *Homo erectus* fossem capazes de possuir linguagem, nem que uma língua G_1 tenha sido capaz de conduzi-los pelo mar aberto ou guiá-los ao redor do mundo. Nós não somos os únicos animais que pensam, no final das contas. E quanto mais aprendemos e apreciamos o que os animais não humanos são capazes de fazer mentalmente, mais respeitamos os nossos próprios ancestrais *Homo erectus*. Um exemplo de como os animais pensam está no livro de Carla Safina, *Beyond Words: What Animals Think and Feel.* Safina defende uma posição convincente de que a comunicação animal excede, em muito, o que os pesquisadores comumente observaram no passado. E outros pesquisadores mostraram que os animais têm emoções muitos similares às humanas. As emoções são cruciais na interpretação dos outros e no desejo de se comunicar e de formar uma comunidade. Ainda assim, muito embora os animais façam uso dos índices regularmente, e talvez alguns deles atribuam sentido aos ícones (como quando um cachorro late para a televisão no momento em que outros cachorros estão na tela), não há evidências de que os animais usem símbolos na natureza.[13]

Todavia, entre os humanos, como vimos, há evidências de que tanto os *Homo erectus* quanto os *Homo neanderthalensis* usavam símbolos. E com símbolos somados à ordem linear, temos linguagem. Adicionando a essa mistura a dupla articulação da linguagem, alguns pequenos passos nos levam a línguas cada vez mais eficientes. Assim, a posse de símbolos, especialmente na presença de evidências de que tenha existido cultura, evidências robustas tanto para os *erectus* quanto para os *neanderthalensis*, indica que é altamente possível que tenha havido linguagem em uso em suas comunidades.

Vale a pena repetir que não há necessidade de um conceito especial de "protolíngua". Todas as línguas humanas são completas. Nenhuma é inferior à outra, em nenhum sentido. Elas simplesmente usam uma das três estratégias para suas gramáticas – G_1, G_2 ou G_3. Assim sendo, eu considero pouco útil essa noção de "protolíngua", dada a teoria de evolução da linguagem desenvolvida neste trabalho.

Portanto, a questão sobre "o que evoluiu" nos leva, finalmente, de volta às duas visões opostas sobre a natureza da linguagem. Uma é a de Chomsky, que o filósofo de Berkeley, John Searle, descreve da seguinte maneira:

> As estruturas sintáticas das línguas humanas são o produto de aspectos inatos da mente humana e não têm nenhuma conexão significativa com a comunicação, muito embora, naturalmente, as

> pessoas façam uso delas para a comunicação, entre outros propósitos. O que é essencial sobre as línguas, seu caráter definidor, é sua estrutura. A então chamada "língua das abelhas", por exemplo, não é uma língua de forma alguma, porque ela não tem a estrutura correta, e o fato de que as abelhas aparentemente a utilizam para comunicação é irrelevante. Se os seres humanos evoluíram até o ponto em que usaram formas sintáticas – que são bastante diferentes das formas que temos agora e que estariam muito além do entendimento atual – para se comunicar, então, nós não teríamos mais linguagem, mas outra coisa.[14]

Searle conclui: "é importante enfatizar o quão peculiar e excêntrica é a abordagem geral de Chomsky para a linguagem".

Uma resposta natural para isso seria que o que para uma pessoa é "peculiar e excêntrico", para outra é "brilhantemente original". Não há nada de errado por si só em nadar contra a correnteza. O melhor trabalho é, muitas vezes, excêntrico e peculiar. Mas eu quero defender que a visão de Chomsky para a evolução da linguagem deve ser questionada não simplesmente porque é original, mas porque está errada. Ele continuou a explorar sua visão, ainda mais determinado, por décadas. Em seu livro recente sobre evolução da linguagem, com o professor de Ciências da Computação do MIT Robert Berwick, Chomsky apresenta uma teoria de evolução da linguagem que complementa o seu programa de teorização linguística de 60 anos de idade, o programa que Searle questiona no excerto anterior. A visão de Chomsky foi tão inovadora e chocante na década de 1950 que muitos pensaram inicialmente que ela havia revolucionado a teoria linguística e que seria o primeiro salto para a "revolução cognitiva", a partir de uma conferência no MIT, em 11 de setembro de 1956.

Mas a teoria linguística de Chomsky não foi uma revolução nem linguística, nem cognitiva. Nos anos 1930, o precursor de Chomsky – e eu diria que sua inspiração –, Leonard Bloomfield, juntamente com o orientador de doutorado de Chomsky, Zellig Harris, desenvolveram uma teoria de linguagem tão marcante quanto a de Chomsky, no sentido de que a estrutura – em vez do significado – era central e a comunicação era considerada secundária. Um outro precursor de Chomsky, Edward Sapir, defendia desde os anos 1920 que a psicologia (o que, hoje em dia, alguns chamariam de "cognição") interagia de modo profundo com as estruturas e os significados linguísticos. Apesar dessas influências, Chomsky demarcou, com clareza, suas afirmações em relação à originalidade durante muitos anos, reiterando-as em seu novo trabalho sobre evolução, a saber, a "linguagem" é um sistema computacional, não um sistema de comunicação.[15]

Então, para Chomsky, não há linguagem sem recursividade. Mas as evidências oriundas da evolução e das línguas modernas apontam para um cenário diferente. De acordo com as evidências, a recursividade teria começado a aparecer na linguagem, como nós vimos anteriormente, através de gestos, prosódia e de suas contribuições para a decomposição dos enunciados holofrásicos.

Assim como os sons da fala produziram símbolos auditivos (palavras e frases), esses símbolos teriam sido usados em cadeias maiores de símbolos. Gestos e entonação, se precisamente alinhados ou apenas percebidos como estando alinhados com partes específicas dos enunciados, teriam levado à decomposição dos símbolos. Outros símbolos poderiam ter sido derivados a partir dos enunciados que, inicialmente, tinham pouca estrutura interna, mas eram igualmente subdivididos em gestos, entonação etc.

A moral da história é que a recursividade é secundária com relação à comunicação e que a gramática humana fundamental que tornou possíveis as primeiras línguas humanas era uma gramática G_1.[16]

A teoria da primeira gramática de Chomsky está dissociada dos dados da evolução humana e das evidências culturais para o surgimento da comunicação avançada. Ela ignora a evolução gradual darwinista, não tendo nada a dizer sobre a evolução dos ícones, dos símbolos, dos gestos, das línguas com gramáticas lineares etc., em prol de um salto genético que dota os humanos com uma capacidade repentina para a recursividade. Mais uma vez: de acordo com essa teoria, a comunicação não é a principal função da linguagem. Ao passo que todas as criaturas se comunicam de uma maneira ou de outra, somente os humanos possuem algo remotamente parecido com linguagem, porque apenas os humanos têm regras dependentes de estrutura.[17]

NOTAS

[1] O diagrama vem da teoria linguística conhecida como "Gramática de Papel e Referência", umas das únicas teorias linguísticas existentes que se preocupa com o papel do enunciado, não apenas com sua sintaxe.

[2] Os gestos também são cruciais para a compreensão de como a dupla articulação e a composicionalidade ocorrem.

[3] No seu famoso artigo "The Origin of Speech", *Scientific American* 203, 1960, pp. 88-111.

[4] Em *Dark Matter of the Mind*, eu apresento uma discussão aprofundada sobre a fonologia relacionada à Gramática Universal e critico severamente a noção de que ou a sonoridade ou a fonologia sejam uma propriedade inata das mentes humanas.
Uma representação comumente usada da "hierarquia de sonoridade" é: [a] > [e o] > [i u] > [r] > [l] > [m n ŋ] > [z v ð] > [s f θ] > [b d g] > [p t k].

[5] Eu escrevi extensivamente sobre as sílabas nas línguas amazônicas, que são particularmente interessantes do ponto de vista teórico.

[6] As línguas de sinais não têm fonologia, exceto em um sentido metafórico, embora elas, de fato, organizem os gestos de maneiras que lembram as estruturas sonoras. As línguas de sinais plenamente desenvolvidas, em geral, surgem quando a fonologia está indisponível (em virtude da surdez ou da ausência de capacidade articulatória) ou quando outros valores culturais oferecem gestos, que são preferidos. Uma vez que os gestos estão relacionados aos olhos, em vez dos ouvidos, seus princípios de organização são diferentes em alguns aspectos. Claro, já que tanto as línguas fonológicas quanto as gestuais são designadas por culturas e pelas mentes, sujeitas a restrições similares às de utilidade computacional, elas vão ter sempre características comuns, como é, muitas vezes, observado na literatura.

[7] Outro conjunto famoso de casos vem das línguas semíticas, como o hebraico, que é visto no seguinte exemplo: "ele impôs" (com v causativo ativo) é "*TB?n 'hih'tiv*", ao passo que "foi imposto" (v, causativo passivo) é "*nrqri 'huh'tav*".

[8] Há alguma sobreposição entre a explicação apresentada neste livro e um conjunto de propostas desenvolvido independentemente por Erkki e Hendrik Luuk em "The Evolution of Syntax: Signs, Concatenation and Embedding", artigo muito importante na literatura sobre a evolução da sintaxe. Assim como a abordagem apresentada no decorrer deste capítulo, Luuk e Luuk defendem que a sintaxe se desenvolve inicialmente a partir da concatenação de signos, deslocando-se, então, da mera concatenação para as gramáticas. Contudo, minhas divergências em relação às propostas deles são muitas. Por um lado, eles parecem acreditar, o que é bastante comum, que a composicionalidade depende da estrutura sintática, e não reconhecem que a composicionalidade semântica é facilitada pela estrutura sintática, mas não dependente dela em todas as línguas. Por outro, os autores não levam em conta o *contexto cultural* e, portanto, o motivo pelo qual as línguas modernas não precisam de encaixamento. Eles parecem, de fato, endossar a minha ideia de que a linguagem é uma ferramenta cultural.

[9] Richard Futrell et al., em *A Corpus Investigation of Syntactic Embedding in Pirahã* (*PLoS ONE* 11(3), 2016: e0145289; doi: 10.1371/journal.pone.0145289), defendem que existem línguas humanas modernas que estão mais abaixo na hierarquia de Chomsky do que ele tinha previsto.

[10] Fred Karlsson, ("Origin and Maintenance of Clausal Embedding Complexity", em Geoffrey Sampson, David Gil and Peter Trudgill (eds.), *Language Complexity as an Evolving Variable*, Oxford University Press, 2009, pp. 192-202), explica sua notação da seguinte maneira: "I" equivale a "encaixamento oracional

inicial", "C" a "encaixamento oracional central", "F" a "encaixamento oracional final", e o expoente sobrescrito expressa o grau máximo de encaixamento de uma sentença; por exemplo, I-2 tem duas vezes o encaixamento inicial. Expressões como C-2 indicam o tipo e a profundidade das orações individuais; por exemplo, C-2 é uma oração encaixada central na profundidade 2.

[11] Donald Davidson, "On Saying that", *Synthese* 19, 1968, pp. 130-146.

[12] Cf. Marc Hauser, Noam Chomsky e Tecumseh Fitch, *The Faculty of Language: What Is it, Who Has it, How Did it Evolve?*. Embora os autores empreguem o termo "recursividade", eles afirmam agora que não querem dizer recursividade da maneira entendida por aqueles que fazem pesquisa fora do minimalismo chomskyano, mas que, na verdade, querem se referir à operação de conectar, um tipo especial de operação gramatical. De todo modo, isso causou uma imensa confusão; em última instância, os problemas não mudam e a operação de conectar foi falseada em várias gramáticas modernas (cf. o meu *Language: The Cultural Tool*, entre muitos outros).

[13] *Isso não significa dizer que os animais não poderiam usar símbolos*. Eu só não estou ciente de quaisquer afirmações, bem fundamentadas e amplamente aceitas, de que eles possam, na natureza. Eu, certamente, aceito a ideia de que os gorilas e outras criaturas foram ensinados a usar símbolos no laboratório e que há casos de animais que usam símbolos, depois de serem instruídos para isso – como foi o caso da Koko.

[14] Resenha de Searle, de 1972, no *New York Review of Books*, sobre a revolução de Chomsky: www.nybooks.com/articles/1972/06/29/a-special-supplement-chomskysrevolution-in-lingui/.

[15] De maneira mais técnica, a língua não é nada mais nada menos do que um conjunto de estruturas binárias endocêntricas criadas por uma única operação – a operação de conectar – e somente de forma secundária ela é usada para a contação de histórias, para as conversações, para as interações sociolinguísticas, e assim por diante.

[16] A recursividade apenas permite que os falantes empacotem mais informações em um único enunciado. Assim, ao passo que em "Você comete o crime. Você cumpre a pena. Você não deve choramingar" existem três enunciados separados, nós podemos dizer a mesma coisa em um único enunciado usando recursividade: "Se você cometer um crime e cumprir sua pena, então você não deve choramingar".

[17] Isso é circular no sentido de que Chomsky toma uma característica que, pelo que se sabe, somente os humanos têm – a dependência estrutural – e afirma que, uma vez que ela define a linguagem, somente os humanos têm linguagem.

Falando com as mãos

Pequenos gestos podem ter um grande impacto.

Julianna Margulies

Assim como o conhecimento cultural tácito modela as gramáticas, ele também é importante para cada um dos componentes que vêm depois – palavras, gestos, fonologia, sintaxe, discurso e conversação. Contudo, para muitos linguistas e antropólogos, os gestos são, muitas vezes, deixados de fora da discussão, julgados muito rapidamente como sendo apetrechos secundários da fala; uma faceta independente e secundária do comportamento humano. Mas pesquisadores de várias perspectivas teóricas mostraram, contrariamente a isso, que existe um conjunto de conexões íntimas entre os movimentos das mãos, a estrutura linguística e a cognição, mantidos juntos pelo conhecimento cultural tácito. Qualquer teoria de evolução linguística deve levar em conta uma análise da simbiose entre as mãos, a boca, o cérebro e como eles evoluíram.[1]

Adicionalmente, alguns defendem que tudo isso mostra algo mais, a saber, que os componentes altamente específicos das línguas de sinais são inatos. Essa pesquisa, cujo trabalho pioneiro foi o de Susan Goldin-

Meadow, examina a "emergência espontânea" dos movimentos das mãos nas crianças que, de outra forma, não têm acesso ao *input* linguístico, como nos filhos surdos de pais que não usam a língua de sinais. A pesquisadora chama-os de "sinais caseiros", e os sistemas gestuais que ela estuda podem ser, de fato, fundamentais para a nossa busca pela separação da perspectiva inatista da perspectiva cultural, ou perspectivas *a priori vs. a posteriori*, sobre as origens de (alguma parte da) matéria escura.

Para entender o papel dos gestos na linguagem, é importante compreender como eles funcionam em conjunto com a entonação, a gramática e o significado. É possível ter alguma noção de como essas diferentes capacidades se combinam ao focar nos gestos e na entonação como "elementos destacadores", que ajudam os ouvintes a captar a informação nova e importante que aparece em meio à informação velha que o falante supõe ser compartilhada com o ouvinte. Uma maneira de fazer isso é examinar a pesquisa evolutiva sobre gestos e linguagem humana, desde os cientistas antigos até a pesquisa atual e bastante importante dos pesquisadores contemporâneos. Sem a compreensão dos gestos, não há compreensão da gramática, da evolução ou do uso da linguagem. Os gestos são fundamentais para um entendimento mais completo da linguagem, de suas origens e do seu papel mais geral na cultura, na comunicação e na cognição.

A linguagem é holística e multimodal. Independentemente de como seja a gramática de uma língua, a linguagem envolve o indivíduo por completo – intelecto, emoções, mãos, boca, língua, cérebro. E a linguagem requer, da mesma forma, acesso à informação cultural e ao conhecimento não falado, à medida que nós produzimos sons, gestos, entonação, padrões de altura, expressões faciais, movimentos corporais e posturas, todas em conjunto, como diferentes aspectos da linguagem. Quero começar com um panorama das funções e das formas dos gestos nas línguas do mundo, que incluem, muito provavelmente, a(s) língua(s) das espécies *Homo* primitivas. Os gestos podem ser simples ou complexos, e eles podem ser aprendidos.

Os gestos que acompanham toda a fala humana revelam uma intersecção de cultura, experiência individual, intencionalidade e outros componentes da "matéria escura", ou conhecimento tácito. Existem dois tipos de conhecimento das gramáticas humanas, assim como da maioria das coisas: o estático e o dinâmico. Eles estão muito possivelmente relacionados à memória declarativa e processual, mas parecem, de fato, um pouco diferentes. O conhecimento estático é a lista de coisas que nós sabemos. As regras para contar histórias são um conhecimento estático. No entanto, o conhecimento dinâmico é a compreensão de que as coisas mudam e de como se adaptar às mudanças em tempo real. Se o conhecimento estático é o conhecimento das regras para contar histórias, o conhecimento dinâmico é a contação de histórias. Os gestos são componentes cruciais das nossas línguas multimodais. Eles próprios são elaborados em estrutura, significado e uso. A pesquisa contemporânea deixa claro que os gestos representam um desafio tão complexo e elaborado em seu *design* e em sua função como qualquer outra parte da linguagem. Mas, reiterando, eles não são simplesmente complementos da linguagem. Não pode haver linguagem sem gestos. A maioria deles é usada inconscientemente e emprega conhecimento tácito. Eles são modelados pelas necessidades da língua que aprimoram e pelas culturas a partir das quais eles emergem.

Kenneth Pike concebeu os gestos como evidência da ideia de que a linguagem deveria ser estudada na relação de uma teoria unificada de comportamento humano:

> Em uma certa brincadeira, comum a festas, as pessoas começam cantando uma estrofe que inicia com *sob uma castanheira que se espalha* [...]. Então elas repetem a estrofe com a mesma melodia, mas substituindo "que se espalha" por um gesto rápido em que os braços se estendem rapidamente para fora, deixando um silêncio de vozes durante o período de tempo que teria sido, do contrário, preenchido com a cantoria. Na próxima repetição, "que se espalha" dá lugar ao gesto, assim como antes, adicionalmente à omissão da sílaba "cas-",

> e a lacuna é preenchida com um gesto de uma batida no peito. Na repetição na sequência, a cabeça é esbofeteada em vez de a sílaba "-ta-" ser proferida [...].* Por fim, depois de todas as repetições e substituições, deve ter sobrado apenas algumas palavras conectivas como "o" e "e", e uma sequência de gestos realizada em sincronia com o tempo da música.[2]

Pike conclui, a partir desse exemplo, que os gestos podem substituir a fala. Contudo, pesquisadores contemporâneos mostraram que os gestos a que ele se refere são de um tipo limitado dentre vários tipos possíveis. A linguagem é apenas uma forma de comportamento, da mesma forma que os gestos. Ainda assim, o ponto básico de Pike é válido – a linguagem e seus componentes são um comportamento humano guiado pela psicologia individual, pela cultura, pela matéria escura da mente etc.

Todo comportamento humano, incluindo a linguagem, é o funcionamento das intenções, aquilo para a qual nossas mentes estão direcionadas. A linguagem é a melhor ferramenta para comunicar essas intenções. A comunicação é um comportamento cooperativo. Ela vem de princípios culturais de interação.

Pike levantou outra questão: por que as pessoas não misturam gestos ou outros barulhos com os sons da fala em suas gramáticas? Por que somente os sons produzidos pela boca podem ser usados nas sílabas e na fala, de uma maneira geral? Por que uma palavra como "tapa" não poderia ser [ta#], em que "[#]" representaria o som de alguém batendo em alguma coisa? Pode parecer fácil, mas essa realmente não é uma sílaba ou uma palavra possível em nenhuma língua. Quando eu era um estudante de Linguística iniciante, achava interessante essa questão, mas não percebia, de forma apropriada, o nível em que ela afeta o entendimento da linguagem.

---

* N. T.: Linguisticamente falando, essa brincadeira faz mais sentido em inglês, em virtude de a separação silábica da palavra "castanheira" ('*chestnut tree*') corresponder, de fato, a palavras que representam os gestos realizados. Por exemplo, *chest* ('peito') equivale à batida no peito, *nut* ('golpear com a cabeça') representa a batida etc.

Os gestos apontam para o que os linguistas e filósofos chamam de "efeitos perlocucionários", os efeitos que um falante pretende que sua fala tenha sobre o ouvinte.

Para ilustrar, de forma mais completa, a necessidade de uma única teoria de cultura e linguagem – e, de fato, de todo comportamento humano –, deve-se contemplar um cenário como o que segue. De seus apartamentos, dois homens estão vendo outros homens descer uma mobília pesada pelas escadas do prédio. Um dos que estão passando pela escadaria está bufando e bafejando, concentrado somente na sua carga pesada. Sua carteira está pendurada, quase caindo do seu bolso traseiro, e ele claramente não perceberia se alguém o aliviasse desse fardo. O primeiro observador olha para o segundo com a sobrancelha levantada, fitando a carteira. O segundo enxerga-o e simplesmente balança a cabeça de modo a indicar "não". O que aconteceu nessa situação? Isso é linguagem? Trata-se de uma forma de comunicação que é paralela à linguagem. Certamente, as convenções e a cultura compartilhada são necessárias para esse tipo de troca. Uma porção ínfima, que dois membros de uma cultura desejam explorar, pode ser usada para a comunicação.

Existe um amplo interesse popular nos gestos, embora, muitas vezes, as pessoas não deem conta de identificar o quão fundamentais eles são para a linguagem. Eles compunham a base de um artigo de 2013, publicado no *New York Times*, de Rachel Donadio, intitulado "When Italians Chat, Hands and Fingers Do the Talking".[3] Os italianos, de fato, se destacam por causa dos gestos, mas todos nós fazemos isso. Mesmo no século XVII, os protestantes do norte da Europa desaprovavam os movimentos das mãos "extravagantes" dos italianos. Mas a primeira pessoa a estudar os gestos dos italianos, ou de quaisquer outras línguas, sob uma perspectiva científica moderna foi David Efron, um aluno de Franz Boas, pioneiro em Antropologia e Linguística no século XX. Efron escreveu os primeiros estudos em Linguística Antropológica moderna sobre as diferenças culturais nos gestos, há mais de

70 anos. Ele focou nos gestos dos italianos mais recentes e dos imigrantes judeus, e posteriormente comparou-os aos gestos da segunda e da terceira gerações de imigrantes.

O estudo de Efron – *Gesture, Race and Culture* – foi, ao mesmo tempo, uma reação à visão nazista das bases raciais para os processos cognitivos e o desenvolvimento de um modelo para registrar e discutir gestos, bem como de explorar os efeitos da cultura sobre eles. A parte mais importante da contribuição de Efron foi sua descrição dos gestos dos italianos do sul, não assimilados, e dos judeus do Leste Europeu (os italianos e os judeus "tradicionais"), recentemente emigrados para os Estados Unidos, vivendo principalmente na cidade de Nova York (embora alguns dos sujeitos investigados por Efron também tivessem vindo de Adirondacks, Saratoga e Catskills). De acordo com Efron, os italianos usam gestos para sinalizar e sustentar o conteúdo do que estão dizendo. Por exemplo, um vale "profundo", um homem "alto"; "de jeito nenhum". Por outro lado, os imigrantes judeus do estudo de Efron usam gestos como conectivos lógicos, isto é, para indicar mudanças de cenário, divisões lógicas de uma história etc. Esses usos de gestos destacam o fato de que a língua tem um padrão triplo (símbolos, estrutura e elementos de ênfase, tais como gestos e altura) modelado pela cultura.

Efron queria descobrir duas coisas a respeito dos gestos. Primeira: entre os gestos dos italianos e dos imigrantes judeus existem diferenças que são padrão a um grupo? Segunda: como os gestos mudam quando um imigrante é socialmente assimilado? Ele descobriu um forte efeito cultural. Ocorreu uma "americanização" dos gestos em cada um dos grupos, com o passar do tempo. As diferenças, inicialmente fortes, entre os italianos e os imigrantes judeus ficaram menos acentuadas até que eles se tornaram idênticos em relação a qualquer outro cidadão dos Estados Unidos.

Já que vivia em uma era anterior à câmera de vídeo, ele contratou um artista para ajudá-lo: Stuyvesant Van Venn. Efron foi o primeiro a pensar em uma metodologia efetiva para o estudo e o registro dos gestos, assim como uma linguagem para descrevê-los. Embora as partes subsequentes de seu livro ataquem diretamente a ciência nazista, o livro foi uma reviravolta. O trabalho de Efron, ainda que pioneiro, emergiu de uma longa tradição.

Aristóteles desencorajou o uso excessivo de gestos na fala, concebendo-os como manipuladores e impróprios, enquanto Cícero argumentou que o uso dos gestos era importante na oratória e ainda encorajou seu ensino. No século I, Marcus Fabius Quintilianus recebeu uma bolsa do governo para efetuar um extenso estudo sobre gestos. No entanto, para Quintiliano e para a maioria dos escritores clássicos, o gesto não estava limitado às mãos, mas incluía também uma orientação geral do corpo e de expressões faciais, a então chamada "linguagem corporal". Eles estavam corretos a respeito disso. Esses primeiros exploradores dos gestos nas línguas humanas descobriram que a comunicação é holística e multimodal.

O Renascimento redescobriu o trabalho de Cícero e de outros estudiosos clássicos, despertando o interesse dos europeus sobre a relação entre gesto e retórica. O primeiro livro em inglês sobre o assunto foi de John Bulwe, *Chirologia: Or the Naturall Language of the Hand*, de 1644.

Foi pelo século XVIII que os pesquisadores começaram a se perguntar se os gestos poderiam ter sido a fonte original para a linguagem. A ideia reverberou sobre vários pesquisadores modernos, mas trata-se de algo que deveria ser desencorajado. Os gestos que cumprem as funções da fala, tais como as línguas de sinais ou as mímicas, na verdade, repelem a fala, como mostrou o psicólogo David McNeill, da Universidade de Chicago. Eles substituem-na. Eles não são substituídos pela fala – o que deveria ser a progressão evolutiva se os gestos tivessem surgido primeiro.

Entretanto, o interesse na compreensão da relevância e do papel dos gestos na linguagem humana e na Psicologia diminuiu imensamente no final do século XIX e entre o início e a metade do século XX. Houve várias razões para esse declínio. Primeira: a Psicologia estava mais interessada no raciocínio inconsciente do que no consciente durante esse período, e pensava-se, de forma equivocada, que os gestos estavam completamente sob o controle consciente. Os estudos sobre gestos também diminuiriam porque os linguistas acabaram ficando mais interessados na gramática, definida de forma estrita por alguns, de modo a excluir os gestos. O interesse na multimodalidade caótica da linguagem esmoreceu. Outro fator que levou ao declínio dos estudos dos gestos foi o fato de que os métodos linguísticos daquela época ainda não estavam aptos para a tarefa de estudar os gestos cientificamente. O trabalho de Efron foi extremamente difícil de realizar e não era passível de uma replicação generalizada, pelo menos, como muitos o conceberam naquela época. Nem todo mundo pode se dar o luxo de ter um artista.

O linguista Edward Sapir foi diferente. Ele viu a linguagem e a cultura como dois lados de uma mesma moeda. Portanto, a sua visão dos gestos era similar à daqueles das pesquisas atuais. Como Sapir disse, "o código subscrito das mensagens e das respostas gestualizadas é o trabalho anônimo de uma estrutura social elaborada". Com "anônimo", Sapir quis dizer conhecimento tácito e matéria escura.

Isso levanta a questão óbvia e fundamental: o que são os gestos? As línguas de sinais são gestos? Uma mímica é um gesto? Sinais tais como "ok" com o polegar ou "silêncio" com o dedo indicador sobre os lábios são gestos? A resposta é "sim" para todas essas perguntas. Alguns pesquisadores, tais como David McNeill e Adam Kendon, classificam todas essas diferentes formas em um "contínuo gestual" que olha para os gestos em termos de sua dimensão e de sua relação com a gramática e com a linguagem (Figura 31).

Figura 31 – O contínuo gestual

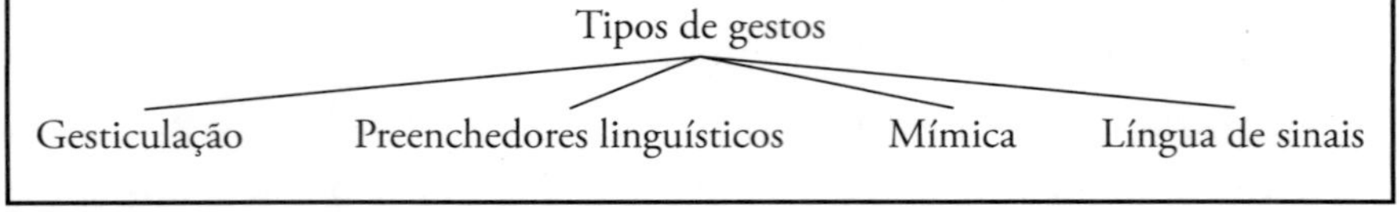

Tipos de gestos

Gesticulação — Preenchedores linguísticos — Mímica — Língua de sinais

A *gesticulação*, o elemento mais básico do contínuo, está no centro da teoria de gestos. Ela envolve gestos que cruzam as estruturas gramaticais no ponto em que gestos, altura e fala coincidem. A gesticulação é, na verdade, o assunto da maioria das teorias sobre gestos. Alguns gestos não são convencionais – eles podem variar de uma maneira bastante ampla e não têm nenhuma forma socialmente fixada (embora sejam culturalmente influenciados). Os gestos que podem substituir uma palavra, como na brincadeira linguística da "castanheira", são "preenchedores linguísticos". Eles também podem ser vistos se você for dizer a alguém "ele (uso do pé para indicar um movimento de chute) a bola", em que o gesto substitui o verbo "chutou", ou "ela me (uso da mão aberta sobre seu rosto)", para "deu um tapa". Esses gestos ocupam posições nas sentenças que normalmente são preenchidas por palavras. Eles são gestos especiais. São gestos improvisados e usados para produzir efeitos particulares de acordo com o tipo de história que está sendo narrada. De modo fascinante, esses gestos de preenchedores linguísticos são uma janela para o conhecimento dos falantes sobre suas gramáticas. Não se pode usar gestos a menos que se saiba como as palavras, a gramática e a altura se encaixam.

Nossos movimentos das mãos também podem simular um objeto ou uma ação, sem fala. Quando esses movimentos fazem isso, estamos fazendo mímicas, que seguem apenas convenções sociais limitadas. Tais formas variam em larga medida. Apenas faça uma brincadeira de charadas com um grupo de amigos para ver isso. Os gestos convencionalizados também funcionam como "sinais", à sua própria maneira. Como mencionei, dois emblemas comuns da cultura brasileira são o polegar levantado para formar o sinal de "ok" ou o dedo indicador sobre os lábios como para pedir silêncio.

Todos esses gestos são distintos das línguas de sinais, que são línguas completas. Têm todas as características das línguas faladas, tais como palavras, sentenças, histórias e até mesmo seus próprios elementos de ênfase, feitos de gestos e entonação. Esses elementos são expressos nas línguas de sinais por diferentes tipos de movimento, das mãos e do corpo, e expressões faciais. Na nossa discussão sobre evolução da linguagem, é muito importante manter em mente o aspecto mais saliente das línguas baseadas em gestos. Isto é, as línguas de sinais nem aprimoram a língua falada, nem interagem com ela. Na verdade, *as línguas de sinais repelem a fala*, para usar os termos de McNeill. Esse é o motivo pelo qual muitos pesquisadores acreditam que as línguas faladas não começaram – e nem poderia começar – como línguas de sinais.

Agora vamos focar no ponto crucial da relevância dos gestos para a evolução da linguagem. O conceito de base nesse caso, desenvolvido na pesquisa de McNeill, é chamado de "ponto de geração". O ponto de geração é o momento de um enunciado em que gesto e fala coincidem. É quando quatro coisas acontecem. Primeira: fala e gesto se sincronizam, cada um comunicando uma informação diferente e, ainda assim, ao mesmo tempo, relacionada.

O ponto de geração é adicionalmente descrito como o ponto em que gesto e fala ficam redundantes, cada um dizendo uma coisa similar de forma diferente, como na Figura 31. O gesto destaca o item digno de nota a partir do contexto do restante da conversa, novamente como na Figura 31. A entonação, vale a pena mencionar, também está ativa no ponto de geração e em outros lugares em relação àquilo que está sendo dito. Terceira: no ponto de geração, gesto e fala comunicam uma ideia psicologicamente unificada. Na Figura 32, o gesto "para cima" ocorre ao mesmo tempo que a palavra "para cima".

Figura 32 – O ponto de geração

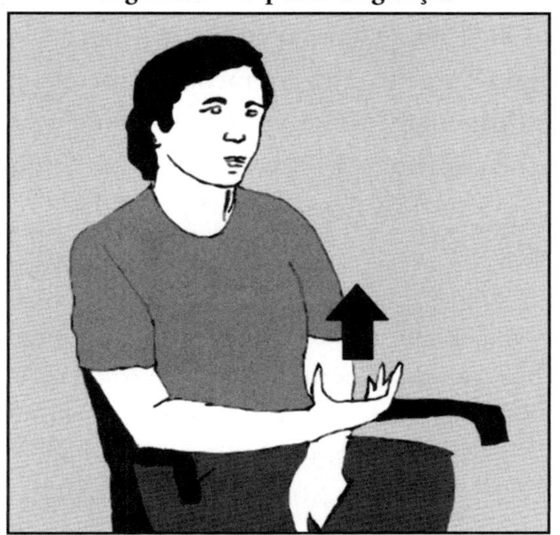

Em síntese, os estudos dos gestos nos deixam sem nenhuma alternativa a não ser conceber a linguagem não como um conjunto memorizado de regras gramaticais, mas como um processo de comunicação. A linguagem não é estática – seguindo somente especificações gramaticais rígidas de forma e significado –, mas é dinâmica – juntando altura, gestos, fala e gramática no decorrer da comunicação efetiva. A linguagem é produzida pelos falantes em tempo real, seguindo seu próprio conhecimento tácito e sua cultura. Os gestos são ações e processos por excelência. As fronteiras entre os gestos são claras, sendo de intervalos entre movimentos sucessivos dos membros, de acordo com McNeill. Assim como os símbolos, os gestos também podem ser decompostos em partes. Eu não vou entrar nessas questões neste livro, exceto para dizer que tudo isso significa que os gestos, a entonação e a fala se tornaram multimodais, um sistema holístico que requer um cérebro *Homo* para orquestrar a sua ação cooperativa.

Outro componente crucial da teoria dinâmica de linguagem e gestos que McNeill desenvolveu é *reativação*. É um pouco técnico, mas é essencial entender como o gesto facilita a comunicação e, assim, o papel potencial dos gestos no início da linguagem. Uma reativação indica que duas porções de discurso temporalmente descontínuas se juntam – repetindo o mesmo gesto que indica que os pontos com tais gestos formam uma unidade. Na essência, uma ativação é a maneira de marcar a continuidade no discurso através de gestos. McNeill declara:

> [uma] ativação é identificada quando um ou mais traços gestuais ocorrem em, pelo menos, dois gestos (não necessariamente consecutivos). A lógica é que as imagens recorrentes sugerem um tema discursivo comum, e um tema discursivo vai produzir gestos com traços recorrentes [...]. Uma reativação é um tipo de fio condutor de imagens espaço-visuais que perpassa o discurso para revelar as unidades de um discurso mais amplo que engloba o que, de outra forma, seriam partes separadas.[4]

Suponha que, enquanto está falando, você usa uma mão aberta, virada para cima, com os dedos também apontados para cima, sempre que você repete o tema sobre um amigo que quer alguma coisa de você. O gesto, então, fica associado a esse tema, destacando-o e auxiliando o ouvinte a acompanhar a organização das suas observações com mais facilidade.

Em outras palavras, através da reativação, os gestos permitem que os falantes organizem as sentenças e suas partes para usá-las em histórias e conversas. Sem gestos, não poderia haver linguagem.

Foram desenvolvidos vários experimentos que ilustram o "elo inseparável" entre fala e gestos. Um dos experimentos mais complexos é chamado de "retorno auditivo tardio". Para esse teste, o indivíduo usa fones de ouvido e ouve parte da sua fala com aproximadamente 0,2 segundos de atraso, semelhante à duração de uma sílaba padrão do inglês. Isso produz um efeito de gagueira auditiva. O falante tenta se ajustar, diminuindo a velocidade. No entanto, a taxa de redução na fala não oferece nenhuma ajuda, porque o retorno também tem sua velocidade diminuída. O falante, então, simplifica sua gramática. Adicionalmente a isso, os gestos produzidos pelos falantes se tornam mais robustos, mais frequentes, com eles tentando, na verdade, atribuírem a si mesmos uma parte maior da tarefa da comunicação. Mas o que é realmente notável é que os gestos ficam sincronizados com a fala, independentemente do que aconteça. Ou, como McNeill afirma, os gestos "não perdem a sincronia com a fala". Isso quer dizer que eles estão ligados à fala não por algum processo de cálculo interno, mas pela intenção e pelo significado que o falante quer expressar. O falante ajusta os gestos e a fala de uma maneira harmoniosa com o intuito de destacar o conteúdo que está sendo expresso.

Outros experimentos também ilustram claramente a conexão estrita entre fala e gestos durante uma conversa normal. Um experimento envolve um indivíduo referido como "IW". Aos 19 anos, IW perdeu repentinamente toda a sua sensibilidade ao toque e sua propriocepção abaixo do pescoço devido a uma infecção. O experimento mostra que IW é incapaz de controlar o movimento manual a menos que ele consiga enxergar as suas mãos (se ele não conseguir vê-las, como quando elas estão debaixo de uma mesa em que ele está sentado, ele não consegue controlá-las). O que é fascinante é que, quando está falando, IW usa gestos que são bem coordenados, não planejados e intimamente relacionados à sua fala, como se ele não tivesse absolutamente nenhuma limitação. O caso de IW fornece evidência de que os gestos para a fala são diferentes de outros usos das mãos, mesmo outros usos gestuais das mãos. Alguns sugerem que essa conexão é inata. Mas nós sabemos pouco sobre a conexão entre gestos e fala no cérebro ou na história psicológica de IW para chegar a essa conclusão. Entretanto, seja como for, essa coordenação vem à tona; gestos na fala são muito diferentes do uso de nossas mãos em qualquer outra tarefa.

Uma observação final para destacar a relação especial entre gestos e fala: mesmo as pessoas cegas usam gestos.[5] Isso mostra que os gestos são um constituinte vital da fala normal. O uso dos gestos pelas pessoas cegas tem ainda uma outra lição a nos ensinar. Uma vez que as pessoas cegas não podem ter observado os gestos em sua comunidade de fala, eles não vão corresponder exatamente àqueles da cultura visual local. Ainda assim, esse mesmo fato mostra que os gestos são parte da comunicação e que a linguagem é holística. Usamos o nosso corpo tanto quanto podemos quando estamos engajados com a comunicação. "Sentimos" aquilo que estamos dizendo em nossos membros, rostos etc.

A conexão entre gestos e fala é também culturalmente maleável. Os pesquisadores de campo demonstraram que os membros do povo arrernte da Austrália realizam gestos regularmente depois da fala. Acredito que a razão para isso seja simples. Os arrerntes preferem que os gestos venham depois da fala. A falta de sincronia entre gestos e fala é simplesmente uma escolha cultural, um valor cultural. Os gestos para os arrerntes poderiam ser, então, interpretados da mesma forma que para os turkanas do Quênia, para quem os gestos funcionam para reiterar e reforçar a fala.

Os gestos também foram importantes para os *Homo erectus*? Eu acredito que sim, mais uma vez, com base no trabalho de David McNeill. Ele introduz o termo "equiprimordialidade". Com isso, McNeill quer dizer que os gestos e a fala estão, do mesmo modo e ao mesmo tempo, presentes na evolução da linguagem. Nunca teria havido – e nem podia ter havido – linguagem sem gestos.

Se isso estiver correto, como afirma McNeill, então "a fala e o gesto teriam que evoluir juntos". "Não poderia ter havido gestos primeiro ou fala primeiro". Isso ocorre em virtude do meu conceito de "tripla articulação da linguagem". Você não pode ter linguagem sem gramática, sem significado e sem elementos de ênfase. Seguindo esse mesmo código, nunca poderia ter havido entonação sem linguagem e linguagem sem entonação.

Uma vez superado esse obstáculo inicial sobre como os gestos adquiriram significado para os humanos, a história evolutiva da conexão entre gestos e fala pode ser endossada. A teoria de McNeill hipotetiza que a fala primitiva, realizada pelos primeiros falantes e pelos bebês humanos, era "holofrásica". Isto é, nesses primeiros enunciados, não havia "partes", somente o todo. Para retomar um exemplo dado anteriormente, digamos que o primeiro enunciado proferido por um *erectus* tenha sido "shamalamadingdong!", quando ele viu um tigre dente-de-sabre correndo em sua direção, apenas a alguns metros de distância. Muito provavelmente, ele estava gesticulando, gritando e envolvendo seu corpo todo para comunicar o que ele tinha visto, a menos que ele estivesse congelado pelo medo. Seu corpo e cabeça teriam se voltado para o tigre. Posteriormente, talvez ele tivesse recriado essa cena, usando gestos e entonação ligeiramente diferentes (porque, desta vez, ele está calmo). Da primeira vez, talvez ele tenha proferido "SHAMALAmadingDONG" com movimentos manuais em "shama" e "dong". Na segunda, talvez sua entonação tenha recaído sobre "shamalamaDINGdong". Talvez seus gestos tenham mais possivelmente permanecido sobre "shama" ou "dong"; eles estavam mais intimamente relacionados a qualquer mudança em sua entonação. Agora é possível que os *erectus* tenham acidentalmente tomado um enunciado holofrásico – de uma única unidade – e transformado em uma construção com partes individuais. E essa é a maneira através da qual McNeill propõe que a gramática tenha começado a surgir.

Na medida em que gestos e fala ficaram mais sincronizados, os gestos podem, então, ter mostrado uma de duas características. Ou eles representam o ponto de vista do observador – o ponto de vista do falante – ou eles representam o ponto de vista da pessoa sobre quem se está falando. E com essas perspectivas diferentes – formas distintas de destacar o conteúdo e lhe atribuir apropriação –, nós assentamos as bases para a distinção entre os enunciados, tais como perguntas, afirmações, citações e outros tipos de atos de fala.

McNeill dá um exemplo de uma pessoa relatando o que tinha visto em um desenho do Piu-Piu e Frajola. Quando o movimento de suas mãos queria copiar ou ser equivalente aos movimentos do Frajola, sua perspectiva era a do Frajola. Mas quando o movimento de suas mãos indicava sua própria perspectiva, a perspectiva também era a sua.[6]

A intencionalidade – sendo direcionada para alguma coisa – é também um pré-requisito para se ter linguagem. E a intencionalidade aparece não somente na fala, mas também nos gestos e em outras ações. Nós a enxergamos na ansiedade, no balançar do rabo pelos caninos e na atenção direcionada por entre todas as espécies. Uma razão pela qual os gestos são usados é que as ações intencionais envolvem o corpo todo. A orientação dos nossos olhos, corpo, mãos etc. varia de acordo com o lugar em que estamos focando a nossa atenção. Essa natureza holística de expressar intenções parece ser um fato biológico de nível básico que é explorado pela comunicação. O fato é que "os animais usam tanto dos seus recursos corporais quanto necessário para fazer com que sua mensagem seja transmitida". De todo modo, se nós estivermos na direção correta, os gestos não poderiam ter sido a nossa forma inicial de linguagem. Eles teriam ocorrido ao mesmo tempo que a entonação e a vocalização. Isso não quer dizer que as criaturas pré-linguísticas não podiam expressar intencionalidade, de alguma forma, pelo apontamento ou pela gesticulação. Isso quer dizer que a comunicação linguística real deve ter sempre incluído tanto gestos quanto fala. Há algumas poucas razões adicionais para essa posição.

Em primeiro lugar, a fala não substitui o gesto. Gestos e fala formam um sistema integrado. A origem da linguagem, com os gestos surgindo primeiro, prevê uma discrepância entre gestos e fala, uma vez que eles seriam sistemas separados. Mas, na realidade, eles são partes sincrônicas (eles coincidem no tempo) de um único todo (um gesto somado à entonação e à fala coordenada em um único enunciado). Além disso, as pessoas normalmente intercalam gestos e fala. Por que, se a fala evoluiu dos gestos, os dois ainda teriam essa relação de "toma-lá-dá-cá"? Por fim, se a hipótese de que os gestos surgiram primeiro estiver correta, então por que, com exceção das línguas dos surdos, o gesto nunca é o primeiro canal ou modo de comunicação de qualquer língua do mundo?

Anteriormente, fez-se alusão à entonação quando discutimos "ontem, o que João deu para a Maria na biblioteca?". Sempre que falamos, também produzimos uma "melodia" sobre as palavras. Para ver um exemplo da importância da entonação, podemos pensar em quão artificial soa o GPS de um carro quando está indicando as direções. Embora os cientistas da computação tenham descoberto há muito tempo que a fala requer entonação, eles ainda não produziram um computador que possa utilizá-la ou interpretá-la de maneira adequada. A entonação, os gestos e a fala são construídos na base de uma gramática estável. Os únicos gestos que oferecem estabilidade são os convencionalizados e gramaticalizados nas línguas de sinais. Contudo, mais uma vez, nesse caso, os gestos são usados para substituir ou suplantar a fala.

O que é crucial é que os gestos coevoluíram com a fala. Se as línguas de sinais, os gestos de preenchedores linguísticos ou as mímicas tivessem precedido a fala, então, não haveria nenhuma necessidade funcional para que a fala se desenvolvesse. A ideia de que os gestos vieram primeiro demarca uma posição insustentável. Nós tínhamos uma comunicação gestual que funcionava bem, mas a trocamos pela fala. E alguns gestos, tais como as mímicas, são, na verdade, incompatíveis com a fala.

Isso pode parecer contraditório em relação ao exemplo anterior de Kenneth Pike, que aparentemente mostra que os gestos podem substituir a fala. Mas os gestos que Pike discute são de preenchedores linguísticos, um tipo distinto de gestos que são parasitas da fala. Não o tipo de gestos que funciona em lugar da fala. Por outro lado, o exemplo de Pike sugere uma outra questão, a saber, se poderia ter havido uma "fala com encaixes gestuais" que corresponde aos gestos que preenchem a fala. Esse seria o caso de um resultado em que a fala substitui o que normalmente seria expresso por gestos. Afinal de contas, se a fala evoluiu dos gestos, essa é a razão pela qual ela teria vindo à tona. E a fala com preenchedores gestuais não é difícil de imaginar. Por exemplo, considere uma pessoa bilíngue em LIBRAS e português, substituindo uma palavra falada por um sinal, um a um, diante de um público. Mesmo nesse caso, tal evento não exemplificaria realmente uma língua com preenchedores gestuais, uma vez que se trataria de uma tradução entre duas línguas independentes, e não de a fala substituindo os gestos em uma única língua. Isso é importante para o ponto que estamos desenvolvendo, por duas razões. A natureza obviamente utilitarista dos sinais manuais nos oferece um caminho claro para a compreensão de sua origem e disseminação. E o fato de que todos parecem usar gestos em todas as línguas e culturas do mundo dá suporte à visão aristotélica de conhecimento como algo aprendido, sobrepondo-se ao conceito de Platão de conhecimento como algo sempre presente. Isso faz sentido porque mostra que a utilidade dos gestos é a chave para sua universalidade. Quando um comportamento não é uma solução óbvia para um problema, não há necessidade de supor que ele seja inato. O problema por si só garante que o comportamento vai surgir se a mente for inteligente o suficiente. Esse princípio de utilidade explica a maioria das características supostamente universais da linguagem que, muitas vezes, se diz que sejam inatas. Em outras palavras, sua utilidade explica sua ubiquidade.

À medida que se estabilizam por convencionalização, gestos se tornam línguas de sinais. Mas as línguas de sinais são formadas quando os gestos substituem todas as funções da fala. Assim, a ideia de que a fala se desenvolve a partir dos gestos faz pouco sentido, seja do ponto de vista lógico, seja do funcional. A teoria de que "os gestos surgiram primeiro" faz a evolução ir na direção contrária.

Todavia, apesar da minha visão geral positiva sobre o raciocínio de McNeill no que tange à ausência de línguas em que os gestos tenham surgido primeiro, alguma coisa parece estar falando. Se ele estiver correto em sua afirmação adicional ou em sua especulação de que duas espécies de *Hominini*, agora extintas, tinham usado ou uma língua em que os gestos teriam surgido primeiro ou uma língua unicamente gestual, e que isso é o primeiro estágio do desenvolvimento das línguas modernas, então por que seria surpreendente pensar que os *Homo sapiens* também teriam usado os gestos primeiro? Eu não vejo razão para crer que o caminho em direção à linguagem tivesse sido diferente para quaisquer espécies *Hominini*. Na verdade, eu duvido seriamente que as espécies *Homo* pré-*sapiens* teriam seguido um caminho diferente, uma vez que há vantagens significativas para a comunicação vocal em oposição à gestual.

Há ainda outros tipos de gestos importantes para a comunicação humana. Eles incluem gestos icônicos, metafóricos e batidas. Cada um deles revela uma faceta distinta da relação entre gestos e fala e de como ela se relaciona com a cognição e a cultura. Não há necessidade de discutir esses aspectos neste trabalho, se não para mencioná-los como evidência para a complexidade da relação entre gestos e fala e para afirmar que cada um deles contribui para o nosso avanço em relação à progressão semiótica.

Não obstante, ainda temos que fazer alguma consideração sobre gramática, gestos ou outros aspectos da linguagem que nos levariam a crer que alguma coisa seria atribuída ao genoma dos *Homo sapiens*, que é específico à linguagem. Os aprendizados cultural, estatístico e apercepcional individual adicionados à memória episódica humana parecem aptos para cumprir a tarefa. A literatura está repleta de afirmações que dizem o contrário, a saber: dizem que há fenômenos que somente podem ser explicados se a linguagem for adquirida, ao menos parcialmente, com base em propensões específicas de linguagem presentes no aprendiz recém-nascido.

Afirma-se que há uma emergência espontânea de características linguísticas nas comunidades que são consideradas linguagem, tais como no caso da língua de sinais da Nicarágua e a língua de sinais beduína de Al-Sayyid. Essas línguas supostamente passam a existir repentinamente na medida em que a população precisa de linguagem, mas, por outro lado, não a possui. O problema com essa afirmação é que todas essas línguas começam com estruturas bem simples e, então, se tornam mais complexas com o passar do tempo, com mais interações sociais. Muitas vezes, levam-se três gerações para desenvolver uma complexidade, *grosso modo*, igual à das línguas mais bem estabelecidas. Mas isso é exatamente o que nós esperaríamos se elas não fossem derivadas de um conhecimento inato, mas inventadas e aprimoradas com o passar do tempo na medida em que vão sendo aprendidas por gerações subsequentes. Por essa razão, mesmo se tais exemplos fornecessem evidência para uma predisposição inata para a linguagem, o conhecimento seria muito limitado.[7]

O trabalho de Susan Goldin-Meadow defende que os usuários de sinais caseiros desenvolvem símbolos para objetos, princípios para o seu ordenamento e constituintes de gestos distintos. Ela também sugere que esses gestos recém-cunhados podem ocupar posições em estruturas maiores, como sentenças, estruturas representadas pelo tipo de diagramas arbóreos que nós vimos anteriormente. Ela também discute um certo número de outras características dos usuários de sinais caseiros. Sua conclusão é a de que todo esse conhecimento deve ser inato; de que outra forma ele poderia aparecer tão rapidamente entre um grupo de falantes?

Mas nenhuma dessas características é específica à linguagem. Os índices e os ícones – muito provavelmente, formas primitivas de gestos – são usados de um modo ou de outro por várias espécies. Não há razão para crer que os sinais caseiros não possam ser facilmente aprendidos pelos humanos. Na verdade, sob uma interpretação, que é tudo o que os resultados de Goldin-Meadow sobre símbolos nos mostram, as crianças aprendem os símbolos de forma imediata e os adotam. O objeto é uma forma com significado. À medida que a criança descobre o objeto e deseja se comunicar, então – e talvez essa seja a característica mais surpreendente da nossa espécie –, ela vai representar o objeto (seja devido a um instinto interacional ou a um impulso emocional), e o significado do objeto na cultura particular acaba pegando carona nesse movimento. As crianças participam da vida de seus pais, mesmo sem linguagem, e tentam se comunicar, assim como a odisseia marcante de Helen Keller nos mostra. Com a capacidade de ver, ouvir ou sentir, a criança pode receber *input* do ambiente, das pessoas que cuidam dela e, na verdade, vão fazer exatamente isso com a maioria dos cuidadores e na maioria dos ambientes. Ao aprender o uso de um objeto, a relevância do objeto para seus pais e para o ambiente, não é surpreendente que as crianças se comuniquem sobre objetos, assim como a maioria das espécies (pelo menos, as de mamíferos). Objetos inteiros, na medida em que são percebidos em um espaço de tempo particular, são mais relevantes e são aprendidos com uma facilidade relativamente maior por cachorros, humanos e outras criaturas. Os humanos tentam representar seus objetos, diferentemente de outros animais, porque os humanos se esforçam para se comunicar.

Embora não seja surpresa o fato de que alguns aspectos dos objetos se destacam para as crianças, o motivo particular pelo qual forma e tamanho prevalecem sobre outras características, se Goldin-Meadow estiver correta, não está claro. Ela atribui isso à dotação inata da criança. Mas eu gostaria de sugerir primeiramente para que se olhe para a maneira como os objetos são usados, apresentados, estruturados, avaliados nos exemplos daqueles que cuidam da criança. A mobília, os pratos, as casas, as ferramentas etc. são muito mais facilmente organizados e muito mais predominantes no ambiente dos objetos relevantes dos cuidadores norte-americanos do que outras características que poderiam ser ressaltadas. Pelo menos em relação ao que poderia ser testado, não há nenhuma sugestão de que tenham sido contemplados.

Com relação à afirmação de que a fala dos usuários de sinais caseiros é organizada hierarquicamente, há duas advertências. Primeira: estrutura *versus* mera justaposição de palavras, assim como as contas em um colar são, na prática, muito difíceis de distinguir. Esses três objetos estão relacionados como no diagrama (a) ou (b) da Figura 33? As duas formas podem ser possíveis, e as razões para escolher uma em detrimento da outra são altamente teóricas. Por exemplo, nos enunciados do pirahã, podemos dizer "o homem está aqui. Ele é alto". Ou "eu falei. Você está vindo". E eles poderiam ser interpretados como "o homem que é alto está aqui" ou "eu disse que você está vindo". Mas é possível que a análise seja muito mais simples, com ausência de estrutura hierárquica na sintaxe.

Figura 33 – "O menino grande"

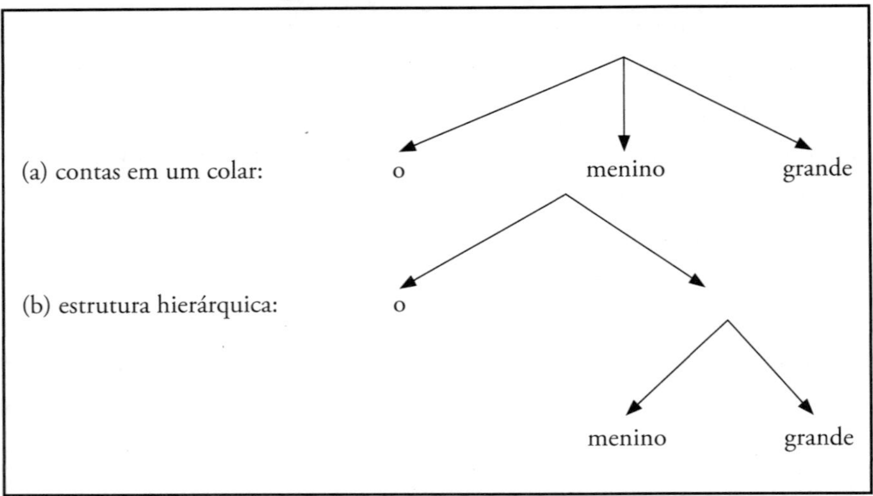

Em nenhum dos exemplos de Goldin-Meadow, que pretendem mostrar estruturas hierárquicas nos enunciados dos usuários de sinais caseiros, há evidências convincentes para estruturas como (b). A segunda advertência é que algumas configurações fornecem uma solução natural para apresentar a informação, independentemente da língua, e por isso, se podemos encontrá-las em línguas diferentes, isso não quer dizer que sejam evidências de que exista uma propensão linguística inata. Mais uma vez, se uma estrutura fornece uma solução útil para comunicar a informação, então não é preciso dizer mais nada sobre por que ela é encontrada nas línguas ao redor do mundo. À medida que a demanda de informação cresce devido a um aumento da complexidade social, a hierarquia é a solução mais eficiente para a organização da informação por entre muitos domínios. Computadores, átomos, universos e muitos outros objetos complexos na natureza estão organizados dessa forma. Essa é uma solução observável e naturalmente recorrente. Na verdade, para qualquer ação que envolve ordenamento, do tipo "você deve fazer X antes de fazer Y", encontramos estrutura. Tais soluções são usadas em automóveis, comportamentos caninos e sistemas de arquivamento de computadores. Não há absolutamente nada de especial quando eles aparecem na linguagem.

O ordenamento que se afirma que os usuários de sinais caseiros impõem sobre suas estruturas é banal. Primeiramente, eles não têm nenhuma alternativa a não ser colocar seus símbolos em alguma ordem. E uma vez que os principais ingredientes de um enunciado dizem respeito à coisa que está sendo relatada e ao que aconteceu com ela, as sentenças tendem a ser organizadas em termos de tópico e comentário. O tópico de uma sentença (em oposição ao tópico de uma história maior) é ou a informação velha que está sendo discutida, ou a informação que o falante supõe que o ouvinte já sabe. O comentário é a informação nova sobre o tópico. Muito frequentemente, mas não sempre, o tópico é o mesmo que o sujeito, e o comentário é o mesmo que o predicado ou que o sintagma verbal.

"João é um cara legal."

Nesse caso, a informação velha é "João". O falante não oferece nada mais que um nome e supõe que o ouvinte saiba de quem ele está falando. A informação nova é "é um cara legal". Em outras palavras, o falante está dizendo alguma coisa sobre o João, algo que ele julga ser uma informação nova para o ouvinte. Uma paráfrase poderia ser algo como "eu sei que você conhece o João, mas você pode não saber que ele é um cara legal".

O tópico, na maioria das línguas do mundo, precede o comentário. Dito de outro modo, as línguas preferem começar suas sentenças com a informação velha, ou compartilhada, antes de dar a informação nova. Essa ordem pode auxiliar a nossa memória de curto prazo. Dentro do comentário, em que a informação nova está alocada, um número maior de línguas prefere colocar o objeto antes do verbo. Então, se alguém em algum lugar está comendo uma fruta, isso pode ser descrito ou como "João fruta come" (na maioria das línguas) ou "João come fruta" (em português e em muitas outras línguas). No grupo sujeito-objeto-verbo estão línguas como o alemão, o japonês e o pirahã. Por outro lado, línguas como o português, o inglês e o francês, usam a ordem sujeito-verbo-objeto. Na verdade, o inglês pertencia ao primeiro grupo (mais intimamente relacionado ao alemão), mas depois da invasão normanda de 1066, o inglês mudou para ordem do francês, sujeito-verbo-objeto.

Ocasionalmente, afirma-se que a ordem das palavras pode ser consideravelmente influenciada pelas diferentes estratégias de comunicação para lidar com problemas no processo comunicativo. Um problema é o barulho que corrompe o sinal. Enquanto conversam, as pessoas podem ficar distraídas com o barulho no fundo, com as crianças dando cutucões, com animais distantes e com outras pessoas que chegam durante a conversa. Portanto, as estratégias linguísticas devem ser capazes de superar os efeitos do "ruído" que afetam a capacidade de o ouvinte perceber as palavras do falante. Esses pesquisadores afirmam que esse é o motivo pelo qual a ordem sujeito-objeto-verbo é a mais comum – ela ajuda a evitar a confusão entre sujeito e objeto e evita confundir tópico e comentário ao dispor do sintagma antes do verbo na seção de comentário. Por outro lado, uma vez que há milhares de línguas que usam ordens diferentes (tais como sujeito-verbo-objeto, objeto-verbo-sujeito, objeto-sujeito-verbo, verbo-sujeito-objeto e verbo-objeto-sujeito), nenhuma dessas ordens é, de modo algum, superior às outras. A ordem que uma língua adota resulta das pressões culturais que afetam a história de uma sociedade em particular.

Os usuários de sinais caseiros seguem, em uma larga medida, os mesmos princípios. O problema básico que os interlocutores devem resolver é o de manter a informação nova distinta da informação já conhecida. Assim sendo, o fato de que os usuários de sinais caseiros seguem uma ordem comum simplesmente não é grande coisa. É apenas a forma como a comunicação funciona de modo mais eficaz.

Não deveria ser surpreendente que, uma vez que uma sequência básica de palavras é convencionalizada, é mais fácil para os falantes permanecerem consistentes naquela escolha do que usar estratégias distintas em partes diferentes da língua. Portanto, se a sua língua escolhe a ordem sujeito-objeto-verbo, ela vai escolher também (entre outros fenômenos) colocar os possessivos antes dos nomes (como "meu filho" *versus* "filho meu"). Isso porque, da mesma forma que o verbo é o cerne semântico ou o núcleo da sentença, o nome "possuído" é o núcleo do seu próprio sintagma nominal. A regra geral em tal língua seria "coloque o núcleo por último". Ainda assim, em virtude de essa decisão ser baseada somente na eficácia – e uma vez que as línguas, muitas vezes, fazem coisas ineficazes –, esse tipo de regra é violado, com frequência, em todo o mundo, e nós observamos uma grande quantidade de variação nos princípios de ordem de palavras em diferentes línguas, por esse motivo. E não se esperaria que houvesse algo específico à linguagem na dotação genética dos *Homo sapiens* que estivesse conectado à estrutura informacional. A relação tópico-comentário é um arranjo comunicativo natural. Mas muitos que falam sobre as implicações dos usuários de sinais caseiros – que, supostamente, revelam uma capacidade linguística inata – negligenciam a discussão sobre a forma como a informação estaria ordenada para uma comunicação mais eficiente. No entanto, não fazer referência a isso faz com que se perca a explicação mais natural para os fatos sobre os usuários de sinais caseiros e, ao invés disso, apela-se para uma ideia altamente implausível de que a língua é inata.

A utilização de sinais caseiros claramente ilustra o desejo de todos os membros *Homo sapiens* se comunicarem. E mostra que as soluções para esse problema de comunicação podem ser diretas e fáceis de "inventar" e entender. Infelizmente para as afirmações dos pesquisadores dos sinais caseiros de que a linguagem é inata, não há nem mesmo uma análise convincente dos fatos da gramática dessas línguas. Mas as evidências sugerem que os gestos são suficientemente motivados pelas necessidades comunicacionais e que os gestos de todos os tipos e as línguas de sinais simplesmente surgem porque são úteis. *A utilidade explica a ubiquidade.*

NOTAS

[1] Eu tento desenvolver tal teoria em *Dark Matter of the Mind: The Culturally Articulated Unconscious*, do qual foi retirada uma grande quantidade de material para este capítulo.

[2] Kenneth Pike, *Language in Relation to a Unified Theory of the Structure of the Human Behavior*.

[3] www.nytimes.com/2013/07/01/world/europe/when-italians-chat-hands-andfingers-do-the-talking.html.

[4] David McNeill, *Gestures and Thought*, University of Chicago Press, 2005, p. 117.

[5] Dizer que isso também significa que nós usamos gestos sem aprendê-los, como McNeill parece sugerir, é injustificado.

[6] Como dito anteriormente, muitos pesquisadores especularam que os gestos poderiam ter precedido a fala na evolução da linguagem humana. É possível que eles tenham vindo primeiro, de alguma forma, precedendo a linguagem propriamente dita, embora eu pense que gritos tenham vindo juntamente dos gestos. Nem mesmo McNeill discorda totalmente dessa posição.

[7] De maneira mais significativa, o que marca o trabalho de Goldin-Meadow e muitos outros é o que eu considero ser uma interpretação muito generosa dos aspectos linguísticos dos sinais e uma visão menos generosa acerca do papel do *input* cultural que a criança recebe e a natureza da tarefa que a criança está enfrentando. Na ausência de uma ponderação mais séria sobre a tarefa ou sobre o *input*, tais afirmações são significativamente enfraquecidas.

Apenas bom o suficiente

O melhor é inimigo do bom.

Voltaire

Nem tudo que vale a pena fazer vale a pena fazer bem.

Kenneth L. Pike

O economista Herbert Simon, ganhador do prêmio Nobel, introduziu na ciência o conceito de "satisfação" na solução de problemas. Seu ponto era o seguinte: as soluções preferidas pelos negócios, entre todos os esforços humanos, e pela própria mente não são normalmente as melhores, mas as que são satisfatórias – aquelas que "apenas satisfazem" a necessidade, mas não a satisfazem completamente. O mesmo princípio se aplica à evolução. Com relação à linguagem, isso quer dizer que não se requer que as gramáticas humanas e os sistemas de som sejam ideais – na verdade, eles nunca são. A linguagem cumpre o seu papel apenas de uma maneira satisfatória, nunca de uma maneira perfeita. Herbert Simon reverberou Voltaire, afirmando que "o bom é o inimigo eterno do melhor".

É esse aspecto da linguagem que dá suporte, de maneira tão forte, à ideia de que ela é uma invenção antiga, remendada ao longo da história humana. Há estratégias básicas de comunicação que normalmente funcionam, mas falham com frequência – como quando alguém omite a informação que presume ser compartilhada pelo interlocutor. Ou a comunicação pode falhar devido a um lapso de memória, à própria falta de uma palavra ou, de maneira mais significativa, de uma sentença para traduzir um conceito de uma cultura, uma pessoa ou uma língua para sua língua nativa. As línguas humanas extravasam. Elas não são códigos matemáticos perfeitamente lógicos.

Se alguém grita "pare o carro na placa de *Pare*", está supondo que o interlocutor sabe o que significa "pare", sabe como dirigir um carro, sabe o que é uma placa de *Pare* e sabe o que significa parar na placa de *Pare* – em oposição a parar à beira de um precipício. (Alguém poderia parar com as rodas ligeiramente à frente da placa de *Pare*; algo que não daria muito certo se o carro estivesse em frente a um penhasco). Esses pressupostos são construídos com base na escolha das palavras. Eu imagino que a maioria dos leitores deste livro – como membros de uma cultura de trânsito, em larga medida, uniforme – sabem que não "se para na placa de *Pare*" se você parar 180 metros à frente dela, 3 metros à frente, ou ainda se a placa estiver no mesmo nível que os bancos traseiros. O próprio processo de parar na sinalização leva o veículo a uma parada completa de cerca de 0,3-1,5 metro antes que a frente do carro ultrapasse a placa. Isso é parte conhecimento cultural, parte conhecimento lexical (da palavra). O senso "comum" é apenas a experiência e a informação cultural adquirida.

Para um exemplo mais interessante, veja o artigo de opinião, publicado no *New York Times* em 2016, sobre a suposta violação de e-mails, pela Rússia, de um candidato à presidência dos Estados Unidos. A maioria dos valores embutidos nesse artigo é fácil de descobrir, embora alguns valham a pena ser apontados para esta discussão, porque muitas vezes lê-se muito sobre tais informações implícitas, sem percebê-las. Alguns comentários são oferecidos nos colchetes, com o intuito de revelar a informação cultural implícita e contextual e os valores que se esperaria que fossem depreendidos implicitamente por cada um dos leitores da cultura norte-americana. Imagine o efeito potencial ao ver tais editoriais em um jornal que é lido regularmente, de forma passiva, talvez enquanto você toma alguns goles de café no desjejum ou no ônibus ou trem a caminho do trabalho. Seu efeito poderia ser, em larga medida, subliminar, reiterado em cada história que pressupõe os mesmos valores culturais, que é o caso de alguns jornais como o *New York Times* que normalmente fala em favor do liberalismo.

A verdadeira conspiração contra os Estados Unidos
Timothy Egan – 29 de julho de 2016

Em retrospecto [ao começar com uma referência que olha para trás, o autor apela para o conhecimento presumido do leitor sobre o que está por vir], *isso* [em virtude de o pronome "isso" estar sendo usado, o autor diz ao leitor: "estou inferindo que você sabe do que estou falando" – que é algo que vai ficar mais claro] *funcionou muito melhor do que o planejado* [ainda não está explícito sobre o que o autor está falando. Esse pressuposto que o autor compartilha do mesmo conhecimento do leitor constrói um elo potencial: "nós estamos nisso juntos!"]. *Quem teria pensado que a nação pária* [o autor infere que o leitor saiba o que é uma nação. E o uso da palavra "pária" é um juízo de valor que pode não ter sido compartilhado por todos os leitores, mas uma vez que o autor está pressupondo a existência de um elo entre ele e o leitor, o leitor vai possivelmente concordar com esse julgamento sobre o estado soberano que, na verdade, tem relações com a maioria das nações do mundo] *seria governada por um autoritário* [isso é uma referência ao presidente da Rússia, Vladimir Putin, que desfruta de uma taxa de 80% de aprovação entre a população russa – "autoritário" é um juízo de valor não compartilhado por todos] *que faz seus oponentes políticos desaparecerem* [Putin é um assassino], *poderia tão facilmente tomar controle de uma grande democracia? Não precisou muito. Um nerd talentoso pode fazer desmoronar a organização de uma nação. Mas esse nível de crime político requer mecanismos mais refinados – é preciso que todos cumpram o papel que lhes fora designado. Você começa com um fantoche, um fugitivo entocado em Londres, vazando e-mails roubados na véspera da Convenção Nacional Democrática, em nome da "transparência". Bandidos cibernéticos contam com um parceiro de crime para apanhar bens roubados. E a Rússia, uma nação sem transparência, sempre pode contar com os WikiLeaks* [essa passagem inteira está repleta de juízos de valor que não são universalmente compartilhados, mas que o autor acredita que sejam compartilhados pelos leitores do *New York Times*] [...].

Meu ponto com essa discussão não é o de que os artigos do jornal tenham um conhecimento cultural compartilhado complexo e profundo (embora o que seja "complexo" e "profundo" possa variar de cultura para cultura e de leitor para leitor). Ao invés disso, o ponto é o de que simplesmente autor e leitor, para que qualquer parte desse artigo de opinião funcione, devem compartilhar conhecimento cultural e, de preferência, devem também compartilhar um conjunto similar de valores. Ou, se eles não compartilham os valores, ambos estão aptos a interpretar os valores "escondidos" nas entrelinhas.

Qualquer artigo de opinião é, assim como esse, estruturado com julgamentos implícitos, opiniões, valores, conhecimento, que nunca são afirmados. A "subdeterminação" desse tipo de informação, sua natureza implícita, nos remete à conversa dos banawás que vimos no começo deste livro. Na interação humana, o não afirmado é sempre fundamental. Sem cultura não há linguagem.

O filósofo britânico Paul Grice desenvolveu alguns conceitos úteis para a compreensão das pressuposições culturais e comunicacionais que subjazem a toda comunicação humana, aos quais eles se referiu, no conjunto, como "princípio da cooperação". Como Grice afirmou, resumindo suas ideias, "faça sua contribuição da forma como é requerida, no estágio em que ela ocorre, através do propósito ou da direção aceita da troca conversacional em que você está envolvido". Grice faz isso parecer um conselho ou um comando, mas, na verdade, a pretensão é a de ser uma descrição ou uma convenção cultural que subjaz à comunicação. Essas coisas não precisam ser ensinadas a nós. É a forma como nos comportamos.

De forma mais precisa, o princípio griceano da cooperação na comunicação é a forma como nós operamos se nós queremos, de fato, que a(s) pessoa(s) com quem nós estamos falando nos compreenda(m). Cada falante adepto segue o princípio da cooperação, da mesma forma como cada ouvinte o faz. Seus pressupostos são adicionalmente construídos em seu conhecimento cultural tácito. Grice subdividiu seu princípio da cooperação em várias "máximas" que, quando observadas e – talvez especialmente – quando violadas, permitem aquilo a que filósofos e linguistas chamam de "implicaturas conversacionais", coisas que não são ditas e que são cruciais para o significado do que nós ouvimos ou falamos. As quatro máximas do princípio de Grice foram aceitas rapidamente por linguistas, filósofos, psicólogos e cientistas sociais. Essas máximas são as seguintes: máxima da qualidade, máxima da quantidade, máxima da relevância e máxima do modo. Elas são o tipo perfeito de descoberta – simples e intuitivamente corretas.

A máxima da qualidade pressupõe que todos vão sempre falar a verdade. Ela parte do princípio de que nem o ouvinte, nem o falante vão acreditar que alguma coisa vá ser apresentada como verdadeira se se sabe que ela é falsa. Essa máxima também pressupõe que ninguém vai dizer que alguma coisa é verdade se não dispõe de evidências adequadas. Claro, há uma série de coisas ditas que não são verdade e muitas postagens falaciosas de fatos inventados na internet. Então, Grice não está dizendo que as pessoas não possam mentir. Ele está dizendo que os ouvintes supõem que não estão ouvindo mentiras no curso normal da interação.

Na verdade, em muitas línguas, tais como o pirahã, o próprio verbo da sentença precisa ter um sufixo que indica ao ouvinte a qualidade da evidência para aquilo que o falante está dizendo – inferência, boato ou observação direta. Então, se algum pirahã pergunta a outro: "fulano saiu da aldeia?". Uma possível resposta é: "sim, saiu", em que o verbo "saiu" teria um sufixo anexo que indicaria "eu o vi sair", "alguém me disse que ele saiu" ou "a canoa dele não está aqui, então, eu infiro que ele tenha saído" etc.

Portanto, mentir em qualquer língua é violar a máxima da qualidade. Claro, uma vez que todo mundo mente, sabemos que há vezes em que nós intencionalmente violamos o princípio da cooperação. No entanto, muito embora saibamos que os outros violam essa máxima e que nós mesmos também a violamos, quando dizemos algo a alguém, em situações normais, nosso interlocutor inicialmente vai acreditar no que é dito. Na verdade, o português, assim como o pirahã, tem formas verbais que indicam o grau de verdade ou certeza sobre as coisas que nós dizemos. Em português, nós chamamos esses marcadores de "modo". Há o modo indicativo: "João *foi* à cidade". Há o modo subjuntivo: "se João *fosse* à cidade". E há o modo imperativo: "João, *faça isso*!". Todos esses modos, à sua própria maneira, expressam as relações entre os significados das palavras e a verdade desses significados aplicada à palavra em torno deles. Assim sendo, o modo indicativo significa que o mundo é da forma como está sendo descrito. O modo subjuntivo indica que o falante imagina que o mundo poderia ser, possivelmente em algum momento, da maneira como está sendo descrito. O modo imperativo significa que se quer que o ouvinte transforme o mundo de uma certa maneira, diferente da atual.

A próxima máxima, das quatro propostas por Grice, é a máxima da quantidade. Essa também se dá em duas partes. Primeira: não dê nenhuma informação a mais que a sua troca comunicativa requer. Segunda: transmita todas as informações necessárias para a interação atual. Vamos supor que alguém, passando pelo saguão, pergunte "olá, como você está?", e você responda: "às 8h30min, eu tenho dentista. Estou com um terrível problema intestinal hoje. Passei a noite preocupado com minha vida financeira. Tirando isso, estou bem". Ou alguém pergunta "como você conheceu a sua esposa?" e você responde com todos os detalhes que é capaz de lembrar sobre o concerto em que vocês se conheceram. Em ambos os casos, seria possível descrever a sua resposta como "muita informação". Essas respostas excedem as informações requisitadas. Isso ocorre quando um falante confunde a informação relevante com a não relevante. "Informação demais" viola a máxima da quantidade. Mas há uma outra forma de violar essa máxima – com muito pouca informação. Imagine que alguém pergunta: "o que você quer fazer hoje à noite?". Suponha que a resposta seja: "tanto faz". Bom, embora essa não seja uma resposta inédita para essa pergunta, ela é inútil. Uma resposta vaga não dá conta de fornecer a quantidade de informações esperadas pela troca comunicativa. Dar informação demais ou de menos, de propósito, são exemplos de violação da máxima da relevância.

Um dos exemplos mais famosos de violação de uma máxima é a carta de recomendação. Imagine que alguém escreve uma dessas, mas consegue dizer muito pouco sobre as qualificações do candidato. Imagine que apareça somente a informação de que "João tem uma caligrafia excelente". Todos sabem, nesse caso, que o autor da carta está violando a máxima da quantidade, e isso implica que João não é qualificado. O que aconteceu nessa situação? Como essa implicação surge a partir do significado literal das palavras na resposta?

Ou considere a violação da máxima da relevância pela esposa:

> Marido: "Quanto tempo você ainda vai levar para ficar pronta?".
>
> Esposa: "Prepare uma bebida pra você".

Para interpretar essa resposta da esposa, o marido supõe primeiramente que ela está seguindo a máxima da relevância. A resposta dela, embora pareça irrelevante, deve ser relevante. Ela está violando a máxima (e talvez as expectativas do marido também). Para entender como esse comentário – em outra situação, irrelevante – poderia ser relevante, o marido deve analisar um conjunto de inferências com base na cultura e na personalidade. O marido conclui que sua esposa o ouviu, entendeu sua pergunta e que sua resposta – embora não literalmente uma resposta para tal pergunta – indica que ele deveria relaxar, porque ela vai demorar bastante tempo para ficar pronta. Ele não deveria mais se preocupar com ela ou aborrecê-la. E a esposa, no que diz respeito a ela, precisa saber que o marido vai ser capaz de depreender essas inferências, com base nas próprias inferências de como ele vai interpretá-la. Ambos os exemplos – o da caligrafia e o da esposa – funcionam porque violam a máxima da relevância – "seja relevante". As implicaturas, a maneira como as pessoas interpretam a violação das máximas, são cognitivamente complexas. Elas se delineiam a partir do armazenamento de um fundo conversacional de um conhecimento cultural. Por essa razão, a interpretação da conversa à luz do princípio da cooperação é altamente específica à cultura. Por outro lado, as próprias máximas são provavelmente encontradas em todas as línguas. As máximas de Grice não substituem a cultura. Elas a pressupõem.

Considere a máxima griceana de modo. Os interlocutores supõem que todos pretendem ser claros na sua fala. "Ser claro" nessa acepção tem quatro subcomponentes. Primeiro: evite a obscuridade. As pessoas acreditam que o falante está fazendo um esforço para evitar ambiguidade, para ser tão breve quanto for possível, respeitando a máxima da qualidade e sendo organizado em seus comentários. Mais uma vez, essas não são regras de etiqueta para a fala. A afirmação de Grice é a de que suas máximas são pressupostas por todos quando falam. Portanto, se alguém utiliza uma expressão obscura, quando seu ouvinte esperava uma expressão clara, deve querer dizer algo não literal – essa máxima deve estar sendo violada com algum propósito. Então infere-se o significado do falante. Se ambos vêm da mesma cultura ou conhecem bem um ao outro, eles muito provavelmente vão fazer as inferências de maneira correta. Contudo, nem sempre. Frequentemente, há inferências erradas que levam à confusão ou ao desentendimento.

As pessoas também interpretam os outros de maneira generosa ou não generosa. Isto é, nós acreditamos que alguém quer dizer alguma coisa boa, quando a interpretamos de forma generosa. Esse é um viés favorável a essa pessoa ou aos possíveis significados da situação. Se alguém diz "essa é uma afirmação ambiciosa", e seu ouvinte o interpreta de maneira generosa, vai supor que o que se quer dizer é algo como "você realmente sabe das coisas. Você vai longe". Mas se alguém interpreta o mesmo comentário de uma forma não generosa, é possível que a interpretação seja a de que "você está querendo pegar mais do que é capaz de carregar, e sua declaração está equivocada". Esses modos de interpretação são usados, com frequência, na política. As pessoas tendem a interpretar o seu candidato de maneira generosa e o oponente, de maneira não generosa. O mesmo ocorre em todas as situações cotidianas – no casamento, nas relações entre irmãos, no trabalho etc. A maneira como as pessoas interpretam o que alguém está dizendo é baseada, em larga medida, no tipo de relação que elas têm. Uma anedota clássica ouvida entre os administradores da universidade é "se eu digo 'bom dia' para fulano, ele vai se perguntar o que eu estou querendo dizer com isso". Se um empregado não confia no seu supervisor ou tem medo dele, isso vai ditar o tom da sua interpretação sobre o que o supervisor diz, independentemente de quão inofensiva seja sua intenção. Se alguém acredita em uma pessoa, confia nela e valoriza sua amizade, se essa pessoa diz "eu vou te encontrar, não importa onde você esteja", o ouvinte vai, no mínimo, acreditar que o falante vai tentar encontrá-lo. Se alguém diz "se eleito presidente, vou acabar com a corrupção", é bem menos provável que alguém vá acreditar nisso. Isso se deve, em parte, porque, em geral, não conhecemos os candidatos pessoalmente, ou porque ninguém acredita em nada do que os políticos dizem. No mínimo, vão receber menos crédito do que uma "pessoa normal" receberia, independentemente do que estejam falando.

Da mesma forma, as experiências culturais de alguém (sem levar em conta o quão válidas sejam intelectualmente) podem afetar sua interpretação dos grupos tanto quanto dos indivíduos. Se alguém acredita que todas as pessoas ricas são corruptas, então, será menos provável acreditar em alguém abastado que diga que a habilidade de fazer muito dinheiro é a mesma para toda a comunidade, mesmo que somente uma pessoa enriqueça. Se alguém acredita que qualquer um que recebe auxílio do governo, assistência social de qualquer tipo, é preguiçoso ou irresponsável, então, se essa pessoa diz "eu preciso me deitar", pode-se estar mais inclinado a ver isso como preguiça do que como enfermidade ou como um cansaço legítimo por causa do trabalho duro, mesmo que não se saiba nada a respeito do que a pessoa está falando.

Tudo isso é crucialmente relevante para a evolução da linguagem. Mesmo se um *erectus* dissesse somente alguma coisa como "Comer. Beber. Homem. Mulher?", um outro *erectus* teria que saber que mulher ou que grupo de mulheres o falante tinha em mente, quando ele queria comer ou beber, se ele estava lhe dizendo para não se meter em seus planos, entre muitas outras informações pressupostas. A linguagem é subespecificada para o significado. Sem cultura, seja para os *sapiens*, seja para os *erectus*, não há comunicação. Quando propôs o princípio da cooperação, Grice revelou algo sobre a evolução da linguagem de que nem mesmo ele, muito provavelmente, estava ciente. Somente as criaturas que seguem o princípio podem ter linguagem. Não há necessidade de defender ou criticar a forma como nós interpretamos os outros por um princípio de generosidade. É apenas uma característica crucial da psicologia, em muitas culturas.

A relevância, para a evolução da linguagem, de tudo o que foi dito anteriormente, é que até mesmo os *Homo erectus*, os *Homo neanderthalensis*, os hominídeos de Denisova e os *Homo sapiens* teriam – na construção gradual das relações, dos papéis e das bases de conhecimento compartilhadas – interpretado o que as pessoas diziam desde a primeira sílaba proferida ou do primeiro gesto feito, baseados na sua visão sobre seu interlocutor e no seu entendimento do contexto. Eles teriam "preenchido as lacunas" da fala, assim como os *sapiens* o fazem. Isso tudo é uma parte da linguagem que os linguistas chamam de "pragmática" – as restrições culturais sobre como a língua é usada. E essas restrições guiam as nossas interpretações sobre os outros. Elas nos ajudam, assim como ajudaram as outras espécies *Homo*, a resolver a subdeterminação da fala.

Um outro exemplo da linguagem sendo apenas satisfatória, a depender do conhecimento cultural para seu uso, é encontrado nos "atos de fala", o uso da língua para executar tipos específicos de objetivos culturais. John Austin (de Oxford) e seu aluno John Searle (professor de Filosofia de Berkeley) introduziram a análise e a terminologia dos atos de fala no discurso sobre a linguagem humana. Sempre que alguém fala com outra pessoa, está comprometido com uma ação de um tipo particular. Na verdade, está, ao mesmo tempo, ocupado com muitos atos distintos. Austin falava sobre os atos locucionários (o que foi dito), atos ilocucionários (o que se quis dizer) e atos perlocucionários (o que aconteceu como resultado do que foi dito e do que se quis dizer). Cada um deles é importante para a compreensão da natureza e do uso da linguagem e, portanto, é importante para o entendimento das origens da linguagem. E cada um deles deve ter sido uma característica da linguagem desde o seu surgimento.

O ato locucionário é a própria fala. Se alguém pergunta "onde está o Pedro?", o próprio movimento da boca, a emissão do ar dos pulmões e a organização e seleção das palavras usadas são todos parte do ato locucionário. Mas alguém executando esse ato está, ao mesmo tempo, executando um ato ilocucionário. Um ato ilocucionário é o efeito que se pretende que seu enunciado tenha. Se alguém promete alguma coisa, quer que o ouvinte reconheça que sua promessa é uma promessa; que é o efeito que se pretende que suas palavras tenham. Os atos ilocucionários das palavras de uma pessoa podem realizar inclusive afirmações, comandos, perguntas e atos performativos. Estes ocorrem quando um juiz, legalmente autorizado para realizar casamentos, conclui uma cerimônia matrimonial legítima (não forjada, não hollywoodiana) com as palavras "eu vos declaro marido e mulher". Muitas culturas fazem isso, de tal forma que o enunciado dessas palavras no contexto correto com a autoridade correta (ao que os filósofos se referem como "condições de satisfação" do ato) legitime o casamento entre as duas pessoas. Isso é um ato performativo. Esses atos requerem maior suporte cultural do que outras declarações ou perguntas. Portanto, eles muito provavelmente teriam aparecido mais tarde no registro evolutivo.

Na medida em que as línguas evoluíram, elas passaram a possuir vários tipos de atos ilocucionários. Um desses tipos é chamado de "representativo" – atos que comprometem o falante com a verdade do conteúdo daquilo que ele está lendo ou dizendo, tal como uma testemunha fazendo um juramento no tribunal ou os formandos fazendo juntos o juramento na formatura. Outro tipo é referido como "diretivo" – atos para fazer com que o ouvinte faça alguma coisa. Os atos diretivos incluem exortações, ordem diretas, conselhos e pedidos. Adicionalmente, há os atos comissivos, que são atos de comprometimento do falante, incluindo promessas e outros juramentos oficiais. Os atos expressivos comunicam atitudes e emoções, tais como congratulações e pedidos de desculpa. Os atos performativos são aqueles que, por sua mera execução, trazem algo à tona, como um juiz dando uma sentença. A lista de atos de fala reconhecidos pelos pesquisadores varia a depender do autor. Mas o que é importante sobre eles, no que diz respeito à evolução da linguagem, é que mostram como o uso da língua está ancorado na cultura. Os *Homo erectus* possivelmente usaram atos representativos, diretivos, comissivos e perguntas.

Finalmente, há o ato perlocucionário – o que acontece ou o que alguém espera que aconteça na mente do ouvinte quando fala com ele. Ao final de uma tentativa para persuadir alguém, o efeito de aquela pessoa ser persuadida ou não é um ato perlocucionário. Assim, o tradutor de um livro poderia dizer que uma boa tradução deveria produzir o mesmo efeito perlocucionário nos seus leitores que aquele produzido pelo livro original. Em outras palavras, nós nos comunicamos por efeitos, atos perlocucionários. Se alguém fala ou traduz um empreendimento comunicativo ou, de uma outra forma, se compromete com ele, espera que seu ato locucionário seja a escolha correta para o ato ilocucionário produzir o efeito ou ato perlocucionário desejado.

Note que não há nenhuma maneira de se ter linguagem sem os atos locucionário, ilocucionário e perlocucionário. Se os *Homo erectus* falavam, então, eles executavam esses atos. Eles também poderiam até mesmo ter aprendido a ser polidos.

Um *neanderthalensis* poderia ter grunhido e exigido um pedaço de carne. E isso pode até ter sido o que a maioria deles fazia, porque eles não teriam formas de pedir tão desenvolvidas quanto as nossas, pelo menos não inicialmente. A polidez é interpretada como uma forma indireta e gentil de avisar as pessoas sobre o que se quer que elas façam. Ela também pode ser usada para relatar a condição sobre seu corpo (como "já faz um tempo que nós comemos" ou "onde é o banheiro?", ambos com um relato indireto sobre uma necessidade) e parece ser suficientemente sutil e moderada no sentido de que poderia ter surgido muito depois no desenvolvimento da linguagem. À medida que as pessoas começaram a aprender que o uso da força era normalmente ineficiente na interação com os outros do grupo, teriam começado a se valer do uso da persuasão para obter o que queriam. O surgimento da polidez, da astúcia e da antecipação para fazer com que o outro nos ajudasse – ou, pelo menos, não se sentisse forçado a ajudar – levou à evolução dos atos de fala indiretos. Eles podem assumir a forma de fala, de gesto ou de linguagem corporal, mas sua função é a mesma – fazer com que o outro faça algo sem dizer efetivamente que se quer que ele faça. Esse é um outro exemplo a respeito da verdade central no que diz respeito à linguagem, já afirmado anteriormente: nós não dizemos o que queremos dizer e, muitas vezes, não queremos dizer o que dizemos.

Por exemplo, um homem pode preferir que o termostato do ar-condicionado seja configurado para uma temperatura fria o suficiente para pendurar carne crua, mas sua esposa gosta da temperatura consideravelmente mais quente. Vamos supor que ela, sendo muitas vezes mais polida do que ele, possa perguntar "você não está com frio?", "em qual temperatura o ar-condicionado está configurado?" ou até mesmo dizer "eu estou com frio".

Supõe-se que o homem infira, obviamente a partir do simples fato de o assunto sobre a temperatura ter sido levantado, que alguém – sua esposa – não está satisfeito e que está pedindo para que ele faça alguma coisa a respeito. Pode haver linguagem corporal acompanhando esse pedido indireto para tornar ainda mais claro o propósito por trás das palavras. Ela pode se enrolar em um cobertor de forma ostensiva. Mas o princípio mais importante é esse que foi dito repetidas vezes: as pessoas nunca dizem tudo o que querem dizer. Os ouvintes devem usar o conhecimento tanto sobre a língua quanto sobre a cultura (sobre termostatos, nesse caso) para dar uma reposta. Se o homem pergunta para sua esposa "você quer que eu aumente a temperatura?", ela pode muito bem responder "não, eu estou bem". Mas seria uma pena para ele se não entendesse rapidamente que o que ela estava querendo dizer, na verdade, é "claro. Ou você quer que eu desenhe? Mexa-se!". Naturalmente, sua forma indireta de fazer com que seu pedido seja entendido é muito mais eficaz do que um comando direto.

Eu ouvi, por acaso, um filósofo e lógico bastante conhecido falar em uma grande universidade que, se alguém estiver realmente bravo com uma pessoa, poderia dar uma surra nela sem medo das consequências legais. Ele explicou depois – de uma forma, apenas em parte, humorística – que, se houver testemunhas, basta dizer exatamente o oposto do que está fazendo. Derrube seu oponente e diga "Ah! Você caiu. Me deixa te ajudar". Então, chute-o na cabeça enquanto diz "Nossa, eu tropecei". Aí dê uma cotovelada no nariz ao mesmo tempo que enuncia "Cuidado! Você vai cair de novo. Eu te peguei. Não se preocupe". O tribunal vai entender o que aconteceu, mas há uma chance de que, quando a testemunha for relatar o que viu, o advogado do réu lhe pergunte o que ela ouviu. E então, a acusação da promotoria pode cair por terra. Por quê? A resposta não é difícil. O sistema judiciário, muitas vezes, adota uma teoria inadequada de linguagem, uma teoria que ignora o que *não* está dito e foca somente no que efetivamente está sendo proferido. Contudo, muitas vezes, aquilo que não está dito é ainda fortemente comunicado e aquilo que está dito é apenas um chamariz para alguma outra coisa.

A lição, talvez com algum excesso, é a de que a língua envolve a pessoa e a cultura como um todo. Na verdade, é mais sério do que isso. Pode-se criar um cenário em que ninguém entende completamente o que as outras pessoas estão dizendo. Nós entendemos apenas o suficiente para nos virarmos. Ou como Herbert Simon disse: a linguagem é apenas satisfatória – ela "satisfaz" as nossas exigências, mas de forma alguma é um sistema de comunicação perfeito. Ainda assim, quando opera diretamente com a cultura, a linguagem é incrivelmente complexa e rica. E tal complexidade e profundidade poderiam somente resultar da evolução do corpo e do cérebro juntamente com a psicologia, com a linguagem e com a cultura, por centenas de milhares de anos.

No entanto, as implicaturas conversacionais não exaurem as contribuições do contexto para a interpretação dos enunciados, das informações implícitas e dos atos de fala. Mas elas permitem que a gramática especifique menos informação do que requerido, deixando que os falantes infiram o restante do significado a partir do contexto e da cultura de suas trocas comunicativas. A gramática e a cultura trabalham juntas nas línguas modernas, e essa cooperação foi quase certamente fundamental para o desenvolvimento desde as primeiras línguas humanas até as línguas modernas. A gramática auxilia as inferências e as interpretações dos falantes, mas ela não as determina.

À medida que linguistas, filósofos e psicólogos foram refletindo mais sobre o trabalho de Grice acerca do princípio da cooperação, descobriram formas adicionais em que a cooperação ajuda a estruturar a linguagem. Na metade da década de 1990, Dan Sperber – um cientista cognitivista do Centro Nacional de Pesquisa Científica na França – e Deirdre Wilson – professor de Linguística da University College, em Londres – produziram, em coautoria, a teoria da interação humana, conhecida como "teoria da relevância". A teoria da relevância explora as aplicações do princípio da cooperação para além da conversação. Ela, assim como o trabalho de Grice, concebe as formas linguísticas e as interações como sendo regidas por uma pragmática com base na cultura.

Todos os trabalhos sobre pragmática (que é, em parte, o estudo sobre como o contexto em que acontece a conversação determina quais interpretações são apropriadas), sociolinguística (como língua e sociedade afetam uma a outra) e outras disciplinas da pesquisa científica que olham para a língua em uso, rejeitam a então chamada "metáfora do conduto" da linguagem. Ela representa um avanço imenso na formalização da teoria da comunicação. E o nome muito respeitado, normalmente associado a essa formulação, é o do matemático

Claude Shannon. Essa metáfora é a ideia de que a comunicação é linear, de onde surge um pensamento na mente do falante. Em seguida, o falante seleciona uma forma gramatical para essa ideia. Então, transmite a ideia-na-forma para os ouvidos do falante (ou olhos, se estiver usando uma língua de sinais). O ouvinte retira a parte gramatical e fica apenas com o significado que o falante pretendia. Isso está representado na Figura 34.

Figura 34 – A metáfora do conduto de Shannon para a comunicação

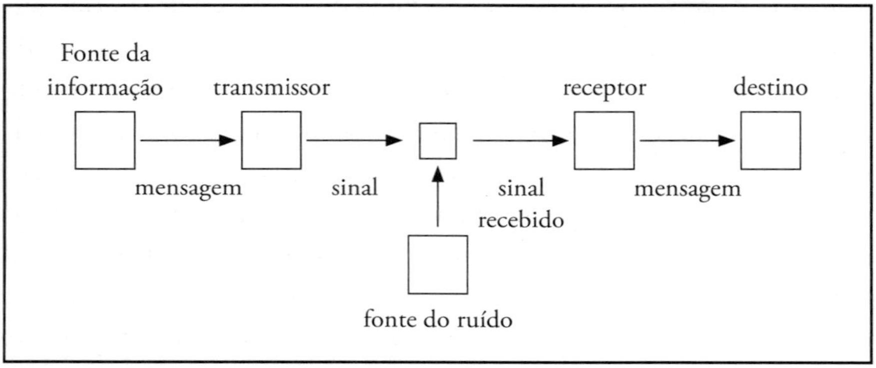

No final dos anos 1940 e no início dos anos 1950, quando Shannon escrevia seu trabalho mais pioneiro, não havia quase nenhuma pesquisa sobre a formalização da teoria (embora certamente trabalhos como o de Alan Turing sobre o código da máquina Enigma da Alemanha nazista tenham sido importantes para o desenvolvimento do pensamento na área). Como um pesquisador nos Laboratórios Bell, era função de Shannon trabalhar na compreensão da comunicação que seria traduzida em modelos matemáticos, com o intuito de ajudar os laboratórios Bell a produzirem telefones cada vez mais eficientes.

Como a Figura 34 mostra, a conceitualização de Shannon do problema da comunicação não deixa espaço para influências externas sobre o processo de comunicação, tais como a cultura, o contexto, os gestos ou a entonação. É quase como se tudo o que fosse necessário para se comunicar pudesse se resumir a dois cérebros, dois tratos vocais e dois sistemas auditivos. Shannon, que conhecia Alan Turing e outros fundadores da teoria computacional, desenvolveu seu sistema em 1948. Desde então, esse sistema tem sido considerado pela maioria como fundacional para outros trabalhos nas áreas de ciência cognitiva, Engenharia Elétrica, Linguística, Psicologia, Matemática e outros campos.

Mas Sperber e Wilson, seguindo os trabalhos de Grice, Searle, Austin e muitos outros, dizem, na verdade, que "a metáfora do conduto já teve o seu momento, mas ela realmente não captura o que acontece na comunicação humana. O conduto é apenas um conjunto de pontos dentro de um conjunto muito maior de eventos e processos que subjazem à comunicação". Na visão da teoria da relevância, sempre que alguém conta uma história, tem uma conversa ou profere uma sentença, faz isso dentro de um contexto. Não somente isso, o conjunto de interlocutores pressupõe que cada membro de um evento de comunicação particular – contação de história, fala, conversa – conhece o contexto e sabe a relevância dele para o que está sendo dito e, portanto, é capaz de compreender e responder de maneira apropriada, de uma maneira relevante. Não se diz alguma coisa a menos que isso seja relevante. Não se implica ou interpreta algo a menos que isso seja relevante para o contexto em que a discussão está ocorrendo. Assim, se alguém diz algo a outra pessoa, o ouvinte vai supor que aquilo é relevante e, portanto, fará um esforço para compreender o que foi dito ou escrito.

Para dar um exemplo concreto, qual a importância de uma discussão sobre a teoria da relevância ou sobre o princípio cooperativo de Grice em um livro sobre evolução da linguagem? O leitor faz um esforço para processar as sentenças que está lendo, mas faz isso supondo que essas sentenças vão estar conectadas, de alguma forma, ao tópico geral da discussão – a evolução da linguagem. E, de fato, estão. Mas antes de nos voltarmos para a relevância evolutiva dessas ideias, mais um item sobre o tópico "a linguagem emerge do contexto" deve ser discutido – a conversação. O ápice da nossa evolução enquanto espécie.

A conversação parece suficientemente inofensiva. Eu digo alguma coisa. Você diz alguma coisa. Nós pensamos sobre o que o outro disse, ou não. Então, nós terminamos e nos despedimos. Algo assim. A visão simplista da conversação não está completamente errada. Está apenas fundamentalmente incompleta. Portanto, para compreender como a linguagem evoluiu para ser "apenas satisfatória", nós precisamos olhar para a conversação. A seguir, há um trecho de uma conversa de um casal que eu acompanho com regularidade.

> ESPOSA: A que horas nós vamos buscar o Miguel na quinta-feira?
>
> MARIDO: Eu já disse para você.
>
> ESPOSA: Sim, mas isso foi quando você estava planejando pegá-lo depois do trabalho. Agora nós vamos sair direto para pegá-lo.
>
> MARIDO: O horário não altera o resultado.
>
> ESPOSA: Mas me diz o horário em que nós vamos precisar sair para que eu possa ligar para a babá dos cachorros.
>
> MARIDO: A hora que você quiser desde que cheguemos à casa dele entre 10h e 12h.
>
> ESPOSA: Por que você não me diz só o horário? Por que fica fazendo esses joguinhos?
>
> MARIDO: Eu dei para você uma série de horários e, com base nisso, não deveria ser um problema inferir o horário.
>
> ESPOSA: Eu nem me importo se a gente for.
>
> MARIDO: Ótimo.

A interpretação desse trecho depende do significado literal das palavras, mas também das personalidades envolvidas, das noções culturais de horário, das complicações do processo de dirigir para buscar a pessoa em questão e do fato de que as duas pessoas estão cansadas. Uma quer as coisas afirmadas de forma clara e precisa. A outra gosta menos de se comprometer com horários (em algumas situações – em outras, os papéis muito provavelmente se invertem em relação ao horário e à precisão). Além disso, quando a esposa diz "eu nem me importo se a gente for", não houve a pretensão de ser literal. Os dois interlocutores estão dispostos a passar um tempo na praia com o amigo em questão. Essa fala é enunciada para marcar uma posição, qual seja, "se você não consegue simplesmente responder minha pergunta sobre o horário específico, então, os meus sentimentos não são importantes para você". A resposta final, petulante, "ótimo", também é não literal nesse caso. Ela apenas diz "se você vai criar caso por causa disso, eu não vou responder para você como o esperado". Deixando de lado seu caráter lúdico, tais trocas comunicativas mostram como a interpretação, os enunciados e a troca como um todo podem ser compreendidos somente através de um conhecimento externo extensivo da cultura, das circunstâncias locais, da relação entre os interlocutores e das personalidades individuais. A metáfora do conduto de Shannon é de muito pouca ajuda nessa situação.

A linguagem, a psicologia e a cultura – mais uma vez – coevoluíram para produzir a conexão contextual entre o mundo, as personalidades, os entendimentos culturais, os eventos atuais etc. que tornam possível a compreensão plena da linguagem. Além disso, nós vemos uma grande quantidade de variação em como isso é feito por entre as diferentes línguas. Considere algumas trocas comunicativas e, então, o discurso sobre como fabricar flechas em pirahã.

Cumprimentos em pirahã:

> Ti soxóá
> 'Eu já'
> Xigíai. Soxóá
> 'Ok. Já'

Ou essa troca comunicativa:

> Ti gí poogáíhiai baagábogi
> 'Eu te dou uma banana'
> Xigíai
> 'Ok'

Ou outra troca, esta para comunicar que você está saindo, em que os falantes de português brasileiro poderiam dizer algo como "estou saindo, tchau".

Ti soxóá
'Eu já'
Gíxai soxóá
'Você já'
Soxóá
'Já'

O pirahã não tem palavras para "obrigado", "adeus", "olá" etc., ao que os linguistas se referem como linguagem "fática". Os pirahãs fazem com que o contexto determine a maior parte do significado para coisas óbvias como saídas e chegadas. Eles não veem necessidade de dizer "obrigado", em parte porque cada presente carrega uma expectativa de retribuição. Se eu lhe der uma banana hoje, você deveria me dar alguma coisa, como um pedaço de peixe, quando você puder. Isso não é afirmado. Está culturalmente pressuposto. Então, "dar" é uma forma de troca de um modo geral. Se a pretensão for a de um presente, no sentido português para esse termo – isto é, sem expectativa de retribuição –, eu diria:

Ti	**gí**	**hoagá**	**poogáí**	**baagáboí.**
Eu	você	contraexpectativa	banana	dou (tradução literal)

'Eu (contrariamente às suas expectativas) te dou uma banana'.

A adição da palavra "*hoagá*" ('contraexpectativa') transmite o significado da sentença inteira, na verdade, "contrariamente ao que nós normalmente fazemos, eu estou apenas lhe dando isso". Isso pode soar como uma enrolação. Mas resulta dos pressupostos dos pirahãs, que são bastante diferentes daqueles encontrados na maioria das culturas ocidentais. De qualquer forma, não havia necessidade, no curso do desenvolvimento histórico da língua pirahã, de desenvolver um vocabulário para esses propósitos de trocas, de somente dar, sem expectativa de retribuição.

Quando os *Homo erectus* começaram a se comunicar oralmente, teria sido ainda menos necessário desenvolver uma língua que expressasse tudo. Afinal de contas, a linguagem teria surgido a partir de uma sociedade que estava aumentando em complexidade e em comunicação, com linguagem corporal, talvez com interjeições vocais, sinais manuais, talvez com alguns desenhos representativos do espaço – com gravetos na terra à medida que planejavam suas caçadas. Mas vamos supor que uma comunidade de *erectus* local tivesse se assentado sobre os rudimentos de alguns símbolos. Não se pode esperar que os inventores de um único símbolo tenham tentado empacotar todo o significado do mundo naquele símbolo. Na verdade, não se poderia esperar que isso acontecesse mesmo para um conjunto de símbolos, independentemente de quantos símbolos houvesse nesse conjunto. Há informação demais no contexto de fundo e informação demais nas memórias que usamos para interpretar – mas que, na verdade, não são ditas (e que frequentemente nem sabemos o que sabemos ou não sabemos que estamos usando) –, para que meros símbolos possam dizer tudo, mesmo que estejam enriquecidos por gestos, entonação e linguagem corporal. Então, é claro que, na medida em que a linguagem evoluiu, os atos de fala, os atos de fala indiretos, as conversas e as histórias dependiam muito da cooperação, da informação (não dita) implícita, da cultura e do contexto. A linguagem sempre funcionou assim – e somente assim.

PARTE QUATRO

EVOLUÇÃO CULTURAL DA LINGUAGEM

Comunidades e comunicação

Em qualquer situação em que duas pessoas estão falando, elas criam uma estrutura cultural. Nossa tarefa, enquanto antropólogos, será a de determinar quais são os conteúdos em potencial da cultura que resulta das relações interpessoais nessas situações.

Edward Sapir

Na expansão colonialista e nas explorações das nações europeias, comunidades muito diferentes das da Europa foram descobertas. Essas comunidades recém-descobertas chocaram os europeus etnocêntricos. Sua aparência radicalmente diferente e suas formas de vida levantaram a dúvida sobre se todas as criaturas que pareciam humanas eram, de fato, plenamente humanas. Elas têm almas? Muitos europeus achavam que não. Mas eles acreditavam na inferioridade dessas pessoas que eles tinham recém-"descoberto", o que justificava a exploração, o colonialismo e a escravização delas. Todas elas tinham a mesma origem que nós, Deus? Há variedades de humanos superiores a outras? Os estudos comparativos, linguísticos e antropológicos, surgiram a partir dessas questões que eram fundamentais para o entendimento da evolução da linguagem do ponto de vista cultural e biológico. E esses tópicos continuam sendo questionados por alguns.

Um exemplo proeminente do pensamento europeu sobre diferenças linguísticas e culturais foi Sir William Jones, que serviu a Índia Britânica como consultor jurídico no final do século XVIII. Entretanto, Jones era mais do que um advogado. Por um lado, era homem de uma política radical, dando suporte considerável aos esforços de seu amigo – e único coautor – Benjamin Franklin para a independência dos Estados Unidos. Jones também estudou os sistemas sociais da Índia. Por outro lado, e mais significativamente para a história intelectual, Jones foi um prodígio linguístico, falando 30 línguas fluentemente e outras 28 razoavelmente bem, como conta a história. Contudo, ele colocou seu brilhantismo linguístico em prática não somente por falar línguas diferentes, mas também por querer entender essas línguas de maneira científica. Mais significativamente para a nossa história, Jones também buscava evidências para as conexões históricas entre as línguas.

Durante a pesquisa de dados de Jones, a partir de várias fontes, ele vivenciou uma das epifanias mais importantes da história. Ele tinha redescoberto um fato observado pela primeira vez havia mais de 100 anos pelo alemão Andreas Jaeger, em 1686, e depois, em 1767, pelo jesuíta francês, missionário na Índia, Gaston-Laurent Coeurdoux. Embora os trabalhos de Jaeger e Coeurdoux tenham sido amplamente ignorados, a observação do mesmo fato, feita independentemente por Jones, reverberou por séculos como uma das descobertas mais importantes no estudo da comunicação humana. Sua descoberta foi a de que o sânscrito, o grego, o latim, o gótico (relacionado às línguas germânicas) e o celta apontavam todos para uma origem ancestral comum. Eram línguas irmãs. Sua língua mãe – também mãe de muitas outras línguas irmãs que aguardavam sua vez para serem descobertas ou, de alguma outra forma, entrarem na árvore genealógica – passou a ser conhecida como "protoindo-europeu". Com Jones, Jaeger e Coeurdoux, o estudo das origens da linguagem começou a ser levado a sério.

Então, quase 100 anos depois, próximo a Weimar, na Alemanha, outra importante ferramenta foi desenvolvida para pesquisa das origens da linguagem. Em 1850, o filólogo alemão August Schleicher, aos 29 anos, publicou um livro em que afirmava que todas as línguas humanas deveriam ser estudadas como organismos, pareando-as aos organismos biológicos, relacionando-as uma à outra por gênero, espécie e por variedade – os mesmos tipos de relações que agora sabemos existir entre a flora e a fauna. Schleicher defendeu a posição de que a melhor maneira de representar as relações evolutivas entre as línguas era por "diagramas arbóreos". Com essa proposta, ele não somente deu uma enorme contribuição para a história e a evolução das línguas, mas também introduziu o conceito de "descendência natural" – nove anos antes de Darwin publicar o seu livro *A origem das espécies*.

Os trabalhos de Schleicher e Jones serviram de inspiração para outros pensarem de maneira mais profunda sobre as relações entre as línguas. Tornou-se evidente que, ao usar o método da construção de árvores linguísticas que começou a ser desenvolvido na Índia, na Alemanha, na França, na Inglaterra e em outros lugares, nós poderíamos olhar de volta no tempo para onde e quando as línguas específicas se originaram. Descobriu-se no fim que o indo-europeu era a mãe da maioria das línguas europeias. E, então, descobriu-se que ele era a mãe de línguas não europeias, como o farsi, o hindu e muitas outras. Assim, naturalmente surgiu a questão de se nós poderíamos descobrir a mãe do próprio indo-europeu. Nós sabemos agora que o indo-europeu começou a se subdividir nas línguas europeias modernas aproximadamente 6 mil anos atrás. Podemos ir mais longe? 10 mil anos? 100 mil anos? Nós poderíamos, na verdade, usar os métodos da Linguística Histórica e Comparativa para reconstruir a primeira língua já falada?

A maioria dos linguistas contemporâneos responde a essa pergunta com um convicto "não", já que os métodos do trabalho de Jones parecem funcionar até no máximo cerca de 6 mil anos atrás. Para ir mais longe, nós precisaremos de métodos de outras áreas, tais como a Paleontologia, a Arqueologia e a Biologia – e nós precisaremos de algo que provavelmente nunca vamos ter: amostras preservadas das línguas.

Mas a questão permanece. Se fôssemos capazes de viajar no tempo, para além de 6 mil anos atrás, onde nós pararíamos? A busca de Jones, Schleicher e outros nos levaria de volta para a única língua na raiz da enorme árvore das línguas humanas? Algumas pessoas acham que sim. O já falecido professor Joseph Greenberg, de Stanford, afirmava que nós poderíamos rastrear todas as línguas humanas de volta a uma única fonte, que ele e seus seguidores rotularam de "proto*ssapiens*". Mas outros estudiosos dizem que não. Eles mantêm a posição de que existem muitas árvores, todas levando a diferentes comunidades pré-históricas de hominídeos. Greenberg e seus seguidores acreditavam na monogenia, a hipótese de que há um único começo – uma única língua mãe – para todas as línguas humanas. Outros advogam em favor da poligenia, ou seja, a ideia de que existem muitos inícios evolutivos para as línguas humanas modernas. Essas pessoas defendem que os ancestrais das línguas modernas saíram da África falando línguas diferentes. Diferentes comunidades de falantes desenvolveram línguas distintas que, por sua vez, são a fonte de todas as línguas modernas. Escolher a melhor hipótese, monogenia *versus* poligenia, é apenas um dentre uma infinidade de problemas que nós enfrentamos ao tentar reconstruir a evolução das línguas humanas.

Nós sabemos que outros métodos, outras ciências para além da Linguística, podem nos levar ainda mais longe no tempo. Mas eles podem nos transportar até o início da linguagem humana? Nós conseguimos saber alguma coisa sobre quem contou a primeira história? Ou sobre quem disse, pela primeira vez, "eu te amo"? O romance e a ciência andam juntos nessa história pela busca das origens da linguagem humana. É uma história repleta de controvérsia científica e marcada por um progresso frustrantemente lento em direção ao objetivo último de saber como os humanos (mas não outras espécies) se deslocaram de uma mera comunicação para a linguagem. Embora a Linguística Histórica acredite que a metodologia de seu campo seja incapaz de revelar muita coisa se formos além de 6 mil anos, sua maior descoberta – a de que as línguas mudam com o passar do tempo devido a uma combinação de fatores linguísticos e culturais – é essencial para a compreensão da evolução da linguagem.

A Linguística Histórica (ou "Diacrônica"), o campo que praticamente se lançou com o trabalho de Jones, é dedicado à compreensão de como as línguas mudam com o passar do tempo. Por exemplo, o inglês e o alemão foram, uma vez, a mesma língua (o "protogermânico"), assim como o espanhol, o romeno, o português e o francês (o latim). E nós sabemos que o latim e o protogermânico foram, eles próprios, uma língua, há cerca de 6 mil anos – o indo-europeu. A ciência que estuda de que forma as línguas tomaram rumos diferentes é um dos ramos mais antigos do estudo da linguagem e é relevante para a área de evolução da linguagem. Afinal de contas, se os *Homo erectus* sofreram uma evolução para se tornarem os *Homo sapiens*, talvez a língua dos *Homo erectus* tenha se modificado para as línguas atualmente faladas pelos *Homo sapiens*. Todavia, qualquer mudança na língua dos *erectus* estaria fora do alcance da ciência da Linguística Histórica. Isso porque os *erectus* viveram muito antes do que o período de 6 mil anos atrás. Até mesmo uma das principais ferramentas usadas pela Linguística Histórica para a datação de quando uma língua, muito provavelmente, se separou para se tornar outra, a glotocronologia (chamada por alguns de "léxico-estatística") não é de nenhuma ajuda nesse caso. A glotocronologia, inventada pelo linguista Morris Swadesh, supunha que havia alguns itens vocabulares (tais como partes do corpo; palavras para "sol", "lua" e outros) que eram possivelmente menos suscetíveis a empréstimos. Portanto, ele elaborou uma lista de 200 palavras, ou "itens lexicais", que ele considerava representarem as palavras com menos possibilidade de mudança. Foi proposta e desenvolvida uma fórmula matemática, com base na taxa de mudança das palavras de sua lista, para prever a proporção em que essas palavras mais resistentes à mudança poderiam, de fato, mudar com o passar do tempo. A fórmula foi testada e julgada como tendo 87% de acerto nos casos conhecidos, tais como as línguas indo-europeias. Embora muitos linguistas ainda sejam altamente céticos em relação a esse método, ele parece, de fato, ser útil. Mas não é uma tarefa capaz de nos levar para além da barreira de 6 mil anos atrás. Então, não é uma ferramenta para a evolução da linguagem.

Entretanto, o que esse método e todo o campo da Linguística Histórica realmente mostram é que as línguas continuam mudando. Na verdade, os linguistas reconhecem que a mudança nas línguas modernas é, em larga medida, o resultado de uma forma de seleção natural linguística que teria, com certeza, operado nas primeiras línguas já faladas. Todas as línguas mudam o tempo inteiro. Elas mudam por causa da separação geográfica (pense na "deriva genética") ou a partir de preferências divergentes em relação à idade, à situação econômica, à raça e a muitos outros fatores. E essas forças, de uma forma ou de outra, fizeram com que as línguas dos *Homo erectus* mudassem à medida que novas comunidades foram sendo formadas. Muito da Linguística Histórica se reduz à ideia de que "falamos como aqueles com quem falamos". Uma vez que paramos de falar com um grupo de pessoas, acabamos parando de falar como eles. Ou, pelo menos, seu grupo vai acabar fazendo isso. É por isso que cada vez que chegamos a um rio importante ou a uma cadeia de montanhas na Europa, possivelmente vamos encontrar línguas distintas (que já foram uma única) em cada um dos lados. No caso do inglês e do alemão, por exemplo, sabemos que o inglês nasceu a partir do alemão depois que os saxões cruzaram o Canal da Mancha.

Em virtude de a língua ser um artefato cultural, devemos entender o que é a cultura com o intuito de entender a linguagem. Então, o que é a cultura? A cultura é como um time de futebol? Ou talvez como uma orquestra? Ou a cultura é simplesmente a sobreposição de valores, papéis e conhecimento dos indivíduos que vivem juntos e falam uns com os outros? O maior problema é o de como as culturas se interligam. Em outras palavras, em que sentido de, por exemplo, "ordem e progresso" os brasileiros podem descrever a cultura brasileira? Uma vez que afirmei que a cultura é uma abstração, ela somente pode ser encontrada no indivíduo. Ela é o resultado de algo completo e indivisível. A partir de seus vários membros individuais, surge uma cultura, que é maior do que a soma de suas partes. Compreender a cultura tem profundas implicações no entendimento da evolução da linguagem.

Eu desenvolvi, no meu próprio trabalho, uma teoria de cultura em que o indivíduo é o portador da cultura e o repositório do conhecimento, ao invés de a sociedade como um todo. Pretendo olhar para os efeitos da cultura sobre a natureza das sociedades nacionais, locais e dos indivíduos bem como de suas línguas, por meio de exemplos, como o papel do professor na sala de aula, da organização das empresas e das sociedades. As três ideias do meu trabalho que são mais importantes para a evolução da linguagem são valores, conhecimento e papéis sociais.

Como uma ilustração adicional da importância da cultura na linguagem, considere a seguinte interação entre dois linguistas.

> A: "Ideias verdes incolores dormem furiosamente".
>
> B: "Com certeza, sim".

A grande população de falantes de português pode nem ter ideia do que o enunciado de A significa. Mas se A e B são membros da cultura de linguistas, então, eles sabem que essa é uma sentença famosa, um exemplo dos primeiros escritos de Chomsky, que tem o objetivo de mostrar que uma sentença pode ser gramatical e, ainda assim, não ter significado. Para esses dois linguistas, a sentença de A é uma piada interna, e a resposta de B é uma réplica bem-humorada. A função dessa troca comunicativa deve ser, em larga medida, fática, simplesmente para dizer "ei, nós dois somos linguistas". Contudo, o que muitas vezes é ignorado é que a resposta de B mostra que "ideias verdes incolores dormem furiosamente" não é, de fato, algo sem significado. Ela nos diz que, independentemente do que sejam ideias verdes incolores, elas, com certeza, dormem furiosamente. Em outras palavras, por causa do princípio da cooperação, todas as pessoas vão acreditar que um enunciado tem significado e vão se empenhar para dar um significado a ele, independentemente das palavras que o compõem.

Agora considere o seguinte. As pessoas C e D estão assistindo ao Fluminense jogar contra o Flamengo. O Flamengo está na liderança. C e D dizem um para o outro "isso!" e "bate aqui". Nessa ação conjunta, eles mostram conhecimento de que há um jogo de futebol, conhecimento de como se marcam pontos nesse jogo, uma hierarquização de valores compartilhados sobre a liderança do Flamengo em relação ao Fluminense, conhecimento de como fazer o gesto de "bate aqui" e para que ele serve, conhecimento de que os dois estão torcendo pelo mesmo time e fortalecimento de tudo o que foi descrito anteriormente.

A partir de tais atividades culturais, vem o conhecimento, o pertencimento a uma comunidade e a comunicação compartilhada. Elas exemplificam o papel de viver em uma cultura e de falar uma língua na construção das nossas identidades e sociedades. A partir dessas ações, o indivíduo junta suas próprias experiências com uma capacidade de compreender as ações e a fala de seus companheiros, membros da cultura. Para dar um exemplo de como grande parte da cultura é implícita, vale a pena rever uma das muitas tentativas falhas de acordo entre os povos indígenas norte-americanos e seus conquistadores imigrantes europeus.

Um incidente histórico, o famoso Tratado de Medicine Lodge – assinado em 1867 pelos povos arapaho, kiowa, comanche e pelo governo dos Estados Unidos, no Riacho de Medicine Lodge em Kansas – foi simplesmente uma das muitas comunicações falhas entre os europeus e as comunidades indígenas com base nos mal-entendidos causados pela informação cultural tácita que é necessária para interpretar o que a língua deixa implícito. Um sério desentendimento, que potencialmente provocaria uma guerra, se formou a partir de duas interpretações culturais distintas desse tratado enganosamente simples. Os indígenas esperavam uma coisa. O governo esperava outra. E ambos estavam certos de acordo com suas respectivas línguas. Essa é uma fonte comum de mal-entendido entre os indivíduos, através das culturas e internacionalmente. Isso ocorre ao se ignorar o papel da cultura para preencher as lacunas que a língua está deixando e que subjazem à interpretação da própria língua. Vejamos o exemplo da Medicine Lodge com mais detalhes.

Por mais de um século, os antropólogos discutiram a definição de cultura. Os membros de uma família, comunidade, sociedade ou nação claramente compartilham algum conhecimento, alguns valores e algumas relações. Eles podem falar de forma semelhante. Vestir-se de forma semelhante. Eles podem sentir nojo de coisas similares. Eles podem todos beber café direto do pires.

Então, a pergunta surge naturalmente, "o que é cultura?". Cultura é o conhecimento tácito e a prática visível de papéis sociais, valores e formas de ser compartilhadas por uma comunidade. Cada um de nós tem muitos papéis diferentes. Eu sou pai, professor, administrador, marido, comprador, paciente e pesquisador. Cada um desses papéis é reconhecido pela maioria dos membros da minha comunidade. Na medida em que são reconhecidos, minha comunidade compartilha comigo esses componentes da cultura. A cultura nos distingue e nos modela, mesmo quando nossos papéis possam parecer universais, tais como "pai", e então podem parecer independentes da cultura, à primeira vista. Mas, embora haja pais italianos e brasileiros, o conceito de "pai" não é idêntico em toda cultura. Parece mais possível que, entre quaisquer duas culturas, os pais vão apresentar papéis que se sobrepõem, mas que nunca são idênticos. Mesmos os pais que supostamente pertencem à mesma cultura variam na natureza de seus papéis em diferentes momentos.

Algumas sociedades podem acreditar que os pais devem sustentar suas famílias. Em tais sociedades, pode-se supor que eles têm a responsabilidade de prover alimentos, roupas e abrigo para seus filhos. E – nas sociedades ocidentais, pelo menos – tanto a sociedade quanto os próprios pais acreditam que é bom ajudar seus filhos a fazerem o dever de casa, erguerem coisas pesadas e desempenharem tarefas, em geral, muito difíceis para as crianças fazerem sozinhas. Os pais das outras gerações podem compartilhar exatamente as mesmas crenças e valores. Mas esses valores não são idênticos entre as diferentes culturas. Não é comum que um pai pirahã segure um filho que se machucou para oferecer-lhe conforto. Ele vai esperar que a criança se esforce e não reclame das longas caminhadas pela selva, e não vai oferecer ajuda em muitos casos em que um pai brasileiro ou norte-americano ofereceria. E esses valores individuais surgem em parte dos valores dos outros membros de sua sociedade.

E, claro, entre as diferentes gerações, os pais podem diferir profundamente. Os valores compartilhados por muitos da geração do meu pai incluíam punição corporal, a expectativa de que as mulheres fizessem muito do serviço da casa (ou todo ele), a crença de que seus desejos e ordens deveriam ser cumpridos sem questionamentos e a certeza de que seus filhos não mereciam o respeito em relação a questões familiares e nem tinham voz sobre eles. Esses pais podem regularmente estar do mesmo lado que os professores contra seus próprios filhos, durante alguma discussão. Eles consideravam os filhos e todos os seus recursos meras extensões de si mesmos e de suas posses. Por outro lado, os pais da geração dos meus filhos normalmente evitam punição corporal, veem sua família como uma unidade de iguais, sabem que não devem acreditar que seus desejos sejam os únicos – nem mesmo os principais – a serem ouvidos, muitas vezes ajudam a limpar a casa, sempre tomam o partido dos filhos em uma discussão na escola etc. Ser pai na década de 1950 era consideravelmente diferente de ser pai no século XXI. Isso porque o papel cultural de "pai" é definido pela frequente mudança dos valores culturais.

Se meu breve resumo da evolução sobre ser pai nos últimos anos estiver no caminho certo, então, o fato de que as mudanças afetam gerações inteiras da mesma forma indica o compartilhamento de valores – de cultura. Isso é parte daquilo que significa ter cultura, para um grupo. Todos os papéis mostram mudanças similares – diacrônicas, geográficas, econômicas e outras – com o passar do tempo, a depender do espaço e das populações. Se nós nos deslocarmos de papéis para crenças ou de crenças para conceitos compartilhados, para fenótipos compartilhados (um fenótipo é a aparência e o comportamento visíveis de um indivíduo), alimentos compartilhados e música compartilhada, vamos encontrar muitos exemplos de conhecimento compartilhado produzindo culturas diferentes.

Em parte, esses itens mentais compartilhados surgem porque, ao longo do curso de uma vida, cada um acumula experiências, lições e relações. Tudo isso é, em um certo sentido, assimilado por nossos corpos e por nossas mentes. As pessoas que crescem na mesma comunidade têm experiências similares – clima, televisão, alimentos, leis e valores (tais como ser gordo é ruim, honestidade é a coisa certa, trabalho duro é recompensador). As memórias episódicas e musculares mantêm nossas várias experiências como experiências culturais, e elas próprias incorporadas em nós. Provavelmente o nosso "eu" – ou, pelo menos, a nossa "sensação do eu" – não é nada mais do que um acúmulo de memórias e apreciações.

Como se reconhece o outro como parte da mesma cultura? Índices são legíveis por membros de qualquer cultura; na verdade, são legíveis por membros da maioria das espécies. Eles são pistas do ambiente, necessárias para a sobrevivência de muitas formas de vida. Assim, sabemos que a capacidade de conectar uma representação a uma forma é uma habilidade antiga do gênero *Homo*. Os humanos nunca existiriam sem ela. Por outro lado, os ícones requerem mais. Para produzir um ícone ou simplesmente coletar um, deve-se entender que o ícone lembra fisicamente o que ele representa. Compreender índices, ícones e símbolos é um ato intencional, direta ou indiretamente (isso porque a compreensão requer, pelo menos, o reconhecimento tácito das conexões entre o signo e a coisa a que ele se refere). Entretanto, um índice é, ele próprio, não intencional. Não se planeja que uma pegada esteja relacionada a um homem. Ela simplesmente está.

A capacidade de interpretar as informações culturais vem lentamente. Todos nascem fora de uma cultura e de uma língua. Nós todos somos parcialmente alienígenas quando saímos do útero da nossa mãe ("parcialmente", porque o aprendizado da nova cultura e da nova língua começa no útero). Quando nascemos, somos separados do olhar que nossa mãe tem de sua cultura. Os nossos sentidos nos fornecem informações. Mas leva tempo para interpretar o que estamos vendo, sentindo, degustando, tocando e ouvindo.

Exemplos de mal-entendidos causados pela cultura são numerosos na história dos nativos americanos e na doutrina do "destino manifesto" no século XIX.[1] A comunicação entre eles falhou muitas vezes devido a uma apreciação inadequada, um da cultura do outro, assim como ocorre, com frequência, com a comunicação entre os governantes no século XXI. Um exemplo a que se fez alusão anteriormente foi o do Tratado de Medicine Lodge de 1867.

Esse tratado foi ineficiente desde o começo. Pelo menos uma única vez, um tratado oficial com os indígenas foi invalidado não por causa da desonestidade por parte do governo, mas porque aqueles que assinaram não deram conta de entender que a língua, quer falada quer escrita, é meramente a porção visível de um universo invisível de compreensão que deriva dos valores, do conhecimento e das experiências – as culturas – das comunidades individuais. Embora todos possam ler as mesmas palavras em um tratado, nossas interpretações, assim como em toda a comunicação, são reféns dos pressupostos baseados em nosso histórico de crenças e no conhecimento de que o significado literal das palavras dificilmente deixa a mensagem clara.

Nesse caso, o tratado foi solicitado para que o governo fornecesse alimentos para os indígenas, de modo que eles pudessem alimentar suas famílias durante os meses de inverno. A agência indígena foi responsável por providenciar os alimentos. O Congresso foi responsável por confirmar que o tratado estava assinado. Cada um, por sua vez, dependia das instituições culturais do outro, todas com seus próprios prazos e prioridades. Os indígenas nem pensaram na ratificação do tratado, mas deveriam ter pensando, porque, quando chegaram para coletar os mantimentos, a despensa estava vazia. O governo não havia providenciado nada porque o tratado ainda não tinha sido aprovado. Independentemente do motivo, os indígenas se sentiram traídos.

Por outro lado, o governo pensou que os indígenas, ao concordar em viver nas reservas, se considerariam então obrigados a ficar naquele lugar perpetuamente e com base na "lei". As obrigações perpétuas para qualquer um que não seus próprios familiares eram estranhas aos valores indígenas e à compreensão da forma como o mundo funcionava. Eles nunca teriam legitimamente assumido o compromisso que se esperava deles. Não fazia sentido. O governo não dava a mínima para as interpretações indígenas enraizadas em suas diferentes culturas. Mas ele deveria ter se importado com isso. O chefe comanche, Quanah Parker, presente nessa reunião fadada ao fracasso, pelo menos, aprendeu com a experiência. Em suas negociações futuras com os homens brancos, ele aprendeu a respeitar a importância da matéria escura do implícito. Posteriormente, ele questionava cada pressuposto potencial que achava que os homens brancos pudessem fazer antes de assinar tratados futuros (embora ninguém fora da cultura consiga fazer todas as perguntas certas).

Os tratados, muitas vezes, se desfazem por causa de mal-entendidos culturais. Mas há muitos exemplos diários de colapsos linguísticos culturalmente induzidos. Se você diz para alguém "nós deveríamos almoçar uma hora dessas", o que você quer dizer? Na nossa comunidade, isso poderia literalmente significar que nós deveríamos planejar um encontro para almoçar em um restaurante. Ou, ao invés disso, poderia significar "eu tenho que ir agora. Não tenho tempo para essa conversa". As interpretações dos interlocutores serão baseadas na sua relação, no conhecimento de um da cultura do outro e das expectativas pessoais e no monitoramento da aparência das pessoas que estão ao redor, assim como das expressões e dos gestos de cada um. O significado daquilo que é dito nunca está baseado simplesmente – nem mesmo principalmente – nas palavras faladas em uma conversa.

O ponto é que a linguagem humana não é um código de computador. Os humanos não ganharam primeiro a gramática e depois depreenderam seu significado em uma cultura particular. A cultura, a gramática e o significado estão implicados entre si na linguagem humana. As línguas e a psicologia estão profundamente enraizadas nas culturas. Nenhum artefato nas línguas ou nas sociedades humanas pode ser compreendido senão em termos da cultura em que ele é interpretado. A compreensão da natureza e do papel da cultura no comportamento humano, na língua e no pensamento é essencial para o entendimento da evolução da linguagem humana.

Há vários argumentos que os pesquisadores modernos ocasionalmente empregam para negar a existência da cultura e omiti-la da construção de suas teorias de raciocínio, de comportamento e da linguagem dos humanos. Isso pode se dar por causa do seu treinamento e da adoção de uma definição precária de cultura. Alguns pesquisadores, tanto na teoria linguística quanto na evolução da linguagem, desconsideram mais de um século de estudos antropológicos que criam uma argumentação consistente de que a cultura é necessária para explicar o animal humano.

Cada comunidade de *sapiens*, *erectus* e *neanderthalensis* teria desenvolvido uma familiaridade uma com a outra, um sentido de "unidade", levando a valores culturais, papéis sociais e conhecimento estruturado ("conhecimento estruturado" significa não conhecer apenas listas, mas também como os itens dessas listas se relacionam uns com os outros). Todo esse compartilhamento os teria levado a um grau de homogeneidade cultural. Talvez eles tivessem um símbolo comum usado em tempos de dificuldade, tal como em um comunicado de uma emergência, quer falado, quer na forma de algum tipo de sinal (os sinais de fumaça ajudaram a identificar algumas comunidades nativas americanas). Talvez, não. Mas cada grupo de viajantes compartilhava necessariamente um espírito e uma cultura impressos em sua comunicação.

As organizações modernas trabalham duro para desenvolver *slogans*, canções, hinos e expressões para a população como um todo. Quando a proclamação do grupo se torna um valor de indivíduos, o social e o individual ficam conectados. Isso forma a cultura e altera a linguagem. As palavras assumem novos significados, ou nascem novas palavras e novos significados. Mudanças culturais provocam mudanças linguísticas.

A cultura, formas padronizadas de ser – tais como comer, dormir, pensar, se posicionar –, foi *cultivada*. Um indivíduo dinamarquês vai ser diferente de um belga, de um britânico, de um japonês ou de um navajo por causa da forma como suas mentes foram cultivadas – por causa dos papéis que eles desempenham em um conjunto particular de valores, da forma como eles se definem, vivenciam e priorizam esses valores, os papéis dos indivíduos em uma sociedade e o conhecimento que eles adquirem.

Valeria a pena explorar mais a fundo de que modo exatamente entender linguagem e cultura de forma conjunta pode nos permitir compreender melhor cada uma delas. Tal entendimento também ajudaria a esclarecer como novas línguas, dialetos ou suas variantes vêm à tona. Eu acho que esse princípio de que "falamos como aqueles com quem falamos" representa todo o comportamento humano. Nós também comemos como aqueles com quem comemos, pensamos como aqueles com quem pensamos etc. E pressupomos uma vasta gama de atributos compartilhados – nossas associações modelam a maneira como vivemos, nos comportamos e parecemos – o nosso fenótipo. A cultura afeta nossos gestos e nossa fala. Ela pode até mesmo afetar nosso corpo. O pioneiro antropólogo americano Franz Boas estudou, em detalhe, a relação entre ambiente, cultura e forma corporal. Boas construiu uma hipótese sólida de que os tipos de corpo humano são altamente plásticos e se modificam para se adaptar às forças do ambiente local, tanto ecológicas quanto culturais.

Culturas menos industrializadas mostram conexões biológico-culturais. Entre os pirahãs, as características faciais variam, de forma impressionante, desde algo ligeiramente semelhante aos negroides, passando a características faciais do leste asiático até características dos nativos americanos. As diferenças entre aldeias e famílias podem ter bases biológicas, originando tribos diferentes que se mesclaram nos últimos 200 anos. Um grupo considerável de pirahãs (talvez de 30 a 40) – que normalmente ocupam uma única aldeia – são descendentes do torá, um grupo falante de chapakuran que emigrou para os rios Maici e Marmelos cerca de 200 anos atrás. Ainda hoje os brasileiros se referem a esse grupo como "torá", embora os pirahãs se refiram a eles mesmos como "pirahãs". Eles estão plenamente integrados com os pirahãs, tanto pela língua quanto pela cultura. No entanto, suas características faciais são um pouco diferentes – narizes maiores, alguns com epicantos, testas maiores –, dando a impressão geral de similaridade com as características dos leste-asiáticos.[2] Além disso, as dimensões corporais entre os pirahãs são constantes. A cintura dos homens mede – ou mediam, quando eu trabalhei com eles – uniformemente de 68cm, sua altura média era a de 1,57m e seu peso médio era de 55kg. Os fenótipos dos pirahãs são similares não porque todos eles compartilham necessariamente um único genótipo, mas porque compartilham uma cultura, que inclui valores, conhecimento do que comer, valores sobre quanto comer, quando comer e afins.

Esses exemplos mostram que nem mesmo o corpo escapa à nossa observação anterior de que os estudos da cultura e do comportamento social humano podem ser resumidos no *slogan* "falamos como aqueles com quem falamos" ou "crescemos como aqueles com quem crescemos". E o mesmo teria se sustentado para todos os nossos ancestrais, até mesmo os *erectus*.

As pessoas inconscientemente adotam a pronúncia, os padrões gramaticais, o léxico e os estilos conversacionais daqueles com quem elas mais falam. Falantes de português brasileiro normalmente dizem coisas como "eu estou cozinhando". Mas falantes de português europeu diriam, provavelmente, "eu estou a cozinhar". Há um contraste gramatical entre as duas variedades de português. Ao passo que na variedade brasileira usa-se a forma de gerúndio (*cozinhando*), na portuguesa utiliza-se a construção que emprega uma preposição (*a*) e uma forma de infinitivo (*cozinhar*). Ambas as culturas convergem quanto ao emprego do verbo "*estar*". Para dar um outro exemplo, quando falamos com pessoas de uma geração mais velha, possivelmente diremos "ele nos comprou um livro", mas quando nos dirigimos a pessoas de uma geração mais recente, provavelmente diremos "ele comprou um livro pra gente".

Embora a imitação seja a maior força cultural, sempre exercendo pressão sobre a sociedade em direção à homogeneidade, ela não é a única força. Há também inovações, com pressões sociais para a mudança. De qualquer forma, a imitação é a semente da cultura. As estruturas e os valores constitutivos da cultura levam tempo para evoluir. Essas estruturas e valores surgem, em parte, através das interações conversacionais, que incluem não somente o conteúdo da fala, mas também perspectivas sobre ações ou pensamentos corretos e incorretos, níveis aceitáveis de novidades de informações ou formas de apresentação, níveis e marcadores de conformidade. Isso acontece à medida que *falamos como aqueles com quem falamos*.

Em outras palavras, as pessoas que interagem entre si se tornam mais parecidas. Crie os filhos juntos, e eles vão ficar mais parecidos do que se tivessem sido criados separados. Vão compartilhar, desde cedo, valores e estruturas de conhecimento mais similares entre si do que se tivessem sido criados separados. Quanto mais as pessoas falam umas com as outras, de forma mais parecida elas falam. Quanto mais elas comem juntas, mais comem os mesmos alimentos do mesmo jeito – mais comem de forma semelhante. Quanto mais elas pensam em conjunto, de forma mais parecida vão pensar.

Quanto mais os valores, os papéis e as estruturas de conhecimento individuais se sobrepuserem, mais conexões serão compartilhadas e, portanto, mais forte será a conexão entre as pessoas em uma rede cultural. Assim, elas podem formar uma rede geracional, uma rede empresarial, uma rede de amantes de samba, uma rede de "cultura ocidental", uma rede de ferramentas feitas com lascas de pedra, uma rede de uma sociedade industrializada ou mesmo uma rede de *Homo sapiens*, contanto que compartilhem valores, conhecimento ou papéis.

Isso é reconhecido pela maioria quando afirmamos que "as pessoas são todas parecidas". Esse é um truísmo comum. A cultura é somente superficial. Ela é o pensamento. Nós todos compartilhamos, de fato, os mesmos valores. Da mesma forma, o outro extremo, representado pelos relativistas culturais, também está correto quando afirma que duas culturas nunca são iguais. Nem duas culturas, nem dois indivíduos compartilham completamente os mesmos valores, os mesmos papéis sociais e as mesmas estruturas de conhecimento.

Quais foram os componentes que transformaram os *Homo* primitivos de grupos de indivíduos a culturas coesivas? Primeiramente, havia valores. Estes são a atribuição dos adjetivos da moralidade para a maior parte das ações específicas, entidades, pensamentos, ferramentas, pessoas etc. (um maior esclarecimento de valores virá diretamente a partir disso). São também formulações sobre como as coisas deveriam e não deveriam ser. Dizer "ele é um bom homem" expressa um valor. Isso pode ser subdividido em valores mais refinados, tais como "ele trata bem os seus filhos", "ele é gentil ao adestrar os animais", "ele me deu uma carona para casa" ou "ele é educado". Os valores também são vistos nas ferramentas que nós escolhemos – um taco ao invés de uma arma para defesa pessoal ou um facão ao invés de uma enxada para plantar vegetais no jardim. Eles são vistos no contexto de uso de nossa época. Os conjuntos de valores são vastos e variados.

Minha definição de cultura também inclui a expressão "estruturas hierárquicas de conhecimento", que se refere à ideia de que ao menos o conhecimento humano – talvez isso também se aplique a outros animais – é um conjunto ordenado de ideias ou habilidades. Aquilo que nós sabemos está subdividido de várias formas de acordo com o contexto. Tudo está estruturado em relação a tudo. E essa hierarquia produz, como resultado, sem escapatória, uma forma atômica e indivisível. Em outras palavras, a soma daquilo que sabemos forma um sistema maior do que um mero arranjo aleatório de todas as coisas que sabemos. Assim como uma sinfonia é algo mais do que um mero inventário de notas musicais.

No meu entendimento de cultura, a ideia de "papéis sociais" é útil para descrever ações conforme uma posição particular que alguém ocupa em uma cultura. Qualquer agrupamento de pessoas será definido por seus valores, pelas estruturas de conhecimento que atribuem e desenvolvem e responsabilidades de cada um de seus membros em virtude de sua classificação na sociedade.

Para dar um exemplo, empresários na América do Norte, na China e no Reino Unido têm valores muito distintos entre si, conhecimentos administrativos e muito mais. Contudo, nos seus papéis sociais (independentemente de como são chamados), eles vão necessariamente compartilhar alguns aspectos do conhecimento e dos valores administrativos. Então, em um certo sentido, há uma cultura internacional de gerenciamento subdividida em subculturas nacionais, locais e específicas às empresas. Da mesma forma, no ensino superior, há uma vigilância cuidadosa sobre os valores culturais esperados na forma de diferentes órgãos de credenciamento. Os credenciadores permitem que as escolas operem à medida que elas compartilhem e implementem os valores dessas agências.

Na medida em que as espécies *Homo* atravessaram o planeta, elas também compartilharam valores com todas as outras espécies. Na verdade, dada a homogeneidade relativa na vida dos *erectus* – todos eram caçadores-coletores –, as culturas das diferentes comunidades de *erectus* teriam sido, pelo menos superficialmente, muito semelhantes. Claro, houve também diferenças importantes. Algumas dessas teriam resultado das diferentes ecologias dos grupos separados de *Homo erectus*. Alguns viviam em climas frios; outros, nos trópicos, enquanto outros desbravavam o mar para viver em ilhas. Essas foram as forças que levaram os imigrantes originais da África à formação de culturas distintas.

A maioria dos estudos não dá conta de fornecer uma teoria das relações entre os valores e, por causa disso, frequentemente pressupõe que todos os valores são universais, muito embora – à exceção dos valores biológicos – não existam evidências que deem suporte a essa afirmação.

Não é difícil mostrar a gradação ou a priorização de valores. Suponha que nós estejamos comparando os valores dos habitantes de duas cidades, digamos, Paris e Houston. Vamos supor ainda que todos eles valorizem a boa comida, independentemente de como definam "boa" e "comida" na sua localidade. E vamos supor que os dois grupos valorizem estar em boa forma. Agora, pelo bem da discussão, vamos adotar a seguinte classificação (o símbolo ">>" significa que o valor à esquerda é superior ao valor à direita):

> Habitantes de Paris: boa forma >> boa comida.
> Habitantes de Houston: boa comida >> boa forma.

Nesse cenário hipotético, é mais importante para os parisienses estarem em boa forma do que desfrutarem de uma boa comida. Embora, de fato, eles apreciem uma boa gastronomia, eles não vão supervalorizá-la se isso lhes fizer não estar mais em boa forma. A boa comida é um contratempo para a saúde e a cintura fina. Entretanto, no imaginário dos cidadãos de Houston, estar em forma não é tão importante quanto apreciar de uma boa refeição. O tanquinho e os glúteos são menos importantes do que, digamos, um frango à milanesa com quiabo. Parece justo dizer que diferentes classificações de valores produziriam diferentes formas corporais, especialmente se adicionássemos a esse *ranking* o que cada grupo considera ser uma "boa comida". Os habitantes de Houston podem preferir frango frito e purê de batatas. Os franceses, por sua vez, podem gostar mais de *coq au vin* etc. Mas seria correto dizer que as duas cidades têm os mesmos valores. Nesse exemplo, não são os valores, mas a sua classificação relativa que faz a diferença. Então, nós precisamos ter alguma ideia não somente de quais são os valores dos grupos, mas também de como desses valores são hierarquizados. De todo modo, não se pode dizer quais são os valores dos grupos sem estudá-los com cuidado. Então não podemos inferir muito sobre as comunidades dos *erectus*. Mas eles teriam tido valores, e esses valores teriam modelado suas vidas diárias, e alguns desses valores teriam sido mais importantes do que outros.

Nos anos de 1950, Kenneth Pike começou a pesquisa sobre a "gramática de uma sociedade". Ele sugeriu que os princípios das gramáticas humanas organizam também as "gramáticas culturais". Nesse sentido, uma cultura é parcialmente como uma gramática. Assim como qualquer gramática, uma gramática cultural pode ser proposta somente com base em uma metodologia sólida e rigorosa que testa essas hipóteses.

Claro, sociedade e cultura são mais do que apenas gramáticas – mas elas estão conectadas e são construídas de maneiras semelhantes a uma gramática, especialmente nos seus contextos locais, nos seus agrupamentos e nas suas ações. Um banqueiro investidor de Boston, um caçador amazonense ou um marinheiro *erectus* encontram o seu lugar na sociedade e o papel que ocupam nela. Esses papéis não são normalmente inventados pelo indivíduo. Eles surgem – ou são impedidos de surgir – via cultura. Sabemos que não havia músicos *Homo erectus* em tempo integral, porque tais papéis não poderiam existir sem que houvesse toda uma tecnologia, uma estrutura que contasse com um papel social específico e um sistema estruturado de pagamento. E as estruturas e os papéis do sistema gramático-cultural da sociedade em que nascemos também surgiram de valores e crenças de uma cultura. Nesse sentido, se considerarmos cultura como crenças, conhecimento e valores, e sociedade como papéis e relações estruturais entre eles, com os membros da sociedade ocupando as posições particulares criadas pela cultura, então às vezes se torna mais fácil compreender ou, pelo menos, visualizar o que as pessoas fazem enquanto membros de sua cultura.

Portanto, pode-se pensar todos os indivíduos de uma sociedade como "preenchedores" das posições de uma gramática cultural. Um exemplo é a sala de aula na universidade. É fácil determinar os ocupantes dos diferentes lugares na sala de aula – são os alunos e o professor.

Que tipos de papéis e estruturas uma sociedade de *erectus* tinha? Ou que tipo de papéis e estruturas um outro tipo de sociedade primata tinha? Se considerarmos uma sociedade "macho-alfa" de, digamos, gorilas, a estrutura social típica seria a de um macho com as costas prateadas (o macho-alfa), machos e fêmeas filhotes e fêmeas na idade de acasalamento ou mais velhas. Em sociedades de gorilas mais complexas, pode haver mais do que um gorila com costas prateadas, mas a organização típica é a de um gorila com costas prateadas, muitas fêmeas e filhotes. O macho tem uma variedade de deveres que incluem tomar decisões pelo grupo, resolver conflitos, se acasalar para a sobrevivência reprodutiva do grupo, decidir quando o grupo deve dormir e defender o bando. As sociedades de *erectus* teriam, no mínimo, esse nível de organização. Na verdade, assim como os caçadores-coletores com cérebros *Homo*, eles teriam uma estrutura social talvez mais simples, mas comparável a alguns caçadores-coletores modernos. Considere uma sociedade amazonense, como a dos pirahãs. Essa sociedade vai se manifestar através de seus indivíduos e vai formar subunidades maiores, que incluem famílias, homens, crianças, adolescentes, mulheres e assim por diante. Um grupo de uma sociedade tribal pode, ao invés disso, ser subdividido em hierarquias de parentesco mais estruturadas, incluindo famílias, clãs, linhagens ou mais especializações profissionais.

Para agir de forma conjunta, uma sociedade deve, de alguma forma, compartilhar a intenção de que nossas ações individuais produzam um resultado para o grupo. Votar é, em boa medida, uma ação dessas. Participar de uma aula, em uma sala de aula, é outra. Elas são todas ações na gramática da cultura, em que a pessoa ocupa um papel, individual ou coletivo. Nessa organização social, por exemplo, os alunos são o objeto, não o sujeito da ação de produzir um resultado para a comunidade. Estamos descrevendo seus papéis sociais em um dado momento relativamente a um professor particular. Seus papéis podem mudar ligeiramente com sua próxima aula. Certamente, os alunos e os professores vão mudar seus papéis nas festas, em suas casas e em suas carreiras. Os papéis são como as peças de um vestuário, usadas para situações específicas.

Quando os participantes são provenientes de diferentes culturas, como no exemplo do Tratado de Medicine Lodge, eles frequentemente partem do pressuposto de que todos compartilham um entendimento similar dos papéis, das estruturas e dos significados da ação conjunta em que estão envolvidos. Mas raramente percebem que cada participante possui uma interpretação individual de sua atividade coletiva. Na minha visão da situação como um todo, o que aconteceu foi o seguinte: os comanches interpretaram as promessas feitas pelo governo dos Estados Unidos no evento de Medicine Lodge como imediata e incondicionalmente efetiva. Para eles, qualquer um que falava era um plenipotenciário representativo de seu povo. No entanto, os negociadores dos Estados Unidos se viam como subordinados ao Congresso e entendiam que os indígenas deviam aceitar essa autoridade maior. Eles entendiam o ato conjunto de assinar o contrato como uma entrada para uma oferta condicional, posterior ao momento inicial (eles também enxergavam os indígenas como seres inferiores cujas opiniões e compreensão tinham menos importância).

As sociedades de *Homo erectus* teriam incluído critérios para adesão de membros em cada comunidade, os deveres de cada membro da comunidade, as relações entre os membros – como crianças e adultos –, o planejamento das atividades e outras necessidades.

As percepções e a gama de pensamentos são modeladas, de forma significativa, pela rede cultural, hipótese que, para as sociedades europeias, levou o dualismo de Descartes e a ideia da mente como um computador de Alan Turing a representarem o centro da cognição. Mas isso parece levar a uma conclusão errada.

Desde os primeiros dias da inteligência artificial, eminentes defensores da ideia de que os cérebros são computadores afirmaram, às vezes de uma maneira um tanto passional, que as máquinas, com certeza, são capazes de pensar. John McCarthy diz o seguinte: "é legítimo atribuir certas *crenças*, *conhecimento*, *livre-arbítrio*, *intenções*, *consciência*, *habilidades* ou *desejos* a uma máquina ou a um programa de computador quando tal atribuição sobre a máquina expressar a mesma informação que sobre uma pessoa".[3]

Mas esse tipo de formulação se baseia tanto em uma interpretação falha de crenças quanto em uma interpretação falha de cultura. E a personificação dos computadores através das crenças que se atribuem a eles etc. frequentemente ouvida é muito poderosa. Ela poderia ser estendida de maneiras bem-humoradas, mas não menos válidas, a circunstâncias às quais ninguém atribuiria crenças. Alguém poderia dizer que um termostato acredita estar muito quente, então, ele liga o ar-condicionado. Ou que os dedos do pé se contraem porque acreditam que vão se aquecer. Ou que as plantas se viram em direção ao sol porque acreditam que deveriam fazer isso. Na verdade, existem muitas culturas – como a dos pirahãs e a dos waris – em que crenças são normalmente atribuídas a animais, a nuvens, a árvores etc. como uma forma conveniente de falar. Mas as tribos com quem eu trabalhei normalmente não sugerem essas atribuições de maneira literal.

As crenças são estados que ocorrem quando os corpos (incluindo os cérebros) são direcionados para alguma coisa, desde uma ideia até uma planta. Elas são formadas pelos indivíduos à medida que estes se envolvem na linguagem e na cultura.

Quando se pensa na cultura, nos valores, nas crenças e nos papéis sociais dos *erectus*, alguns problemas residuais vêm à mente, como o papel e o surgimento das ferramentas em qualquer cultura. Como se caracterizam culturalmente as ferramentas, coisas que são usadas para auxiliar os membros individuais da cultura em diferentes tarefas? As ferramentas perpassam o conhecimento cultural. Alguém poderia até mesmo conceber as ferramentas como conhecimento congelado. Os exemplos incluem ferramentas físicas, tais como pás, pinturas, chapéus, canetas, pratos e alimentos. Mas as ferramentas não físicas também são cruciais. Talvez a ferramenta mais importante dos humanos seja a linguagem. Na verdade, a própria cultura é uma ferramenta.

A natureza da linguagem como uma ferramenta pode ser vista facilmente em histórias. As histórias são usadas para exortar, explicar, descrever etc. e cada texto está acomodado em um contexto de matéria escura. As histórias – incluindo os livros – são, com certeza, diferentes das ferramentas físicas no sentido de que, enquanto dispositivos linguísticos, elas podem, em princípio, revelar alguma coisa sobre a matéria escura a partir da qual elas surgem parcialmente, embora em geral muito pouco seja comunicado. E a razão para isso é clara: as pessoas falam sobre aquilo que imaginam que seu interlocutor não saiba (mas que possa compreender porque tem conhecimento compartilhado necessário para isso). E o conhecimento tácito – ou a matéria escura – de que as pessoas normalmente não estão cientes é ignorado.

A língua como ferramenta também é vista na forma de histórias. Considere uma lista de princípios que o antropólogo Marvin Harris forneceu para explicar as regras do hindu, que regulamentam a defecação nas áreas rurais da Índia.

Deve-se encontrar um local não muito distante da casa.

O local deve oferecer proteção para não ser visto.

Deve dar oportunidade para ver alguém se aproximando.

Deve ser próximo a uma fonte de água para se lavar.

Deve estar em um local onde o vento não leve maus odores.

Não deve ser um campo com plantações.[4]

A primeira linha usa o artigo indefinido "um". Na segunda linha, é usado o artigo definido "o". Desse ponto em diante, o "local" está implícito como sujeito nulo. Isso acontece por causa das convenções do português para o rastreamento de um tópico através do discurso. O artigo indefinido indica que o nome que ele modifica é informação nova. O definido mostra que é informação compartilhada. O sujeito nulo (ou "oculto") revela que se trata do tópico. À medida que essa palavra aparece e reaparece ao longo do discurso, a mudança em seu papel e em sua relação com o conhecimento compartilhado é marcada por dispositivos gramaticais específicos. Esse é um conhecimento compartilhado, mas implícito e, em uma larga medida, inefável para um não especialista.

Como a compreensão da cultura promovida nesse exemplo se compara a uma compreensão mais ampla da sociedade como um todo? É comum ouvir falar da "cultura brasileira", dos "valores ocidentais" ou mesmo dos "valores pan-humanos" etc. De acordo com a teoria de matéria escura e cultura desenvolvida aqui, essas são ideias perfeitamente sensatas, contanto que as interpretemos de modo que signifiquem "valores, classificação, papéis e conhecimentos que se sobrepõem" ao invés de entendê-las como uma homogeneidade completa de (qualquer noção de) cultura que perpassa uma dada população. Das leis à pronúncia, da arquitetura à música, das posições sexuais às formas do corpo, às ações individuais dos humanos como membros das comunidades ("apreciadores de Beethoven", "comedores de pudim" etc.) em conjunto com a memória episódica dos indivíduos e suas percepções, tudo é produto de matérias escuras sobrepostas.

Assim sendo, os valores podem produzir um sentido de *missão* em um indivíduo ou em uma comunidade – tais como os bôeres, os sionistas, os desbravadores americanos e os colonizadores que aderiram à doutrina do destino manifesto, ou os sociais-nacionalistas que sonhavam com um Reich milenar. Esse sentido de missão e de propósito é aquilo que muitas empresas procuram hoje em dia, na medida em que o uso do termo "cultura" foi adaptado por elas como "algo que faz parte de seu DNA". As comunidades de *erectus* tinham algum sentido de missão?

Embora haja princípios certamente mais gerais de comportamento humano e de formação de matéria escura, a combinação das apercepções individuais com exposição aos meros subconjuntos de valores, conhecimento e redes de papéis mais amplos significa que nunca duas pessoas vão ser exatamente semelhantes em um certo sentido. E tampouco duas culturas serão exatamente iguais.

De todo modo, há melhores exemplos de um conhecimento que é implícito. Animais não humanos apresentam exemplos superiores, em alguns aspectos. Esses animais têm crenças, desejos e emoções; aprendem comportamentos complexos e formas de interagir com o mundo. Ainda assim, eles não têm linguagem e, então, por definição, não podem falar a respeito de seu conhecimento. Por isso, quase todo o conhecimento dos animais não humanos é matéria escura. A maioria das pessoas considera não substanciais esses fenômenos fascinantes, colocando-os todos sob o rótulo de "instintos" em vez de conhecimento.

Cachorros, humanos e outros animais passam por um período de apego, são guiados pelas emoções, aprendem truques, aprendem a obedecer a uma gama de comandos, dão sentido a propriedades/relações/noções de pertencimento a certos itens no seu habitat etc. Minha cadela, uma Fila brasileira de 63kg, late até quando pequenas mudanças são adicionadas ao seu habitat – uma pilha de livros em um lugar estranho, almofadas do sofá que são amontoadas por causa da limpeza, um novo carro na garagem etc. Embora não seja capaz de me "falar" sobre isso em inglês, ela comunica relativamente bem por meio de seu latido e sua postura corporal, ainda que muitos dos seus sentimentos permaneçam indescritíveis. Sua matéria escura, nesse sentido, tem tanto componentes "comunicáveis" (através de suas ações e de seu latido) quanto inefáveis, da mesma forma que a matéria escura humana. Os *erectus*, assim como os *sapiens*, teriam aprendido suas línguas através da interação com outros membros de sua comunidade, especialmente com suas mães.

Ainda, outras convenções culturais incluem a formação de filas. Em uma loja norte-americana, independentemente de quão lotada, a maioria das pessoas vai, sem serem instruídas para isso, formar uma fila na frente do caixa. Em alguns países, sem segurança rigorosa, a formação de filas não acontece – todos vão se juntar ao redor do caixa na esperança de serem atendidos primeiro. Assim, a formação de filas é uma convenção de algumas culturas, mas não de outras. E, com todas essas convenções, quando vivenciamos uma outra cultura, sempre vamos nos incomodar com a ausência das nossas convenções culturais. O motivo para isso é que as convenções tornam a vida mais fácil porque requerem poucas decisões, trazendo um aspecto familiar a algo estranho.

As sociedades dependem das convenções para serem capazes de funcionar. É possível que as comunidades de *erectus* tenham começado a desenvolver convenções. Quem fala primeiro quando duas pessoas se encontram? Como as crianças obtêm os alimentos na presença dos adultos? Quem é o primeiro a sair da aldeia em uma nova jornada? A filósofa Ruth Millikan afirma que as convenções compartilham uma gama de propriedades, tais como a capacidade de se reproduzirem, a necessidade de um precedente antes que algo se torne uma convenção, a utilidade na organização das ações (como a formação de filas em frente à bilheteria em vez de todos se amontoarem de uma única vez).[5] Ela também observa que nós podemos violar convenções por diferentes razões e efeitos, assim como Grice observou que podemos violar máximas conversacionais. Millikan afirma que todos querem, esperam e buscam convenções, tais como o uso de uma bolsa para guardar seu lugar em uma sala de espera.

A importância da discussão das convenções e dos indivíduos para a cultura leva à compreensão da cultura como o centro da cognição. O argumento é que, sem cultura, não pode haver compreensão semântica nem conhecimento de base, nem conhecimento tácito para dar suporte a novos pensamentos.

As sociedades de *erectus* tinham cultura. Desde o início, os humanos – com seus cérebros maiores e com suas novas experiências – construíram valores, conhecimento e papéis sociais que lhes permitiram perambular pelo planeta, velejar pelos mares e construir as primeiras comunidades mais de 60 mil gerações antes que nós surgíssemos. A nossa dívida com os *Homo erectus* é inestimável. Eles não eram homens das cavernas. Eles eram homens, mulheres e crianças; os primeiros humanos a falar e a viver em comunidades culturalmente conectadas.

NOTAS

[1] Trata-se da ideia de que a expansão dos Estados Unidos pelo continente americano foi tanto justificada quanto inevitável.

[2] Obviamente, os estudos sobre DNA seriam interessantes e cientificamente necessários antes de se poder afirmar isso, mas é politicamente difícil executar tais estudos, porque, no Brasil, aqueles designados para proteger os povos indígenas são cautelosos com qualquer coisa que poderia ser entendida como um estudo racista, especialmente estudos feitos por cientistas "gringos".

[3] John McCarthy, "Ascribing Mental Qualities to Machines", manuscrito, Computer Science Department, Stanford University, 1979 (grifos no original).

[4] Marvin Harris, "Cultural Anthropology", Boston, Allyn & Bacon, 1999, pp. 23-24.

[5] Ruth Millikan, *Language: A Biological Model*, Oxford: Clarendon Press, 2005.

Conclusão

Chamou-se-lhe, por isso, o nome de Babel, porque ali confundiu o Senhor a linguagem de toda a terra e dali o Senhor os dispersou por toda a superfície dela.

Gênesis 11:9

Há mais de 60 mil gerações, os *Homo erectus* introduziram a linguagem no mundo. A linguagem não é simplesmente uma outra forma de comunicação animal, mas é uma forma avançada de expressão cultural baseada nas habilidades únicas da cognição humana, juntamente com princípios gerais de estrutura para transferência de informação.

O núcleo da linguagem é o símbolo, uma combinação de uma forma culturalmente convencionada com um significado culturalmente desenvolvido. As restrições perceptuais humanas e as limitações do pensamento guiam esse processo, mas ele é, em uma larga medida, o resultado das sociedades humanas, de seus valores, de seu conhecimento e de suas estruturas sociais.

O símbolo pode ter resultado da associação de dois objetos por engano – como a raiz de uma árvore sendo confundida com uma serpente – ou simplesmente pela associação regular de uma coisa no mundo com um objeto ou evento – assim como o cachorro de Pavlov aprendeu a associar comida ao toque de um sino. Uma vez que essa conexão foi feita, os humanos começaram a usar seus símbolos, cada um aprendendo com o outro. Visto que a comunicação é um esforço do ser como um todo; gestos, entonação, os pulmões, a boca, a língua, as mãos, os movimentos corporais e até mesmo as sobrancelhas foram, então, mobilizados para o uso na linguagem, assim como o são em muitas formas de comunicação animal. Esses diferentes componentes do nosso esforço comunicativo na linguagem teriam subdividido os símbolos em partes cada vez menores à medida que eles também fossem usados para construir unidades cada vez maiores. Os sons da fala, as palavras, as sentenças, os afixos gramaticais e os tons, todos surgiram da invenção inicial do símbolo, com essa invenção sendo aprimorada e disseminada com o passar do tempo através do pleno envolvimento social, assim como ocorre com todas as outras invenções. Elementos sem significado (sons como "m", "a" e "r") foram combinados para formar itens com significado (como na palavra "mar"), e a dupla articulação da linguagem surgiu, levando, em seguida, aos três tipos de gramática. O primeiro tipo de gramática, G_1, é pouco mais do que uma organização de símbolos em fileiras, como as contas em um colar: "Comer comida. Homem. Mulher", ou até mesmo "Eu vejo você. Você me vê?". O próximo tipo de língua, G_2, organiza os símbolos de forma linear (em fileira) assim como a gramática G_1, mas hierarquicamente combinando símbolos dentro de outros símbolos, assim como fazem muitas línguas europeias modernas. O terceiro tipo de gramática, G_3, faz tudo o que os outros tipos fazem, com a propriedade adicional da recursividade, a capacidade infinita de colocar uma coisa dentro de outra de um mesmo tipo: linguagem como uma boneca matriosca. Todos os três tipos de língua ainda são encontrados no mundo. Todos os três tipos são línguas humanas, que funcionam plenamente, apropriadas aos diferentes nichos culturais. As comunidades de *Homo erectus* falavam um ou todos os três tipos de gramática, em suas remotas localizações ao redor do mundo.

As línguas humanas mudam com o passar do tempo, e as culturas e os falantes deixam-nas mais elaboradas em alguns lugares e mais simples, em outros. Portanto, as línguas contemporâneas são diferentes em seus detalhes em relação àquelas de dois milhões de anos atrás. Mas permanece o fato de que há dois milhões de anos, na África, uma comunidade de *Homo erectus* começou a compartilhar informações entre seus membros através da linguagem. Eles foram os primeiros a dizer "é lá" ou "estou com fome". Talvez os primeiros a dizerem "eu te amo".

As comunidades de *erectus* eram diferentes das comunidades de *sapiens* em muitos aspectos. Não obstante, elas eram sociedades de seres humanos discutindo, deliberando, debatendo e denunciando à medida que viajavam o mundo e legavam a nós a sua invenção – a linguagem.

Cada humano vivo desfruta de sua gramática e de sua sociedade por causa do trabalho, das descobertas e da inteligência dos *Homo erectus*. A seleção natural escolheu as coisas que eram mais eficazes à sobrevivência humana e aprimorou as espécies para que os humanos pudessem viver hoje, na Era da Inovação, na Era da Cultura, no Reino da Fala.

Leituras sugeridas

Anderson, Michael L. *After Phrenology: Neural Reuse and the Interactive Brain.* Cambridge, MA: MIT Press, 2014.

Arbib, Michael A. 'From Monkey-Like Action Recognition to Human Language: An Evolutionary Framework for Neurolinguistics'. *Behavioral and Brain Sciences* 28(2), 2005: 105–124.

______. *How the Brain Got Language: The Mirror System Hypothesis.* Oxford University Press, 2012.

Barnard, Alan. *Genesis of Symbolic Thought.* Cambridge University Press, 2012.

Bednarik, R. G. 'Concept-Mediated Marking in the Lower Palaeolithic'. *Current Anthropology* 36, 1995: 605–634.

______. 'The "Australopithecine" Cobble from Makapansgat, South Africa'. *South African Archaeological Bulletin*, 53, 1998: 4–8.

______. 'Maritime Navigation in the Lower and Middle Palaeolithic'. Comptes Rendus de l'Académie des Sciences Paris, *Earth and Planetary Sciences*, 328, 1999: 559–563.

______. 'Seafaring in the Pleistocene'. *Cambridge Archaeological Journal*, 13(1), 2003: 41–66.

______. 'A Figurine from the African Acheulian'. *Current Anthropology*, 44(3), 2003: 405–413.

______. 'Middle Pleistocene Beads and Symbolism'. *Anthropos*, 100(2), 2005: 537–552.

______. 'Beads and the Origins of Symbolism'. *Time and Mind: The Journal of Archaeology, Consciousness and Culture* 1(3), 2008: 285–318.

______. 'On the Neuroscience of Rock Art Interpretation'. *Time and Mind: The Journal of Archaeology, Consciousness and Culture* 6(1), 2013: 37–40.

______. 'Exograms'. *Rock Art Research*, 31(1), 2014: 47–62.

______. 'Doing with Less: Hominin Brain Atrophy'. *HOMO – Journal of Comparative Human Biology*, 65, 2014: 433–449; doi: 10.1016/j.jchb.2014.06.001

______. 'Mind and Creativity of Hominins'. *SemiotiX: A Global Information Magazine*, February 2017.

Bedny, Marina, Hillary Richardson and Rebecca Saxe. '"Visual" Cortex Responds to Spoken Language in Blind Children'. *Journal of Neuroscience* 35(33), 2015: 11674 –11681.

Berent, Iris. *The Phonological Mind.* Cambridge University Press, 2013.

Berwick, Robert C. and Noam Chomsky. *Why Only Us?* Cambridge, MA: MIT Press, 2016. [Berwick, R. C.; Chomsky, N. *Por que apenas nós? Linguagem e evolução*. Tradução de Gabriel de Ávila Othero e Luisandro Mendes de Souza. São Paulo: Unesp, 2017.]

Bolhuis, Johan J. Martin Everaert, Robert Berwick and Noam Chomsky.
Birdsong. *Speech and Language: Exploring the Evolution of Mind and Brain.* Cambridge, MA: MIT Press, 2016.
Boyd, Robert and Peter J. Richerson. *Culture and the Evolutionary Process.* University of Chicago Press, 1988.
______. *The Origin and Evolution of Cultures.* Oxford University Press, 2005.
Brandom, Robert B. *Making it Explicit: Reasoning, Representing, and Discursive Commitment.* Cambridge, MA: Harvard University Press, 1998.
Bybee, Joan L. *Language, Usage and Cognition.* Cambridge University Press, 2010. [Bybee, J. *Língua, uso e cognição.* Tradução de Maria Angélica Furtado da Cunha. Revisão de Sebastião Carlos Leite Gonçalves. São Paulo: Cortez, 2016.]
Cangelosi, Angelo. 'Evolution of Communication and Language Using Signals, Symbols and Words'. *IEEE Transactions on Evolutionary Computation* 5(2), 2001: 93–101.
Chomsky, Noam. 'Formal Properties of Grammars'. In R. Duncan Luce, Robert R. Bush and Eugene Galanter (eds.), *Handbook of Mathematical Psychology*, vol. 2. New York: John Wiley, 1963, pp. 323–418.
______. *Language and Mind*, enlarged edn. New York: Harcourt Brace Jovanovich, 1972. [Chomsky, N. *Linguagem e mente: pensamentos atuais sobre antigos problemas.* Tradução de Lúcia Lobato; revisão de Mark Ridd. Brasília: Editora da UnB, 1998.]
______. 'On Language and Culture'. In Wiktor Osiatyński (ed.), *Contrasts: Soviet and American Thinkers Discuss the Future.* New York: Macmillan, 1984, pp. 95–101.
______. *Knowledge of Language: Its Nature, Origin and Use.* New York: Praeger, 1986.
______. *The Minimalist Program.* Cambridge, MA: MIT Press, 1995. [Chomsky, N. *O programa minimalista.* Tradução de Eduardo Raposo. Lisboa: Caminho, 1999.]
______. 'Minimal Recursion: Exploring the Prospects'. In Tom Roeper and Margaret Speas (eds.), *Recursion: Complexity in Cognition.* Cham: Springer International, 2014, pp. 1–15.
Corballis, Michael C. From Hand to Mouth. Princeton University Press, 2002.
______. 'Recursion, Language and Starlings'. *Cognitive Science* 31(4), 2007: 697–704.
De Ruiter, Jan P. and David Wilkins. 'The Synchronisation of Gesture and Speech in Dutch and Arrernte (an Australian Aboriginal Language)'. In S. Santi, I. Gua.tella, C. Cav. and G. Konopczynski (eds.), *Oralité et Gestualité.* Paris: L'Hamattan, 1998, pp. 603–607.
Dediu, Dan and Steven C. Levinson. 'On the Antiquity of Language: The Reinterpretation of Neanderthal Linguistic Capacities and Its Consequences'. *Frontiers in Psychology*, 5 July 2013. doi:10.3389/fpsyg.2013.00397.
Diller, Karl C. and Rebecca L. Cann. 'Evidence Against a Genetic-Based Revolution in Language 50,000 Years Ago'. In R. Botha and C. Knight (eds.), *The Cradle of Language.* New York: Oxford University Press, 2009, pp. 135–149.
Dunbar, Robin. Grooming, *Gossip and the Evolution of Language.* Cambridge, MA: Harvard University Press, 1998.
Efron, David. *Gesture and Environment.* New York: King's Crown Press, 1941.
Evans, Vyvyan. 'Beyond Words: How Language-Like is Emoji?' Oxford Dictionaries blog, 20 November 2015. http://blog.oxforddictionaries.com/2015/11/emoji-language/.
Everaert, Martin B., Marinus A. Huybregts, Noam Chomsky, Robert C. Berwick and Johan J. Bolhuis. 'Structures, Not Strings: Linguistics as Part of the Cognitive Sciences'. *Trends in Cognitive Sciences* 19(12), 2015: 729–743.
Everett, Caleb D. 'Evidence for Direct Geographic Influences on Linguistic Sounds: The Case of Ejectives'. *PLoS ONE* 8(6), 2014: e65275. doi:10.1371/journal.pone.0065275.
______. 'Climate, Vocal Folds and Tonal Languages' (with D. Blasi and S. Roberts). *Proceedings of the National Academy of Sciences of the United States of America* 112(5), 2015: 1322–1327.
Everett, Daniel L. 'Aspectos da Fonologia do Pirahã'. Master's thesis, Universidade Estadual de Campinas, 1979. http://ling.auf.net/lingbuzz/001715. [Everett, D. L. *Aspectos da fonologia do pirahã.* Dissertação de Mestrado. Universidade Estadual de Campinas, 1979.]
______. 'Phonetic Rarities in Pirahã'. *Journal of the International Phonetics Association* 12, 1982: 94–96.
______. 'A Lingua Pirahã e a Teoria da Sintaxe'. PhD dissertation, Universidade Estadual de Campinas, 1983. Published as *A Lingua Pirahã e a Teoria da Sintaxe*, Campinas: Editora da Unicamp, 1992.

______. 'Syllable Weight, Sloppy Phonemes and Channels in Pirahã Discourse'. In Mary Niepokuj et al. (eds.), *Proceedings of the Eleventh Annual Meeting Berkeley Linguistics Society*. Berkeley Linguistics Society, 1985, pp. 408–416.

______. 'Pirahã'. In Desmond Derbyshire and Geoffrey Pullum (eds.), *Handbook of Amazonian Languages I*. Berlin: de Gruyter, 1986, pp. 200–326.

______. 'On Metrical Constituent Structure in Pirahã Phonology'. *Natural Language and Linguistic Theory* 6, 1988: 207–246.

______. 'The Sentential Divide in Language and Cognition: Pragmatics of Word Order Flexibility and Related Issues'. *Journal of Pragmatics and Cognition* 2(1), 1994: 131–166.

______. 'Monolingual Field Research'. In Paul Newman and Martha Ratliff (eds.), *Fieldlinguistics*. Cambridge University Press, 2001, pp. 166–188.

______. 'Coherent Fieldwork'. In P. van Sterkenburg (ed.), *Linguistics Today*, Amsterdam: John Benjamins, 2004, pp. 141–162.

______. 'Periphrastic Pronouns in Wari'. *International Journal of American Linguistics* 71(3), 2005: 303–326.

______. 'Cultural Constraints on Grammar and Cognition in Pirahã: Another Look at the Design Features of Human Language'. *Current Anthropology* 76, 2005: 621–646.

______. *Don't Sleep, There Are Snakes: Life and Language in the Amazonian Jungle*. New York: Pantheon, 2008.

______. 'Wari' Intentional State Construction Predicates'. In Robert Van Valin (ed.), *Investigations of the Syntax-Semantics-Pragmatics Interface*. Amsterdam: John Benjamins, 2009, pp. 381–409.

______. 'Pirahã Culture and Grammar: A Response to Some Criticisms'. *Language* 85(2), 2009: 405–442.

______. 'You Drink. You Drive. You Go to Jail. Where's Recursion?' Paper presented at the 2009 University of Massachusetts Conference on Recursion. http://ling.auf.net/lingbuzz/001141.

______. 'The Shrinking Chomskyan Corner in Linguistics'. Response to the criticisms Nevins, Pesetsky and Rodrigues raise against various papers of Everett on Pirahã's unusual features, published in *Language 85*, http://ling.auf.net/lingbuzz/000994/current.pdf, 2010.

______. *Language: The Cultural Tool*. New York: Pantheon Books, 2012.

______. 'What Does Pirahã Have to Teach about Human Language and the Mind?' *WIREs Cognitive Science*. doi:10.1002/wcs.1195, 2012.

______. 'A Reconsideration of the Reification of Linguistics'. Paper presented at The Cognitive Revolution, 60 Years at the British Academy, London, 2013.

______. 'The State of Whose Art?' Reply to Nick Enfield's review of *Language: The Cultural Tool* in *Journal of the Royal Anthropological Institute* 19(1), 2013.

______. 'Concentric Circles of Attachment in Pirahã: A Brief Survey'. In Heidi Keller and Hiltrud Otto (eds.), *Different Faces of Attachment: Cultural Variations of a Universal Human Need*. Cambridge University Press, 2014, pp. 169–186.

______. 'The Role of Culture in the Emergence of Language'. In Brian MacWhinney and William O'Grady (eds.), *The Handbook of Language Emergence*. Hoboken, NJ: Wiley-Blackwell, 2014, pp. 354–376.

______. *Dark Matter of the Mind: The Culturally Articulated Unconscious*. University of Chicago Press, 2016.

Everett, Daniel L., Keren Everett. 'On the Relevance of Syllable Onsets to Stress Placement'. *Linguistic Inquiry* 15, 1984: 705–711.

Fitch, W. Tecumseh. *The Evolution of Language*. Cambridge University Press, 2010.

Floyd, Simeon. 'Modally Hybrid Grammar? Celestial Pointing for Time-of-Day Reference in Nheengatú'. *Language* 92(1), 2016: 31–64. doi:10.1353/lan.2016.001.

Freyd, Jennifer. 'Shareability: The Social Psychology of Epistemology'. *Cognitive Science* 7, 1983: 191–210.

Fuentes, Augustin. 'The Extended Evolutionary Synthesis, Ethnography and the Human Niche: Toward an Integrated Anthropology'. *Current Anthropology* 57, supp. 13, June 2016.

Futrell, Richard, Laura Stearns, Steven T. Piantadosi, Daniel L. Everett and Edward Gibson. 'A Corpus Investigation of Syntactic Embedding in Pirahã'. *PLoS ONE*, 11(3), 2016: e0145289. doi:10.1371/journal.pone.0145289.

Gil, David. 'The Structure of Riau Indonesian'. *Nordic Journal of Linguistics* 17, 1994: 179–200.

Goldberg, Adele. *Constructions: A Construction Approach to Argument Structure*. University of Chicago Press, 1995.

______. *Constructions at Work: The Nature of Generalisation in Language*. Oxford University Press, 2006.

Grice, Paul. *Studies in the Way of Words*. Cambridge, MA: Harvard University Press, 1991.
Harris, Marvin. *Cultural Anthropology*. Boston: Allyn & Bacon, 1999.
______. *Cultural Materialism: The Struggle for a Science of Culture*. Walnut Creek, CA: Altamira, 2001.
Harris, Zellig. *Methods in Structural Linguistics*. University of Chicago Press, 1951.
Hauser, Marc, Noam Chomsky, Tecumseh Fitch. 'The Faculty of Language: What Is It, Who Has It, How Did It Evolve?' *Science* 298, 2002: 1569–1579.
Heckenberger, Michael J., J. Christian Russell, Carlos Fausto, Joshua R. Toney, Morgan J. Schmidt, Edithe Pereira, Bruna Franchetto, Afukaka Kuikuro. 'Pre-Columbian Urbanism, Anthropogenic Landscapes and the Future of the Amazon'. *Science* 321, 2008: 1214–1217.
Herculano-Houzel, Suzana. *A vantagem humana: como nosso cérebro se tornou superpoderoso*. Trad. Laura Teixeira Motta. São Paulo: Companhia das Letras, 2017.
Hickok, Gregory. *The Myth of Mirror Neurons: The Real Neuroscience of Communication and Cognition*, New York: W. W. Norton, 2014.
Hobbs, Jerry R. 'Deep Lexical Semantics'. In *Proceedings of the Ninth International Conference on Intelligent Text Processing and Computational Linguistics* (CICLing-2008), Haifa, Israel, February 2008.
Hockett, Charles. 'The Origin of Language'. *Scientific American* 203, 1960: 89–97.
Hopper, Paul. 'Emergent Grammar and the A Priori Grammar Postulate'. In Deborah Tannen (ed.), *Linguistics in Context: Connecting Observation and Understanding*. New York: Ablex, 1988.
Hurford, James R. *The Origins of Meaning: Language in the Light of Evolution*. Oxford University Press, 2011.
Jackendoff, Ray. *Foundations of Language: Brain, Meaning, Grammar, Evolution*. Oxford University Press, 2003.
Jackendoff, Ray and Eva Wittenberg after 'What You Can Say Without Syntax: A Hierarchy of Grammatical Complexity'. In Frederick J. Newmeyer and Laurel B. Preston (eds.), *Measuring Grammatical Complexity*. Oxford University Press, 2014, ch 4; doi:10.1093/acprof:oso/9780199685301.003.0004.
Karlsson, Fred. 'Origin and Maintenance of Clausal Embedding Complexity'. In Geoffrey Sampson, David Gil and Peter Trudgill (eds.), *Language Complexity as an Evolving Variable*. Oxford University Press, 2009, pp. 192–202.
Keller, Timothy A. and Marcel Adam Just. 'Altering Cortical Connectivity: Remediation-Induced Changes in the White Matter of Poor Readers'. *Neuron* 64(5), 2009: 624–631.
Kendon, Adam. Gesture: Visible Action as Utterance. Cambridge University Press, 2004.
Kinsella, Anna R. *Language Evolution and Syntactic Theory*. Cambridge University Press, 2009.
Kirby, Simon, Hannah Cornish and Kenny Smith. 'Cumulative Cultural Evolution in the Laboratory: An Experimental Approach to the Origins of Structure in Human Language'. *Proceedings of the National Academy of Sciences of the United States of America* 105(31), 2008: 10681–10686. doi:10.1073/pnas.0707835105.
Kirby, Simon, Mike Dowman and Thomas L. Griffiths. 'Innateness and Culture in the Evolution of Language'. *Proceedings of the National Academy of Sciences of the United States of America* 104(12), 2007. doi:10.1073/pnas.0608222104.
Labov, William. *Principles of Linguistic Change*, vol. 3: *Cognitive and Cultural Factors*. Oxford: Wiley-Blackwell, 2010.
LeDoux, Joseph. *Anxious: Using the Brain to Understand and Treat Fear and Anxiety*. New York: Viking, 2015.
Levinson, Stephen C. 'On the Human "Interaction Engine"'. In Nick J. Enfield and Stephen C. Levinson (eds.), *Roots of Human Sociality: Culture, Cognition and Interaction*. New York: Berg, 2006, pp. 399–460.
______. 'Recursion in Pragmatics'. *Language*, 89(1), 2013: 149–162.
Levinson, Stephen C. and Pierre Jaisson. *Evolution and Culture: A Fyssen Foundation Symposium*. Cambridge, MA: MIT Press, 2005.
Levinson, Stephen C., Asifa Majid. 'Differential Ineffability and the Senses'. *Mind and Language* 29(4), 2014: 407–427.
Lieberman, Philip. 'The Evolution of Human Speech: Its Anatomical and Neural Bases'. *Current Anthropology* 48(1), 2007: 39–66.
______. *The Unpredictable Species: What Makes Humans Unique*. Princeton University Press, 2013.
Longacre, Robert. *Grammar Discovery Procedures: A Field Manual*. The Hague: Mouton & Co., 1964.
Luuk, Erkki. 'The Structure and Evolution of Symbols'. *New Ideas in Psychology* 31(2), 2013: 87–97.
Luuk, Erkki, Hendrik Luuk. 'The Evolution of Syntax: Signs, Concatenation and Embedding'. *Cognitive Systems Research* 27, 2014: 1–10. doi:10.1016/j.cogsys.2013.01.00.

Lyell, Charles. *Principles of Geology*. London: John Murray, 1833.
MacWhinney, Brian. 'A Unified Model of Language Acquisition'. In J. Kroll and A. de Groot (eds.), *Handbook of Bilingualism: Psycholinguistic Approaches*. Oxford University Press, 2004, pp. 49–67.
______. 'Emergentism – Use Often and With Care'. *Applied Linguistics* 27(4), 2006: 729–740. doi:10.1093/applin/aml035.
MacWhinney, Brian and William O'Grady (eds.). *The Handbook of Language Emergence*. Hoboken, NJ: Wiley-Blackwell, 2016.
McNeill, David. *Hand and Mind: What Gestures Reveal About Thought*. University of Chicago Press, 1992.
______. *Gesture and Thought*. University of Chicago Press, 2005.
______. *How Language Began: Gesture and Speech in Human Evolution*. Cambridge University Press, 2012.
McNeill, David (ed.). *Language and Gesture*. Cambridge University Press, 2000.
Mead, George Herbert. *Mind, Self and Society*. University of Chicago Press, 2015.
Morgan. T. J. H., N. T. Uomini, L. E. Rendell, L. Chouinard-Thuly, S. E. Street, H. M. Lewis, C. P. Cross, C. Evans, R. Kearney, I. de la Torre, A. Whiten and K. N. Laland. 'Experimental Evidence for the Co-Evolution of Hominin Tool-Making Teaching and Language'. *Nature Communications*, 6, 2015: 6029. doi: 10.1038/ncomms7029.
Müller, R. A. and S. Basho. 'Are Nonlinguistic Functions in "Broca's Area" Prerequisites for Language Acquisition? FMRI Findings from an Ontogenetic Viewpoint'. *Brain and Language* 89(2), 2004: 329–336.
Panksepp, Jaak and Lucy Biven. *The Archaeology of Mind: Neuroevolutionary Origins of Human Emotions*. New York: W. W. Norton, 2012.
Peirce, C. S. *Semiotics and Significs*, ed. Charles Hardwick. Bloomington: Indiana University Press, 1977. [Peirce, C. S. *Semiótica*. Tradução de José Teixeira Coelho Neto. São Paulo: Perspectiva, 1977.]
______. *The Essential Peirce*, vol. 1: *Selected Philosophical Writings (1867–1893)*. Bloomington: Indiana University Press, 1992.
______. *The Essential Peirce*, vol. 2: *Selected Philosophical Writings, 1893–1913*. Bloomington: Indiana University Press, 1998.
Pepperberg, Irene M. 'Evolution of Communication and Language: Insights from Parrots and Songbirds'. In Maggie M. Tallerman and Katherine R. Gibson (eds.), *The Oxford Handbook of Language Evolution*. Oxford University Press, 2012, pp. 109–119.
Piantadosi, Steven T., Harry Tily and Edward Gibson. 'The Communicative Function of Ambiguity in Language'. *Cognition* 122(3), 2012: 280–291.
Pierrehumbert, Janet and Julia Hirschberg. 'The Meaning of Intonational Contours in the Interpretation of Discourse'. In P. R. Cohen, J. Morgan and M. E. Pollock (eds.), *Intentions in Communication*. Cambridge, MA: MIT Press, 1990, pp. 271–311.
Pike, Kenneth L. *Language in Relation to a Unified Theory of the Structure of Human Behavior*, 2nd rev. edn. The Hague: Mouton & Co., 1967.
Rizzolatti, Giacomo and Michael A. Arbib. 'Language Within Our Grasp'. *Trends Neuroscience* 21, 1998: 188–194.
Rosenbaum, David A. *It's a Jungle in There: How Competition and Cooperation in the Brain Shape the Mind*. Oxford University Press, 2014.
Safina, Carl. *Beyond Words: What Animals Think and Feel*. New York: Henry Holt, 2015.
Saussure, Ferdinand. *A Course in General Linguistics*. Chicago, IL: Open Court Publishing, 1983. [Saussure, F. *Curso de linguística geral*. Organizado por Charles Bally e Albert Sechehaye com a colaboração de Albert Riedlinger. Tradução de Antônio Chelini, José Paulo Paes, Isidoro Blikstein. São Paulo: Cultrix. 1975.]
Searle, John. 'Chomsky's Revolution in Linguistics'. *New York Review of Books*, 29 June 1972. [Reprinted in Gilbert Harman (ed.), *On Noam Chomsky: Critical Essays*. Garden City, NY: Anchor Books, 1974.]
Selkirk, E. 'On the Major Class Features and Syllable Theory'. In M. Aronoff and R. T. Oehrle (eds.), *Language Sound Structure: Studies in Phonology*. Cambridge, MA: MIT Press, 1984, pp. 107–136.
Sereno, Martin I. 'Origin of Symbol-Using Systems: Speech, But Not Sign, Without the Semantic Urge'. *Philosophical Transactions of the Royal Society B*369(1651), 2013: 20130303. doi:10.1098/rstb.2013.0303.
Shannon, Claude E. 'A Mathematical Theory of Communication'. *Bell System Technical Journal* 27, 1948: 379–423, 623–656.

Silverstein, Michael. 'Indexical Order and the Dialectics of Sociolinguistic Life'. *Language and Communication* 23, 2003: 193–229.

______. 'Cultural Concepts and the Language-Culture Nexus'. *Current Anthropology* 45(5), 2004: 621–652.

Silverstein, Michael and Greg Urban (eds.). *Natural Histories of Discourse*. University of Chicago Press, 1996.

Simon, Herbert A. 'The Architecture of Complexity'. *Proceedings of the American Philosophical Society* 106(6), 1962: 467–482.

Slater, Peter. 'Bird Song and Language'. In Maggie M. Tallerman and Katherine R. Gibson (eds.). *The Oxford Handbook of Language Evolution*. Oxford University Press, 2012, pp. 96–101.

Sperber, Dan and Deirdre Wilson. *Relevance: Communication and Cognition*. Hoboken, NJ: Wiley-Blackwell, 1996.

Steedman, Mark. *The Syntactic Process*. Cambridge, MA: Bradford Books/MIT Press, 2001.

Steels, L. 'The Emergence and Evolution of Linguistic Structure: From Lexical to Grammatical Communication Systems'. *Connection Science* 17, 2005: 213–230.

Sterelny, Kim. *Thought in a Hostile World: The Evolution of Human Cognition*. Hoboken, NJ: Wiley-Blackwell, 2008.

______. *The Evolved Apprentice: How Evolution Made Humans Unique*. Cambridge, MA: Bradford Books/MIT Press, 2014.

Tallerman, Maggie, Kathleen R. Gibson (eds.). *The Oxford Handbook of Language Evolution*. Oxford University Press, 2012.

Tattersall, Ian. *Masters of the Planet: The Search for Our Human Origins*. New York: St. Martin's Press, 2012.

Thomason, Sarah Grey, Terrence Kaufman. *Language Contact, Creolization and Genetic Linguistics*. Berkeley: University of California Press, 1992.

Thompson, B., Kirby, S. and Smith, K. 'Culture Shapes the Evolution of Cognition'. *Proceedings of the National Academy of Sciences of the United States of America* 113(16), 2016: 4530–4535. doi:10.1073/pnas.1523631113.

Tomasello, Michael. *The Cultural Origins of Human Cognition*. Cambridge, MA: Harvard University Press, 2001. [Tomasello, M. *Origens culturais da aquisição do conhecimento humano*. Tradução de Cláudia Berliner. São Paulo: Martins Fontes, 2003.]

______. *Constructing a Language: A Usage-Based Theory of Language Acquisition*. Cambridge, MA: Harvard University Press, 2005.

______. *Origins of Human Communication*. Cambridge, MA: Bradford Books/MIT Press, 2010.

______. *A Natural History of Human Thinking*. Cambridge, MA: Harvard University Press, 2014.

Urban, Greg. 'Metasignaling and Language Origins'. *American Anthropologist*, n.s. 104(1), 2002: 233–246.

Van Valin, Robert D. and Randy LaPolla. *Syntax: Structure, Meaning and Function*. Cambridge University Press, 1997.

Vygotsky, Lev S. *Mind in Society: The Development of Higher Psychological Processes*, ed. Michael Cole. Cambridge, MA: Harvard University Press, 1978.

Weinreich, Uriel, William Labov and Marvin I. Herzog. 'Empirical Foundations for a Theory of Language Change'. In W. Lehmann and Y. Malkiel (eds.), *Directions for Historical Linguistics*. Austin: University of Texas Press, 1968, pp. 95–189.

Wilkins, David P. 'Spatial Deixis in Arrernte Speech and Gesture: On the Analysis of a Species of Composite Signal as Used by a Central Australian Aboriginal Group'. Paper 6 in Elisabeth André, Massimo Poesio and Hannes Rieser (eds.), *Proceedings of the Workshop on Deixis, Demonstration and Deictic Belief in Multimedia Contexts, held on occasion of ESSLLI XI*, pp. 31–45. Workshop held in the section 'Language and Computation' as part of the Eleventh European Summer School in Logic, Language and Information, 9–20 August 1999, Utrecht, The Netherlands.

Agradecimentos

Um livro como este depende da ajuda de muitas pessoas, desde aquelas cujo trabalho eu usei até as que, de fato, tiraram um tempo para ler o manuscrito e dar suas contribuições. Agradeço a Gisbert Fenselow, Vyvyan Evans, Caleb Everett, Peter J. Richerson, Helen Tager-Flusberg, Geoffrey Pullum e Philip Liberman por sugestões colaborativas e, muitas vezes, altamente críticas em algumas partes deste livro. Agradeço especialmente a Maggie Tallerman pela leitura e pelos comentários em cada uma das páginas. Nenhum desses leitores concorda plenamente comigo – alguns muito pouco, na verdade. Portanto, eu os absolvo de toda responsabilidade pelo texto apresentado, agradecendo-lhes pela inestimável ajuda. Um agradecimento especial vai para meu editor na Profile Books, John Davey, por me ajudar a finalmente dar forma a este livro, já na minha mente há muitos anos. Phil Marino e Bob Weil da Liveright me ofereceram as sugestões editorais mais detalhadas e enriquecedoras que eu já recebi. Se este livro for um sucesso em qualquer sentido da palavra, Phil, Bob e John são grande parte do motivo. Como sempre, agradeço a Max Brockman, que tem me apoiado e tem sido um agente maravilhoso há anos.

Também agradeço a Kristen Nill, minha incansável e sempre atenciosa assistente, por obter as permissões para as ilustrações deste livro e por manter meu cronograma.

Este trabalho (e muito mais) somente se torna possível por causa do apoio e do amor de Linda Wulfman Everett.

O autor

Daniel L. Everett é professor de Ciências Cognitivas da Bentley University, nos Estados Unidos, com mestrado e doutorado em Linguística pela Universidade Estadual de Campinas (Unicamp). Everett destaca-se por seus estudos em língua pirahã da Amazônia, adquiridos ao longo de 32 anos de pesquisa, além do contato direto com os indígenas, tendo vivido 7 anos em suas aldeias. Publicou mais de 100 artigos e 12 livros. Além do pirahã, é fluente em português e espanhol e possui um amplo conhecimento de outras 23 línguas indígenas do Brasil, como xavante, karitiana e oro win, e também de línguas nativas do México e dos Estados Unidos.

Créditos das imagens

Figura 5:	Copyright © John Gurche
Figuras 6, 13 e 14:	Didier Descouens (CC-BY-SA-4.0) – Museu de Toulouse
Figuras 9 e 10:	Copyright © Robert G. Bednarik
Figura 11:	Programa das Origens Humanas, Instituto Smithsoniano
Figura 12:	Wim Lustenhouwer, vu, Universidade de Amsterdam
Figuras 16, 17 e 18:	De Blumenfeld: *Neuroanatomy through Clinical Cases*
Figura 19:	Reimpressão de *Neuroanatomy of Language Regions of Human Brain*
Figura 21:	Disponibilizada pela Creative Commons Atributions-Sharelike 3.0, Unported License. Copyright © 2015, Associação Internacional de Fonética
Figura 32:	Figura 4.2.3, *Gesture and Thought*, David McNeill, 2005, Universidade de Chicago

GRÁFICA PAYM
Tel. [11] 4392-3344
paym@graficapaym.com.br